根里奇·阿奇舒勒 著
（Genrich Altshuller）
谭培波 茹海燕 Wenling Babbitt 译

创新算法

——TRIZ、系统创新和技术创造力

The Innovation Algorithm

TRIZ，systematic innovation and technical creativity

华中科技大学出版社
中国·武汉

图书在版编目(CIP)数据

创新算法——TRIZ、系统创新和技术创造力/根里奇·斯拉维奇·阿奇舒勒 著.
谭培波 茹海燕 Wenling Babbitt 译.—武汉:华中科技大学出版社,2008年10月
(2025.2重印)
ISBN 978-7-5609-4668-9

Ⅰ.创… Ⅱ.①阿… ②谭… ③茹… ④W… Ⅲ. 技术革新-研究
Ⅳ.F062.4

中国版本图书馆CIP数据核字(2009)第091472号

创新算法
——TRIZ、系统创新和技术创造力

根里奇·斯拉维奇·阿奇舒勒 著
谭培波 茹海燕 Wenling Babbitt 译

责任编辑:汪 漾
责任校对:祝 菲
封面设计:刘 卉
责任监印:张正林

出版发行:华中科技大学出版社(中国·武汉)
武昌喻家山 邮编:430074 电话:(027)87557437

录 排:武汉星明图文制作有限公司
印 刷:武汉市洪林印务有限公司

开本:710mm×1000mm 1/16 印张:17 字数:300 000
版次:2008年10月第1版 印次:2025年2月第11次印刷 定价:49.80元
ISBN 978-7-5609-4668-9/F·399

内容简介

中国要成为创新型国家，一个无法回避而且亟待解决的问题是，创新到底有没有方法？苏联的根里奇·阿齐舒勒及其研究同伴们通过对250万份专利的研究，在1946年就发现创新有法可依，这就是TRIZ。通过这个理论的学习和实践，可以实现整个国民创新素质的提升。

TRIZ是俄文“发明问题解决理论”的读音首字母缩写，对应的英文名是TIPS（Theory of Inventive Problem Solving）。

当人类进入信息爆炸的时代，是否我们就自然而然地拥有了创新能力呢？阿齐舒勒说，创新是通过创新的方法而不是通过知识的数量实现的。TRIZ包含很多零散的创新方法，将这些方法按照发现问题、分析问题和解决问题的逻辑有机地结合起来，形成一套系统化的创新方法论，这就是ARIZ（Algorithm of TRIZ，创新算法）。通过ARIZ的学习和训练，人们才能真正拥有创造性解决问题的能力。

如果TRIZ是脚手架，则ARIZ就是建造高楼大厦的蓝图。人们正是通过应用TRIZ这个工具，踩着ARIZ的节拍，一步一步地将创新的理想变成现实。

我们生活在一个惯性思维的世界，在一般情况下惯性思维是有利的，但对于复杂情况，惯性思维就成为解决问题的障碍。因此，人们不仅要学会如何有效地进行惯性思维，还要学会如何有效地打破惯性思维。这就是本书的主题。

序

·杨叔子·

我校张铁华教授来找我，十分真挚地告诉我：“李文玲是我校校友，她在美国时，看到一本俄文专著的英译本，是专门讲创新的，写得很好，她深感对我国十分有用，下工夫将英译本译成了中文。李文玲和我，都希望您为中译本写个序。”我犹豫了，因为我手头工作很多，没什么时间。可是，我与张铁华教授太熟了，他一向不喜欢麻烦别人，而李文玲又是校友，这本专著又是如此的好，我不答应，可不好。我只能讲：“可否将这本专著的前言、目录与主要章节给我看看，看了再讲吧。”没几天，张铁华教授就将英文译本与中文译稿都拿来了，我很感动，翻书一看，就更感动了。的确，这是一本好书！

的确，这是一本好书！它好在十分适应当前我国要走“自主创新”道路的需要，好在非常符合当前世界科技发展竞争的潮流。毛泽东同志早已明确指出：“人类总得不断地总结经验，有所发现，有所发明，有所创造，有所前进。”是的，创新是一个民族的永恒灵魂，创新是一个国家的前进动力。只有创新，才有发展；只有关键科技创新，才有真正的独立自主地位。众所周知，我国的技术依存度太高。据统计，在20世纪90年代中期，工业发达国家技术依存度平均为10%，即100件的关键技术中，10件靠进口，而我国远在50%以上。在我国中长期科技发展规划中，到2020年要将其降到30%以下，显然，还是远高于工业发达国家。

创新，靠人！靠创新人才！我国清楚认识到，国际的激烈竞争，我国的高速发展，归根结底，就在人才。英译者舒利亚克在他写的前言中引用原著者阿奇舒勒的话：既然人们能被培养成为医生或音乐家，那么也能被训练得具有创新性；一定存在常用的基本工具和原理，每个人都能学习它们，以提高自身的创造力和创新性。阿奇舒勒认为，人类需要新的、更有效的创新工具和指导。所以，可贵的是：第一，这本专著远非只从技术上着眼，而是高屋建瓴地从哲学思维上着眼，来深入审视与论述创新的有关问题，这点是主要的；第二，这也很重要，这本专著并非用板着面孔的说教方式，而是以一种生动活泼的从特殊到一般的方式来审视与论述创新的有关问题及方法和原则，这就易为人接受。这本专著也就分了三个部分来写：第一部分，创新技术，写思想；第二部分，创新辩证法，写方法，写 ARIZ（创新算法），这是本专著的核心；第三部分，写应克服的主要障碍，以培养更高的创新意识。全书严谨而很有系统。

这本专著的确写得好！好，绝不是讲，一读此书，就会创新；或者讲，创新就更容易了。绝非如此！若如此，创新就太简单了。这本专著之所以可贵在于它提供了创新的思维、方法与原则，启迪读者如何较为正确而有效地去走一条创新之路。维克托·菲在他的致辞中讲得好：这本专著的主要理念，是让每个人都拥有最罕见的天赋和最杰出的思维。至于每个人能否去拥有，还在于每个人自己，在于每个人自己能否有着足够的知识与足够的实践经验，特别在于能否有着一个正确的态度。

还有一点必须提及，阿奇舒勒在他回答“三个问题”中的第三个问题时，最后一句话是：“如果‘技术爆炸’变得不可控，人类将面临一个悲惨时代。”这句话十分重要，在科学技术高度发达与迅速发展的今天，科学技术，毫无疑问，是正生产力、是第一生产力，但也可能是零生产力，而且还可能是负生产力、是第一破坏力，关键在于人，在于人怎么去用。科学技术为人所创，为人所用，为人使之作用于社会与自然。怎么创，怎么用，怎么使之使用于社会与自然？日本 2001 年诺贝尔化学奖得主野依良治 2007 年 3 月在北京一次学术会议上明确指出：“现代社会包含基本矛盾，一方面认识到基于科学的技术价值，另一方面，又必须否认它。”他讲的就是科学技术有双刃剑的作用。他警告说：“如果我们的价值观不改变，我们将面临灾难。”阿奇舒勒讲技术变得不可控，野依良治讲技术价值观不改变，一个讲面临悲惨时代，一个讲面临灾难。一切有识之士，都何尝不是如此来看呢？野依良治强调指出，科学与人文以及社会科学应该成为一个体系，才可能解决这一矛盾。这讲的就是要解决人本身的问题，要以科学与人文交融来培育人的问题。

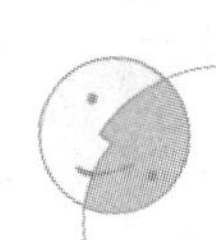

我应该感谢中译者谭培波、茹海燕和李文玲，感谢他们对国家的热爱，对我国走特色自主创新道路的关心，感谢他们在我国开放三十周年的时刻将这一译著付印。当然，也感谢他们对母校的关心，对我的信任（谭培波、李文玲为华中科技大学校友，茹海燕则是西安交通大学校友）。我还得感谢张铁华教授，是他直接而有力地促成了我为此专著写序，自然也就使我能读到此一专著的译本。我也应感谢华中科技大学出版社，承担了此书的出版工作，这是做了一件很好的事。

我深信中译者谭培波、茹海燕和李文玲既热切地想尽快将这一专著的中译本奉献给我国读者，也真诚地希望读者对此译本提出批评与建议。金无足赤，人无完人，书也无完书。

今天，2008年2月4日，恰好是立春之日。“万紫千红总是春。”我为这一专著的中译本的出版，为我国出版事业百花园中又新添一枝奇葩而欣慰！

谨为之序。

（杨叔子，中国科学院院士、华中科技大学学术委员会主任）

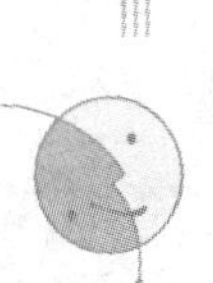

序

· 巴肯 ·

长久以来，人们相信发明需要依靠敏锐的直觉，只有少数天才才能从事这项“活动”。直到20世纪初，才出现对发明方法的渴求。这时社会开始频繁变革，反过来也使得人们对变革的胃口越来越大。

20世纪40年代后期，根里奇·斯拉维奇·阿奇舒勒开始创立发明问题解决理论（TRIZ，theory of inventive problem solving）。阿奇舒勒最早认识到现有的发明方法需要耗费大量时间，不能满足社会对创新不断增长的要求。

一个发明家不仅要具有具体的专业知识，还要勇于保持一颗童心，不被思维惯性所限制。

1969年第1版的《创新算法》是提升系统化创造能力方面的最重要的作品之一。基于对专利的广泛分析，以及不同时期不同领域很多发明家的成功经验，书中对“发明业”的低效率进行了剖析，并且指明了发明的各种捷径。

现在TRIZ被认为是提升创造力的最强有力的工具。除了技术领域，TRIZ方法几乎在人们活动的每个领域都在广泛应用。阿奇舒勒的作品也被翻译成了很多语言。

将《创新算法》译成中文是TRIZ发展史上的一个里程碑。通过这本书，以发明创造著称的中国人，将更加深入地了解发明的有效方法，使得你们的创造天性发扬光大。

我希望TRIZ在提升中国创造力水平方面能发挥重要作用！

（马克·G. 巴肯博士，前国际TRIZ协会主席）

中文版译者前言

如果说这本书对建设创新型中国有多大的贡献，那是高看了这本书和我们自己的作用了，但是说通过这本讲创新的书实现一些个人的“创薪”，应该是贴切而现实的。

这个被称作 TRIZ 之父的阿奇舒勒是犹太人，第一份工作碰巧是黑海海军专利局的小职员。与他专门写给小孩看的第一本著作《哇，发明家诞生了》不同，这本《创新算法》是他作为一个发明工程师留给后世的工程技术人员的谆谆教诲，教我们如何更聪明地思考和解决技术问题，从矛盾的角度双向辨证地看问题，不仅要考虑到问题本身，还要充分考虑环境条件或者资源的限制。这一点，较之我们现在才来关注环境污染问题，无疑是先知先觉了。

值得说明的是，TRIZ 曾经作为苏联的国家机密被封锁了 50 年，直到苏联解体才为外界所知，它为支撑苏联的军事实力做出了不可磨灭的贡献。遗憾的是，TRIZ 再好却挽救不了苏联，就如同希腊文明曾如此灿烂，希腊城邦却只能在废墟中找到一样。不过，俄罗斯的战略轰炸机在停歇了 15 年之后，去年（2007 年）终于恢复训练，而且屡屡在太平洋上瞧瞧“尼米兹”，或者和经常过台湾海峡、喜欢到香港加油的“小鹰”号打打招呼，而那本来是我们应该尽的礼数。我们，不一定需要 TRIZ，但一定需要点什么。过去的观念决定了现在的结果，未来我们要得到不一样的结果，一定要现在就培养不一样的观念。从赵武灵王到盛唐气象再到现在的改革开放，思想文化的开放和融合才是真正意义上的文明进步。150 年前，日本到德国学习如何办大学，而我们的祖先却去买炮舰。俾斯麦当时就断言，30 年后日本将战胜中国。我能够想象得出来俾斯麦说这句话时坚定而冷静的表情。

Anova Global 的创始人 Paul Babbitt 和 Wenling Babbitt 夫妇一直致力于中美文化交流，购买了这本书的英文版权，使得我们有机会把这本书介绍到中国。我们深知自己的水平有限，因此从 2006 年 7 月开始翻译，经历了如下几个阶段：

（1）2006 年 7 月—2007 年 1 月，茹海燕和谭培波将英文翻译成中文；

（2）2007 年 1 月—2007 年 5 月，茹海燕和谭培波对照英文将全书校一遍；

(3) 2007 年 5 月—2007 年 9 月，谭培波和 Wenling Babbitt 通过越洋长途电话一句英文一句中文的边读边校，直到通顺达意为止，其间为某些字的翻译分歧甚至有摔电话的激烈争吵，这里要特别感谢 Wenling 的宽容；

(4) 2007 年 9 月—2008 年 3 月，茹海燕和杭冬生将全书中英文做了最后一遍校验，侯明、丁忠满也热情地校阅了一些章节。

感谢以上提到的所有人，感谢张铁华教授在出版过程中的热心联络，感谢华中科技大学出版社的汪漾责任编辑、姜新祺总编、阮海洪社长，尤其要感谢对这本的翻译评价很高并写序的杨叔子院士。

译者：谭培波　茹海燕　Wenling　Babbitt（李文玲）

2008 年 3 月 24 日

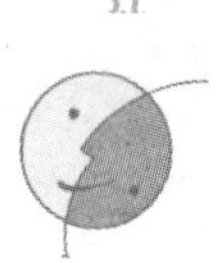

英文版译者前言

自从1998年初英文版译作《40个发明原理》出版之后，在TRIZ的发展和推广过程中，发生了许多里程碑式的事件。但是，所有这些成就，在一件事情面前显得那么苍白：1998年9月24日，根里奇·斯拉维奇·阿奇舒勒（Genrich Saulovich Altshuller）在久病之后永远地离开了我们。

噩耗让所有认识他的人，以及通过他的著作认识他的人感到震惊。但可以告慰大师在天之灵的是，他那些在俄罗斯被束之高阁的"智慧结晶"，逐渐为世人所知，并正在全世界广泛传播。我们翻译的第一部阿奇舒勒英文著作《哇，发明家诞生了》，在不到5年的时间里就译成西班牙文、日文、中文和韩文，在全世界多次再版，仅在美国就要第四次印刷了。同时，TRIZ知识传播到了全世界，"TRIZ"一词本身已经成为现代创新的代名词。更为引人注目的是，致力于TRIZ研究的阿奇舒勒学院已经建成，这让它的同名人，即阿奇舒勒先生深感欣慰。

今天，成千上万的人正在学习TRIZ，TRIZ的应用几乎涉足人类活动的所有领域。除了应用到传统的技术领域，TRIZ也进入了管理、市场、艺术、教育、心理学以及其他不同的领域。伴随着TRIZ的成长，TRIZ能提供前所未有的机会，来解决那些对我们的物种和星球威胁最大的问题。

幸运的是，这门卓越科学的奠基人阿奇舒勒先生，能够在有生之年，看到他传奇一生的努力正结出丰硕的成果。我们深信：有一天，阿奇舒勒的名字将镌刻在改变了人类命运的伟人纪念碑上！

随着TRIZ的不断传播，西方的读者要求了解更多阿奇舒勒先生的原著，特别是在TRIZ由哲学方法开始发展成为一门科学时，他所创作的基础性著作。因此我们技术创新中心承诺，将继续尽可能多地翻译和出版这样的著作。

您手中的这本书《创新算法》，是TRIZ研究划时代的成果。该书于1969年首印，1973年再版，并且作了较大的修改。阿奇舒勒先生在本书中奠定了TRIZ的基本原理和方法论，该书将引导读者走进ARIZ世界——他精心构思的算法，让您了解TRIZ解决问题的强大能力。

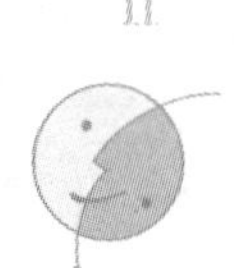

在翻译这个版本时，我们对阿奇舒勒先生著作的深度和哲学基础惊叹不已。自它首次出现35年后，他的技术创新概念不仅继续得到应用，而且成为快速、高效地解决技术问题的更强大的工具。这也证明了阿奇舒勒先生在本书中构建的基石——ARIZ的力量。

《创新算法》包括三部分。第一部分是“创新技术”。阿奇舒勒先生分析了现有的各种技术创新方法，以及支持它们的哲学思想，他得出结论：人类需要新的、更有效的创新工具和指导。他提出，既然人们能被培养成为医生或音乐家，那么也能被训练得具有创新性。在分析了现有的大量数据后，阿奇舒勒先生认为，一定存在常用的基本工具和原理，每个人都能学习它们，以提高自身的创造力和创新性。用这些最初的技能集，人类能够逐渐提高创新能力。在第一部分的最后，阿奇舒勒先生定义了“理想系统”，和阻碍实现“最终理想解”的矛盾类型。解决问题的关键，就是学会如何克服这些典型的、普遍存在的拦路石。

第二部分是“创新的辩证法”，阿奇舒勒先生向我们介绍了一个诀窍：一种解决发明问题的新方法，叫做ARIZ（“发明问题解决算法”的俄文单词首字母缩写）。这个循序渐进的过程，能够指导使用者精确地定义问题，引导使用者确立理想方案的概念。另外，阿奇舒勒先生还解释了40个发明原理，利用它们不用折中就能解决很多技术矛盾。

本书的最后一部分是“人和算法”，描述了创造力的主要障碍——心理障碍，以及如何通过培养“TRIZ思维”——更高层次的创新意识，来克服这些障碍。

在我们看来，由这三部分构成的这本书，堪称是20世纪的科学奇迹。

翻译阿奇舒勒先生的俄文著作是一项相当艰巨的任务。阿奇舒勒先生的写作风格与其说是科学家，不如说是小说家。他的文章中充满了只有俄罗斯人才能明白其含义的成语。甚至有俄罗斯TRIZ专家说，把阿奇舒勒先生的著作翻译成其他语言是不可能的。我们向这个难题发起挑战：努力保留阿奇舒勒先生著作的原汁原味。翻译是极其艰苦的漫长过程，需要极大的耐心，历时一年才得以完成。为了满足对此感兴趣的读者的要求，我们介绍一下这个过程，它包括以下步骤：

1. 列夫先作初译；
2. 史蒂夫校核成地道的英语意译；

3. 列夫验证史蒂夫翻译的准确性，并作必要的纠正；

4. 两个人一起重新翻译有问题的段落，以确保其含义正确；

5. 史蒂夫完成最终的编辑稿；

6. 理查德·郎之万（Richard Langevin）阅读这份稿子，纠正逻辑错误；

7. 罗宾·卡特拉（Robyn Cutler）完成全面校对；

8. 列夫和史蒂夫审查最终文档。

因此所有的成就应归功于阿奇舒勒先生，而责任则归咎于舒利亚克先生和罗德曼先生。

最后，我们希望读者能够喜爱这本书，并且在掌握创造性技术的全新体验中，激发你的创造热情。

列夫·舒利亚克（Lev Shulyak），史蒂夫·罗德曼（Steve Rodman）

1999 年 1 月

※

第二次印刷译者序

我怀着无比悲痛的心情告诉大家，列夫·舒利亚克于 1999 年 12 月离开了我们。列夫是世界上最伟大的 TRIZ 倡导者之一，除了创建技术创新中心，列夫也是在美国教授 TRIZ 的第一人，还是致力于 TRIZ 研究的阿奇舒勒学院的奠基人。正如阿奇舒勒先生本人所说，他是通过自学成为 TRIZ 大师的。

他的生命将继续鼓舞我们前进！

我们要向以下各位表达最诚挚的感谢：

罗宾·卡特拉，利迪娅·舒利亚克（Lidya Shulyak），维克托·菲（Victor Fey），西蒙·利特温（Simon Litvin），鲍里斯·斯洛提（Boris Zlotin），利奥尼德·勒纳（Leonid Lerner），理查德·郎之万，伊萨克·布克曼（Isak Bukhman），拉里·阿布拉莫夫（Larry Abramoff），强巴·邓珠（Jampa Dhondup），提利·塔给（Thinley Dhargay），以及皮

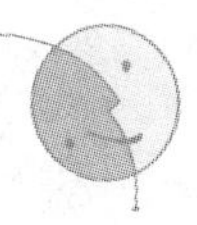

特·拉斯（Peter Thuse），共同财富印刷厂（Commonwealth Printing），皮特·盖诺蒂（Peter Geraty），普拉科西斯装订厂（Praxis Bindery）和布克弗特斯有限公司（Bookcrafters，Inc.）。

特别是：

根里奇·阿奇舒勒（1926—1998）

列夫·舒利亚克（1931—1999）

史蒂夫·罗德曼

2000年7月

三 个 问 题

1998 年夏，与根里奇·阿奇舒勒先生的短暂会晤

在准备翻译这本书的时候，我们向阿奇舒勒先生提议，希望他能为本书的内容作一个特别的介绍，让他有机会亲自向西方的众多新读者致辞，也可以表达他对自己的智慧结晶——TRIZ 在未来发展的希望和关注。

阿奇舒勒先生非常热情地答应了我们的请求。不过由于健康原因，他建议我们先为他写篇简介。由于不能确定简介的内容，我们建议安排一次与阿奇舒勒先生的会面，根据他的想法来写这篇介绍。为了与他最新的研究方向保持一致，介绍的基调是人文主义和哲学而不是技术。

1998 年仲夏，我们向阿奇舒勒先生提了三个一般性问题。我们打算根据他的思考和答复来策划一些广泛的议题，用后续的问题和答复来充实他的想法。

不幸的是，这个世界非人所愿。

现在仅存的是他对这些广泛议题的最初答复。出于对阿奇舒勒先生深深的尊敬和爱戴，我们把它附在这里。

※

问题 1： TRIZ 对人类福祉有什么长期影响？

当然，我愿意本着乐观主义精神回答这个问题，不过科学技术的历史并未给我们一个非常令人欣慰的预测。社会安宁、善良与邪恶之间的社会关系与科学技术水平的高低几乎毫无关联，尽管这看起来可能很荒谬。

问题 2： 未来 TRIZ 在技术系统之外会有什么重要的应用？

这是一个很有趣的问题。长期以来科学家和发明家抱着他们的幻想

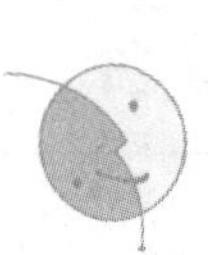

不变，有时新的探索只能诞生在传统科学和技术裹足不前的领域。不久前在人类征服极地的伟大壮举中，这样的事情就发生了。“到北极去，我们能得到什么好处？那儿啥也没有。”除了没用的冰，别无他物。不过，几乎所有的技术和大量的科学研究，从某种意义上讲与征服极地的壮举相似。后来，许多这样“没有价值”的发现和发明在技术中得到了普遍应用。

问题 3： TRIZ 的广泛应用无疑将导致技术爆炸，这是好还是坏呢？

不好也不坏。这是不可避免的。如果人们能够创造一个强大的理论，通过这个理论人们能更好地理解“技术爆炸”，那么他们就会生活在一个疯狂但令人激动和有趣的世界里。如果“技术爆炸”变得不可控，人类将面临一个悲惨时代。

三 个 致 词

维克托·菲、鲍里斯·斯洛提和西蒙·利特温在 1998 年 9 月，被 TRIZ 之父阿奇舒勒先生授予“TRIZ 大师”。他们都是阿奇舒勒先生交情深厚的同事，自从第一次看到本书的俄文版，就被它深深打动。

我们邀请他们每位提供一篇短文，来介绍本书对于他们生活的意义。下面是他们对本书及其作者的致词原文。

鲍里斯·斯洛提——

人类的历史就是人们掌握生活和命运的历史。

农业提供充足的食物来满足人口的不断增长；工业帮助人们减少对气候的依赖和自然灾难的影响；文字、印刷以及现代的计算机，让知识得以有效地交流和应用。今天，很多有效的方式可以满足人类各种基本需求，但不能满足最重要的需求：预测技术进化的未来。几千年来，人们努力把握命运，按照自己的梦想来改变命运。在实现梦想的过程当中，他们缺乏知识来进行预测未来、克服矛盾，以及解决科学和技术问题。

阿奇舒勒先生创建的发明问题解决理论（TRIZ），让掌握未来成为可能。这样的天才一个世纪才会诞生一位。

50 多年前的 1946 年，20 岁的根里奇就决定要找到一种发明创造的方法，让每个人更具有创造性。这个方法论的命名不断变化，开始，阿奇舒勒先生叫它“创新算法”，然后改为“解决发明问题的算法”，之后是“发明问题解决理论”，即 TRIZ，它的内容也在不断扩充。现在，TRIZ 是技术系统和非技术系统的进化理论。在这个系统中，发明与技术预测方法论、科学问题的解决方案、创造力培训方法一样，是这个系统的重要组成部分。目前全世界有成千上万的人在用 TRIZ。这个雪球效应（人的雪崩效应）正是由根里奇·阿奇舒勒先生引发的。

您手中的这本书是 TRIZ 发展的一个里程碑，它不是阿奇舒勒先生关于发明主题的第一本书，也不是最后一本。这本书非同寻常，书中描述的许多工具现在已经被超越，例如书中还没有当今因 TRIZ 应运而生的很多工具，如技术系统进化法则、物场分析、标准解法，等等。虽然

如此，但是它包括了永远作为 TRIZ 奠基石的核心理念。本书对于 TRIZ 的价值，就好像牛顿的基本定律对于物理学的价值一样。每个想成为 TRIZ 专家，想要真正理解理想度、技术矛盾、技术系统的进化，以及其他许多东西的人，一定要首先阅读这本书。

我还想说另外一件事：这本书对我本人而言也很特别。

我第一次读这本书是在 1974 年，它就像《哈姆林的长笛》中的魔笛一样，令我着迷了。我辞了工作，博士学位也没有完成，就成功地开始了另一番事业：成为一名专职的 TRIZ 大师和发明家。在这条路上，我遇到了根里奇·阿奇舒勒先生，他是我认识的最不寻常的人，后来我们成为好朋友。这本书让我能和阿奇舒勒先生密切合作，一起做培训和进一步发展 TRIZ。后来我建立了基什尼聂夫（Kishinev）TRIZ 科学学校，在技术和商务等不同领域参与解决了 6 000 多个问题，之后又在俄罗斯，现在在美国建立了几个公司（Ideation International，Inc. 等）。

我要遵守我的诺言：促进和传播 TRIZ，永不后悔！

鲍里斯·斯洛提先生是 Ideation International 公司的首席科学家。他著有 10 本关于 TRIZ 的书，其中 3 本是与根里奇·阿奇舒勒先生合写的。他还发表了 100 多篇 TRIZ 方面的文章，也是国际 TRIZ 协会委员会的成员之一。

※

西蒙·利特温——

将思想变为行动：关于根里奇·阿奇舒勒先生的创新算法

“开始是这个词……”

1969 年，我还是个学生，偶然买了一本标题显眼的书，它的主题是个新的知识领域：创新方法论。

大约 15 年后，根里奇·阿奇舒勒先生提出了他的“幻想级别”，它提供了一个客观系统，将文学作品和书籍划分级别。阿奇舒勒先生评价书的标准，就是这本书对于读者的影响程度。根据他的观点，最高级别的书能够改变其读者的人生。对我而言，《创新算法》就是这样一本书。

它首版印刷了 10 万册，很快销售一空。考虑到它是一本技术书籍，这个销量非常令人惊讶。该书内容丰富，有他发明创造理论的思路、想法，还有大量令人信服的案例。除此之外，它出自一位才华横溢的作家之手，具有超凡魅力和异乎寻常的吸引力。甚至如果把其中章节的标题放到一起，就像是拼图玩具一样，能创造一幅创新理论的画面。例如：

创新的创新方法
通过知识而不是数量
循序渐进
逻辑、直觉和技巧的有机结合
算法是如何工作的
打破旧结构
克服障碍

现在，TRIZ 在全世界被广为接受。改进技术的新工具，以及实践应用这些工具的大量案例，成为 TRIZ 系统的一部分。新开发的 TRIZ 软件得到了成功应用，然而阿奇舒勒先生在《创新算法》中描述的主要理念，并没有失去其重要地位。这些理念是：**创造的过程是可以学会的；创造的过程能够被发现，并且为那些想解决创造性问题的人所掌握；存在创新“算法”**。

西蒙·利特温先生是实景公司（Pragmatic Vision，Inc.）的副总裁，也是国际 TRIZ 协会委员会的成员之一。他在 TRIZ、功能系统分析和开发创造性想象力方面出版了 6 本书，发表了 80 篇文章。他参与了根里奇·阿奇舒勒先生的 12 个研讨会。他们的亲密合作一直持续到阿奇舒勒先生最后在世的日子。

※

维克托·菲——

我曾经问阿奇舒勒先生，是什么让您能够忍受在古拉格集中营（GULAG's concentration camps）里可怕而屈辱的生活条件：每天工作 12 个小时，饥饿、寒冷、疾病、缺少基本的卫生设施，还有看守们的辱骂。

阿奇舒勒先生回答说，有三种人能够努力活下来，不仅仅指肉体，更重要的是作为人：最虔诚的信徒、高级服务人员和疯狂的发明家。

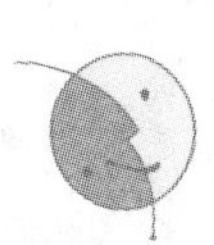

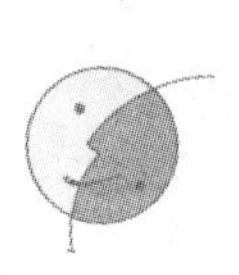

他认为自己属于最后一种人。阿奇舒勒先生当时正在发展 TRIZ，这使他有足够的力量保持乐观精神。阿奇舒勒的哲学基础就是对于创造性个体的尊敬。TRIZ 经常被认为是一套解决工程问题的强大工具，这当然是事实，然而 TRIZ 还有更多的内涵。首先，也是最重要的，TRIZ 是一种新的思考方式。TRIZ 是一种开发技能的工具，阿奇舒勒先生称之为“强大的思维”（这是从俄文翻译而来的，也可能有人翻译为“分析性的独立思维”）。

阿奇舒勒先生认为，社会的一切福祉，包括伦理上的和经济上的，在很大程度上依赖于这个社会中有创造力的个体所占的比例。按照阿奇舒勒的观点，一个有创造力的人追求的目标伟大而崇高，例如：艾伦·巴姆博德（Allen Bombard）、阿尔伯特·施韦策（Albert Schweitzer）、阿尔伯特·爱因斯坦（Albert Einstein）等。他必须能够自由地（创新地）思考，例如进行解析式思考、启发式思考和独立思考等。阿奇舒勒先生还相信，人类所面对的许多尖锐矛盾，将会不可避免地出现在人类的面前。如果不是由于我们的思维能力既没有逻辑性，又缺少独立性，我们现在就能消除或者阻止其发生。人类理解和改变现实的唯一方法就是理性。我们能够充分开发和利用自己的智慧，达到能让人类持续进化的伦理目标和物质目标，否则我们就无法生存。人有很多基本权利，如生活权利、工作权利、自由权利、道德自由、言论自由等，其中还应该包括一种不可剥夺的权利：开发“强大思维”技能的权利。TRIZ 就是开发这种思维基础的工具。除了对社会极其重要外，强大思维还体现了一种人类更深层的诉求：它是创造性乐趣的源泉，就像恋爱一样，是人类才具有的最神圣的情感！

正是 TRIZ，那发现和创新的兴奋，以及原创想法的美妙冲动，不仅仅由那些天生具有创造力的少数幸运儿所感受，也能被更多投身于寻觅新想法的人所体会。1998 年 9 月 28 日的晚上，火车从圣彼得堡（St. Petersburg）开往彼得罗扎沃茨克（Petrozavodsk）。在火车的一个卧铺车厢里，我和我的朋友面对面坐着。明晨，我们就要在俄罗斯的一个小城彼得罗扎沃茨克，向我们的导师，根里奇·斯拉维奇·阿奇舒勒作最后告别。怀着悲痛和沮丧的心情，我们在沉默中聆听着车轮的隆隆声，雨水敲打着车窗。我的朋友打破了沉默：

“你知道，对我来说，有时候似乎前途渺茫，此时我从书架上拿起一本阿奇舒勒先生的书，任何一本，打开任何一页，开始读起来。这对我来说就是灵丹妙药，很快我就感觉到希望和信念又回到我身上。”

正如他所言，我想起了当我读第一本有关 TRIZ 的书，也就是你现在手中的这本书时，那些震撼我的思想和情感。那时我 17 岁，震惊于 TRIZ 奇妙而庞大的主要理念：让每个人都拥有最罕见的天赋和最杰出的思维。从那以后，这种敬畏一直伴随着我。我祝愿，TRIZ 成为你走进大胆创新世界的最好向导，每次你都能够成功。

维克托·R. 菲是 TRIZ 集团（The TRIZ Group）的一个管理合伙人，韦恩州立大学（Wayne State University）机械工程系的客座教授。从 1978 年到 1990 年他是根里奇·阿奇舒勒先生的亲密同事和朋友，从事技术系统进化法则、社会系统进化法则和科学问题解决原理等领域的基础研究。从 1991 年直到 1998 年阿奇舒勒先生去世，他是阿奇舒勒先生在美国的私人代表。

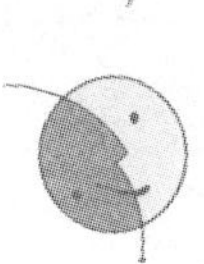

目录 Contents

第1章

Technology of Creativity

创新技术

一个人在黑暗的迷宫中摸索——

或许，会找到一些有用的东西；

或许，会撞得头破血流。

另一个人举着一盏小灯，灯在黑暗中闪烁。

征途中，灯越来越亮，最终变成一盏光芒四射的明灯，

照耀着万物，一览无余。

现在我问你："你的灯在哪里？"

—— D.I.门捷列夫

第一节 大海捞针

发明家是如何工作的？发明来得多么迟！

创新理论是研究创造性的，目的是开发有效的方法来解决创新问题。

言下之意，现有的创新方法太差劲了，应该被替换掉。这简直是异端邪说！人们用这些陈旧的方法做出了伟大的发明，当今所有的发明都是基于这些方法，每年都产生成千上万的新技术，这些创新方法怎么会是错的呢?

不要匆忙下结论，让我们从考查传统方法如何创新开始。

一般来说，发明家并不想讨论他们开发新技术的过程。天才发明家，《NSE的秘密》一书的作者B. S. 艾格罗夫（B. S. Egorov）是个例外[①]，他详细描述了他是如何发明一种绕线装置的。

我们来看看这位发明家的思考过程。

艾格罗夫这样陈述问题：

> 一台大型计算机有几千个细小的环形变压器。每个变压器的中心孔径仅2 mm，通过这个孔，缠绕比头发丝还要细的线。线的真丝绝缘层容易破碎，因此必须手工绕制。

问题很清楚：如何快速准确地把绝缘细线绕到铁芯上。几年前艾格罗夫成功地解决了一个类似的问题。那个问题是要求电话上的电感线圈实现机械化绕线操作。乍一看，这两个问题很相像：两个问题中都有一个环，线必须绕到环上去。只不过在新问题中的小铁环比电话上的电感线圈上的小铁环明显小很多。这一点从根本上改变了问题的性质。

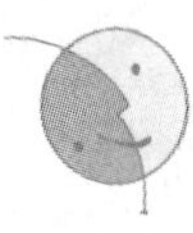

艾格罗夫写道：

> 我得承认，刚开始这个问题看起来并不复杂，不过，进一步分析后，我的观点改变了：绕线的环直径只有2 mm，这是非常困难的。

---

① B. S. 艾格罗夫，《NSE的秘密》，M. 普洛菲兹达特出版者联盟，1961年。

例如，苏联BESM-2计算机系统中用的铁磁线圈K-28和它尺寸相似：外径3.1 mm，内径2.0 mm，壁厚1.2 mm。BESM-2的存储装置用的线圈甚至更小。

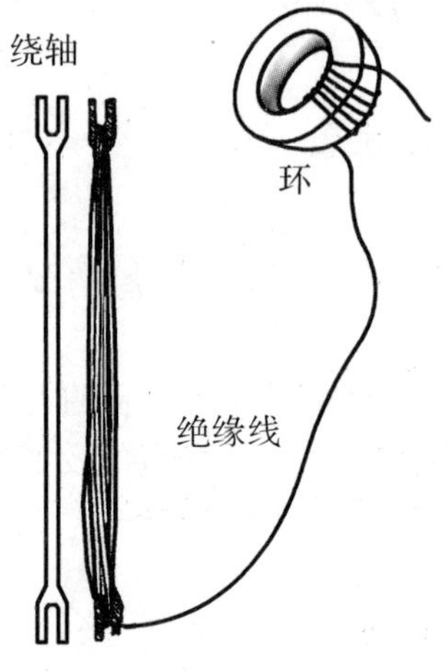

图1　手工往环上绕线图

这些线圈也是用绕轴手工绕线的，绕轴就像一根带线的“针”，线圈和绕轴放大后如图1所示。环的截面形状并不重要，可以是正方形、长方形或者圆形。

当然了，如果这个线圈由两个分开的C形半圆组成，问题就简单一些。但是，铁磁线圈是通过粉末冶金工艺制造出来的：粉末被压缩之后高温烘焙定型。任何绕线都不能承受这样的高温高压，因此必须在线圈成型之后才能绕线。艾格罗夫解释道：

> 绕轴应该多大？绕轴两头的开叉应该多大？我很快明白，在第一个设备上绕线的绕轴不能用在这里，这里的绕轴太小，问题变得复杂。不用绕轴来绕线，能否发现一种全新的绕线概念呢？那会是什么概念？这些问题让我的头脑无法平静下来。
>
> 也许，可以用钟摆？我请教过很多朋友，有人提出这样的想法。于是我决定试试用钟摆来解决这个问题。概念很简单，有两个钟摆，线圈位于它们中间。右边的钟摆有一根带线的针，针穿过线圈后，带着线到达左边的钟摆。线圈向上一拉，针带着线从线圈的下面又回到右边的钟摆，如此循环往复。太简单了！没有绕轴也成！

艾格罗夫制作了一个样机模型，但是结果并不令人满意：只有当针到达极限位置时线才能拉紧；线在运动过程中很松弛，造成绕线不均匀。

> 重新开始，加倍努力！首先我尝试改变钟摆的位置，接着又改变线圈的位置，然后又改变钟摆的摆动。这些都没用，线还是很松。300多次试验后，我最终得出结论：钟摆不是个好办法。
>
> 此时我很清楚，应该寻找一个新概念。但是哪一个呢？我

分析了几种不同的办法，都不能令人满意。一个主意出现在我的脑海里：用压缩空气代替钟摆来绕线，空气推动针穿过线圈。

艾格罗夫制作了另外一个试验模型，但是压缩空气也不行，绕线还是松的。

突然一个想法冒出来：用线绕环这概念整个就是错的。这样的概念认为针必须穿过环，而正是针的运动导致线变得松弛，因此绝对不可以用针。得寻找一个全新的方法。

时间流逝，艾格罗夫继续思考这个问题。有一天他正在乘火车，突然想到一个主意：

当时我坐在长椅上，环顾四周，我的眼光落在一位正在编织帽子的老太太身上。她手里拿着钩针，移动手指，钩出一个又一个线圈。我盯着她的手，在脑海里重复着她的动作。一个线圈，又一个线圈……钩针不断地移动：不是在老太太的手里，而是在我的机器上。

如果在我的机器上把绕轴和钟摆换成钩针会怎么样？钩针带着线穿过环。弹簧能把线拉紧。我拿出一根针和线，把针变为钩针，尝试着重复老太太一个接一个的手势。简直不能相信，这个简单的钩针，隐藏着绕线机器的秘密！我是不是已经找到了原本看似没有答案的问题的秘密？完全正确！现在线绕得很完美。这正是我搜寻了很久的概念，钩针可以把线紧紧地绕在线圈上。

绕线机器就这样诞生了。

现在，我们能对发明家遵循的创新路径说些什么呢？

首先，寻找答案是随机的，正如心理学家所说的。通过“试错法”，终于有个想法冒出来：“如果我们这样做会怎么样？”接着就是对这个想法进行理论和实践的测试。一个不成功的想法，被另一个不成功的想法所代替，然后继续做下去，直到找到成功的答案。

这种方法如图 2 所示。发明家要从“问题”点出发，到达“答案”点，而后者的位置是未知的。发明家沿着某个方向形成一个搜寻概念（图 2 中的 **SC**），比如“我决定试试钟摆”。对问题的进攻就从这个方向开始，如图 2 的箭头所示：“如果我们这样做会怎样？”后来，发现整个概念明显是错的：“我得出结论，钟摆不是个好办法。”

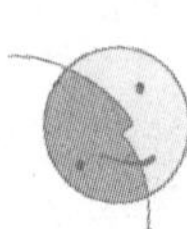

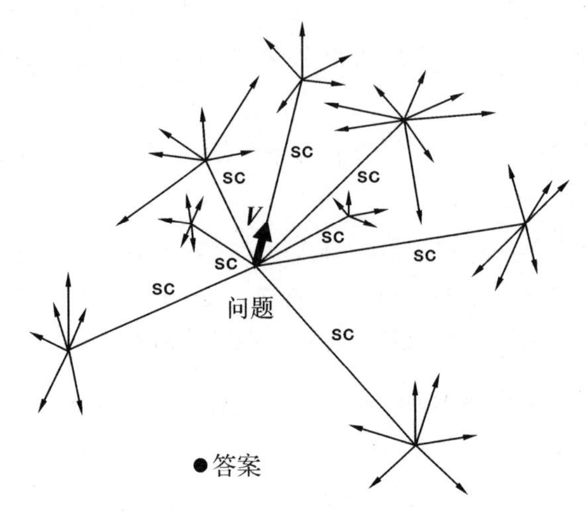

图 2　试错法的搜索方法图

发明家回到最初的问题，引入一个新的搜寻概念：“一个主意出现在我的脑海里：用压缩空气代替钟摆来绕线。”发明家又开始了一系列新的进攻。

现实中的创新需要的尝试次数，通常比这个图示的例子多得多。艾格罗夫的第一个模型就修改了大约 300 次。使用试错法创新，尝试的次数很多，需要几千次甚至上万次尝试“如果……会怎么样”，才能找到一个满意的答案。

试错法还有另一个显著的特征。在图 2 中，一簇箭头指向与**答案**相反的方向。这并非偶然。通常，最初的尝试并不像表面上看起来那样混乱，发明家从过去的经验出发寻找答案。艾格罗夫发明过电话电感线圈的绕线机器，当他开始解决新问题的时候，他的大脑立刻转向以前的经验：“需要一个绕轴，不过这个绕轴很小，或者一根穿着线的细针也可以。”

几乎所有与针有关的尝试都不成功。如图 2 的惯性向量 **V** 所示，从**问题**一开始，**V** 的初始趋势就背离了**答案**的方向。当发明家最终放弃用针绕线这个概念后，发明的主要步骤才完成。

本书后面还会更详细地讨论试错法，下面读者可以自己检验一下这种方法。

问　题　1

艾格罗夫的发明很好地解决了铁磁线圈绕线的问题，只要环的内径不小于2 mm。不过，小型电子设备需要的变压器越来越小，线圈也越来越小，跟以前一样，绕线的工作也只能靠手工完成。如何能实现这个过程的自动化？

让我们花点时间，尝试不用任何发明方法论来解决这个问题。

问题很清楚。有一个铁磁线圈，比如说内径是 0.5 mm，还有绝缘细线要绕在线圈上。如何实现这个过程的自动化？

线圈圈数依赖于变压器的设计，因此它会改变。环形变压器有几百圈，而计算机的存储器线圈只有两三圈。假设我们需要绕 20 圈线。

我们另外还要考虑两点：首先，这是个实际问题，不能改变问题本身，就是说不能完全去掉铁磁线圈；其次，只要能提高生产率，任何方案都可以，因为计算机的存储器要使用数百万个这样的变压器。

解决这个问题并不需要特殊知识，即使如此，我还是很怀疑，最有经验的发明家只要用试错法就能找到好的解决办法。事实上，我敢肯定，就算读者您有托马斯·爱迪生的天赋，也不能解决这个问题。你知道吗？连爱迪生自己也承认，他完成每个发明平均要花 7 年时间，有三分之一的时间花在寻找方案概念上。

曾经和爱迪生一起工作过的尼古拉·特斯拉（Nicola Tesla）写道：

> 如果爱迪生要在干草垛里面寻找一根针，他不会浪费任何时间去判断针最可能在什么位置。他会立刻像蜜蜂一样，辛勤地检查每一根稻草，直至找到那根针。
>
> 他的方法效率很低。他会花费大量的时间和精力，最终还是一无所获，除非他运气好。从一开始他就忙忙碌碌，真是悲哀！因为我们知道，哪怕只用一点点理论知识和少量计算，就能节省至少 30%的时间。他看不起书本教育，特别是数学知识，而完全相信自己的发明直觉和美国人的常识。

尽管我不相信读者能解决这个变压器的问题，我还是希望你们试一试。后面我们会用创新方法论来解决这个问题。然后，你就可以根据自己的经验，把本书描述的算法，与用试错法寻找答案的方法比较一下。

艾格罗夫发明了绕线机器，他是个有天赋的工人，也是个发明家。如果这个问题由一位科学家来解决，会怎么样呢？具备更多的知识能不能提高试错法的效率呢？

前不久，《发明家和创新者》杂志发表了 E. 范丽特尼科夫（E. Veretennikov，技术科学博士）的一篇文章。这是另一个少见的案例，发明家描述了他是如何找到一个新想法的。范丽特尼科夫解决的问题并不

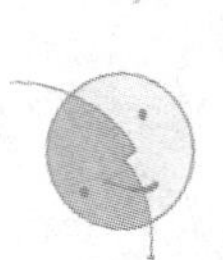

复杂，他的高等科学教育也没有让这个案例与众不同。下面是范丽特尼科夫描述的故事：

> 我们库伊布舍夫工业研究院与库伊布舍夫制造厂合作，后者生产钻井机的螺旋钻头。每个参观过这家工厂组装车间的人，都会问同一个问题："为什么不用另一种方式组装呢？"
>
> 工厂里的景象让人很不舒服。每一根钻柄涂着厚厚的润滑油脂作为黏合剂，油脂使滚珠保持在两个水平面上。如果没有油脂，滚珠会散落一地。两排轴承一放好，就把刀头装在上面。整个过程手工操作，而油脂对人的皮肤有害。除此之外，金属屑会刺伤装配工的手。这项工作很困难，需要很高的技巧。
>
> 这种组装很常见，需要将工件定位。各种各样的夹紧装置，锡焊、点焊、胶水和黏性材料，都用来临时定位工件。这种特定的螺旋钻组装工艺，促使我重新考虑如何将滚珠临时定位在钻柄上。

问题看起来是这样的：

组装螺旋钻头，首先要把两排滚珠轴承定位在钻柄表面，每排有20～30颗滚珠。很明显手不能抓住所有滚珠，必须找到一种办法，不用油脂也能将滚珠定位在钻柄表面，直到切刀安放在上面。答案必须简单、高效，利于进一步的自动化操作。

> 我的第一个念头当然是用绳子固定滚珠。立刻，我又想到："组装完成后怎么去掉绳子呢？"我们可以用薄膜代替绳子，组装后用油来熔化它。这可能是个很好的方案，除了让制造过程变得更复杂这一点。进一步思考之后，我有了更好的方案，可以用其他方式来定位轴承，例如用磁力。

范丽特尼科夫的发明非常出色。只不过这个发明的故事，就像是个坏小说有个好结局。

这个问题很早以前就出现了，当时解决手段也已经存在。遗憾的是，至少到二三十年后发明答案才出现！范丽特尼科夫强调说，到过这个工厂装配车间的每个人，都意识到改进的必要，好像问题在冲着大家喊叫："请注意我！"解决这个问题非常重要，而且也不那么困难。

但是人们熟视无睹，擦肩而过。

这并非个案。各行各业都需要利用现代科技知识，进行大量的发明创造，但是这些发明从来没有出现过。

让我们看看发明家是如何解决这个问题的：

他的第一个念头："当然可以用一根绳子。"注意这里强调"当然"，整个思考过程的出发点，与现存的机制——绳子相关。不可能用金属绳子当接头，他想用普通的绳子。

"绳子"的想法完全制约了发明家的想象力，以至于谁都不想放弃它。下一步还是绳子，这就是"惯性思维"。这次绳子由塑料薄膜制成。分析表明尽管这个概念更加现代，它仍然不是个成功的方案。最后，进一步的思考的确得到了正确的方案：必须使用磁力。

这个问题属于这种类型：一旦表述准确，问题就能自动解决。在这里，**创造力就是正确表述问题的技能**。我们再来一遍：滚珠轴承要定位在钻柄上，并且在切刀头放好之前不能掉下来。换句话说就是，一个金属部件必须临时与另一个金属部件连在一起。

这样陈述问题就足够了，仅有小学六年级水平的人，也有一半能立即解决这个问题：用磁铁。

可以进一步明确这个问题：一个金属部件要与另一个金属部件连在一起，不能用任何其他物质（如油脂），不需要很大的力，只要能补偿部件的自重即可。现在八成的人们能够回答正确。

后面，当我们对发明方法了解更多的时候，就更容易发现解决这个问题的过程中所犯的其他错误。不过至少现在，我们能得出一些结论：

a. 发明家的思路从一个已知的概念转移到一个未知的概念。发明家用现有的装置（如金属带）作为原型进行修改，产生了许多不成功的方案。

同样的事情也发生在艾格罗夫身上，"惯性思维"总是误导我们。

b. 发明家被迫选择一条完全不同的道路，以便找到正确方案。开始他并不知道这条路，他可以从逻辑上自信地解释他是怎样踏上这条路的：从一个不成功的想法到另一个想法。突然，路到尽头了。没有逻辑的解释，只有毫无意义的自语："进一步的思考把我引向……"

我们还记得，艾格罗夫不能解释为什么没有早点想出好主意。

c. 尽管最终方案很成功，但是发明家的搜寻之路远不是完美的。

磁力装配设备早就应该开发出来。这个发明的经济需求，很久以前就出现了，而且那时所需的技术也已经存在。要么是发明家们不想看到这个问题，要么就是他们没有足够认真地对待。发明家们让这个问题停滞不前，这个代价非常高：年复一年又脏又累的手工劳动。

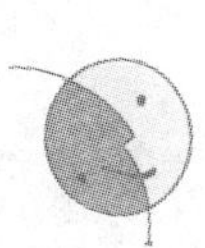

从长期的历史阶段上看，我们发现，发明的出现要受到某些进化规律的制约。比如，蒸汽轮船不能比蒸汽引擎的发明出现得更早，蒸汽引擎不能在经济需求之前出现。不过，创新总是毫无缘由地姗姗来迟：创新的客观条件已经存在，但就是没有创新。

技术进化的逻辑方向，并不意味着发明会自己出现，我们只需守株待兔。产生最有价值的产品——新技术想法的“发明业”，目前仍然使用着传统方法，结果生产率低下，质量也比应该达到的水平差。

有时很难理解为什么不同的发明没有特别早出现。例如，在汽车时代的早期，风扇用来冷却引擎。即使那时每个司机都知道：如果外界环境温度低就不需要冷却引擎；此外过分冷却引擎是有害的，而且耗能也多。但是直到 1951 年才发明了磁力离合器，在外界环境温度低时关闭风扇。“停滞不前”持续了将近半个世纪，我们为此付出沉重的代价：浪费的汽油流成了河。

※

下面来看看更复杂的问题需要用什么创新技术，我们以望远镜的透镜镜头的发展历史为例。

二次大战之前，列宁格勒的光学仪器商马克苏托夫（D. D. Maksutov）致力于开发教学用的望远镜。他的目标是开发一种简单、便宜、高质量的设备，能够在恶劣的课堂环境中使用。现有的望远镜既复杂又昂贵，需要小心操作，而所有简化望远镜和降低成本的努力，都会导致光学质量的恶化。这两种特征完全不相容，马克苏托夫不能同时把它们结合到一起。

马克苏托夫在他的书《天文光学》中写道：

> 在撤离列宁格勒期间，我于 1941 年 8 月初发明了透镜望远镜。我离开了列宁格勒，把自己花了半辈子心血准备的校用望远镜生产线留在了那里。我怀疑自己的发明能否成功，仿佛看到了我的“孩子”的悲惨结局。这期间我发现，自己除了思考最感兴趣的这个题目之外无所事事，这对整天忙碌的我来说是很少见的。
>
> 我设计的望远镜反射器中，一切都正确吗？不，特别是镀铝的镜子质量下降很快；反射器位于开放的镜筒中，不能在学校的环境中长时间使用。即使护工只擦一次镜子上的灰尘，它

就毁了。能用玻璃罩盖着镜子吗？当然可以，这会保护镜子。用什么材料做玻璃罩呢？普通玻璃便宜，但吸收光线太多。光学玻璃会好很多，但也贵多了。

我如何才能改善这个设计？似乎只有一个答案：在镜筒前面安装一个与镜面平行的保护玻璃窗，这让设计变得更复杂。安装这样一个光学玻璃窗，会显著增加望远镜系统的成本……

发明家思考这个问题好多年了。每次他都要面对这样的现实：普通玻璃不够好，光学玻璃又太贵。有一次乘火车时，马克苏托夫说自己在做白日梦，换句话说，他从自己的“惯性思维”中走出来，审视以前认为不合适的方法。他打开了幻想的翅膀，允许自己想象如下的情形：假设光学玻璃变得非常便宜，就可以用它做反射器的保护窗，来密封望远镜。这会带来什么结果？当然了，首先镜子的寿命会延长。

他继续下去，发现保护玻璃还有另外的好处：

密封的镜筒另有好处：消除了对流的空气。只要在玻璃上钻一个孔，把镜框的连接杆放进去，就可以把对角镜连到玻璃窗上。这样就可以去掉支撑镜子的框架，因为框架会吸收光线，增加额外干扰。

就是在这里，马克苏托夫迈出了发明的第一步。光学玻璃原本有不可避免的缺陷，“但是这没关系，”马克苏托夫说，“我们就用光学玻璃。既然这里必须用玻璃，那么为什么不从中得到其他好处，来作为补偿呢？”

仅仅做这样的陈述已经足够。任何人，即使不是专家，只要了解望远镜的构造，现在都能够找到正确答案。应该在望远镜的入口处放一个平面镜（副镜），这面镜子能把主镜的光线反射到观察者的眼睛。原来支撑副镜的装置吸收了很多光线，现在它能直接连到保护玻璃窗上。

他的思路往前走得更远：**为什么不把保护玻璃窗做成透镜的形状，而作成平面盘形呢？**这样的话，镀铝的中心区域就可以作为副镜，不仅可以去掉副镜的机械定位装置，而且副镜本身也没了。副镜的功能现在由保护玻璃窗的中心部分实现。

这个设计很好。副镜没有框架，因此偏差也会最小化。但是又出现了另一个担心：这个透镜镜头会导致有害的光学失真吗？可能会，但不是像差，而是同时有正的和反的球面像差。

这里我几乎错过了一个重要发现：透镜可以设计成没有失

真的。

请仔细阅读下面几行。发明家克服了两个障碍，第一个障碍是保护玻璃窗只能由昂贵的光学玻璃制成，后来才清楚，玻璃的高成本，可以由它所提供的额外功能补偿，这样就没有必要跳过这个障碍，只要简单地绕过去就行。

现在，发明家碰到了第二个障碍，需要消除透镜造成的失真。现在是使用我们新发现的“补偿”概念的时候了。就让镜头像差留在那儿——它只不过是另一个不可避免的缺陷，我们能够补偿这个缺陷，从中提取有用的东西，而不是去掉它。

这个例子中，试错法的弱点非常明显。起初，方法好像很混乱，其实不然，它有章可循。尝试总是沿着阻力最小的方向进行，毕竟沿着熟悉的方向前进要容易得多。发明家下意识地遵循同样的路径，因此他没有任何机会来发现新东西。跳过障碍只是在重复同样的努力。就像我们刚学到的，其实不必跳过去，只要绕过去就行了。

马克苏托夫继续写道：

> 我花了几个小时琢磨这些想法，然后我明白了：选择一个引起正向像差的透镜镜头，用它来补偿球面镜或平面镜造成的负向像差。就在此时此刻，我发明了透镜望远镜。

于是第二个障碍同样用补偿的方法克服了。透镜镜头会让光线变形，发明家知道没有必要去对付这种变形。相反，最好能利用这种变形来补偿主反射镜在制造过程中产生的变形。

制造抛物面反射镜既复杂又费力。马克苏托夫的发明让我们可以用易于制造的球面镜取代抛物面镜。最初不可能用球面镜，因为它会造成视觉变形，现在可以用透镜产生的变形来补偿反射镜的变形。光学上不完美的反射镜，和一个不完美的透镜组合在一起，就是一个完美的光学系统！

马克苏托夫写道：

> 对透镜系统进行理论研究，了解它的优点，这时，我情不自禁地想起了光学工业发展的历史，道路崎岖不平。在反射镜和折射镜提倡者的战斗中，有多少折戟沉沙？不断研究完善制造精确球面的方法浪费了多少精力？而且又要解决消像差玻璃的问题？制造了多少最终被扔掉的燧石玻璃？还有其他复杂又耗力的玻璃？最后又建了多少昂贵、笨重、不完美的望远镜

（以及同样笨重、昂贵的机械装置，和有巨大旋转圆屋顶的建筑物）？

在天文光学发展的初期，如果我们知道了补偿透镜这个简单的概念（它在笛卡儿和牛顿时代就可用了），那么天文光学就会在全新的方向上发展。只需简单地使用一种光学玻璃，就可以开发出消像差的球面短焦距光学望远镜，而不用考虑它们的属性。①

在这个案例中，发明迟到了250～300年。

这个发明的命运是什么？

在建好望远镜之后，马克苏托夫又决定开发透镜显微镜、双目望远镜，以及其他光学仪器。在光学领域内，马克苏托夫的概念只用于解决与这个问题类似的任务。如果这个问题的领域略有不同，它就没法解决；或者，人们尝试去解决，但会走马克苏托夫的老路：试错法。

这里还有一个这样的发明故事。密切关注其思考过程和答案，两者都惊人地让我们回忆起透镜望远镜的发明。

我突然有一个想法，我认识一个业余潜水员，他戴眼镜好多年了。他在水下戴眼镜时遇到问题，我建议他戴一副有机玻璃面具，照着他的眼镜打磨镜片。这个想法很诱人，尽管不是每个人都能得到这种眼镜。

我突然明白，真正的答案在于水本身。如果面具的平面玻璃做成凸形，水和空气这两种物质的交界面就变成了凹形，会像凹镜一样散射光线。这位潜水员戴的水下眼镜镜片的屈光度（曲率）是 -2°～-3°，实验表明，这相当于凸面半径为10～15 cm的面具。此时我意识到，眼镜和水下视觉毫无关系。水下远距离的物体看起来变形了：大得多，也近得多。如果玻璃的凸面半径是20～35 cm，那么水造成的放大效应就会消失，水下世界看起来就和它的自然尺寸一样，当然还是近得多。②

就像马克苏托夫一样，这个发明家刚开始想把光学镜片附在游泳面

① D. D. 马克苏托夫，《新型反射折射光学透镜系统》，V. XVI，第124号刊，L.，1944年，第15页。

② V. 马斯拉耶夫，《面具-玻璃》，刊于《技术——给少先队员》（苏联），1962年7月刊，第27页。

具窗上。然后，他推测可以通过把窗口做成凸形，使之变形为透镜，来去掉镜片。不过这个透镜还有其他的功能，它可以消除面具窗上平行玻璃造成的变形。就这样，一个新的技术想法诞生了。

马克苏托夫的发明包含的最重要的想法是：接受以前不可接受的想法，然后补偿它。我敢肯定，在许多还没有解决的问题中，有一些就可以用这种补偿方法来解决，不过补偿法还没有广为人知。透镜望远镜被提到过上百次，但从没有文献说："这是一个解决不同创新问题的成功方法，它不仅能用于光学行业，也可以应用于其他行业。"

※

迄今为止，我们已经谈了很多单独解决问题的发明家。大型组织有更多可以调配的资源和更有效的创新技术，也许情况会不一样。

航空设计师和运营执行官，欧列格·康斯坦丁诺维奇·安托诺夫(Oleg Konstantinovich Antonov)，讲述了下面的故事：

> 在大型俄罗斯客机 Antey 的设计阶段，在尾翼（飞机尾部，包括垂直尾翼和水平平衡器）的概念上，我们碰到一个非常复杂的问题。简单、高而直的垂直尾翼加上上部的平衡器难于制造，尽管这个想法诱人，而且是由空气动力学实验室推荐的。为了装货，机身被切掉宽 4.4 m、长 17 m 这么一大块，如果尾翼这么高，机身就会像纸袋一样被粉碎和扭曲。
>
> 我们不可能分割垂直尾翼，把垂直的圆垫圈装在平衡器的两端，虽然这会大大减少尾翼的致命振动。时间流逝，我们还没有找到可用的尾翼概念。

当代的航空公司有组织地解决共同关心的问题。总设计师在考虑一个项目时，通常不是一个人单干，飞机的每个系统都指派给一组有才能的工程师，他们具有本行业任何事情的最新信息。如果某个组一松懈，整个组织的工作节奏就会受到影响。不难想象这句话的成本："时间流逝，我们还没有找到可用的尾翼概念。"

安托诺夫继续写道：

> 有一次，我半夜睡不着，习惯驱使我开始思考最困扰我的问题。如果水平平衡器的"半个垫圈"由于重量而产生振动，那么"垫圈"应该这样放置，使得其质量负效应变成正效应。

因此需要把它们移动到水平平衡器的中心轴前面。

这么简单!

我伸手在床头柜上摸到铅笔和笔记本，在漆黑中画下我新发现的概念。如释重负，我很快就睡着了。

刚开始，安托诺夫就像马克苏托夫一样，想要去掉一个有害因素，但没成功。在马克苏托夫的案例中，有害因素是像差；安托诺夫的有害因素是物体的重量。然而他们的答案概念是一样的：不需要去掉有害因素，只是稍微修改它，让它变得有用。

今天，在一些工程公司里，工程师们可能正在努力去掉一些有害因素。他们不断地碰壁，却没有意识到有扇门已经打开。

现在一点也不难回答本章开始提出的问题，我们需要一个发明的方法论来：

a. 让那些停滞、亟待创新方案的问题，立刻受到发明家的关注；

b. 高效地解决发明问题；

c. 不断应用新发现的方法来解决其他技术问题，把发明家从寻找新方案的辛劳中解脱出来。

第二节　创造性等级

创新是最古老的人类活动。严格地说，我们的祖先变成人的过程，就是从发明最早的工具开始的。从那时起，产生了数百万发明创造。令人吃惊的是，虽然创新的问题越来越复杂，但是解决这些问题的方法却没有任何改进，通常发明家一直用试错法解决问题。

“发明家既没有推理也无远见，甚至没有最起码的耐性。”法国科学家查尔斯·尼科尔（Charles Nicolle）写道，“他既不做调查研究，也不会沿着他那活跃的想象力驰骋。相反，他迫不及待地把自己扔进未知的世界，希望这样就可以征服世界。问题就像隐藏在烟雾中，普通灯光无法穿过烟雾把它照亮，却突然间被闪电照得通明，于是一个新的发明诞生了。这样的活动既没有逻辑也不明智。”[①]

“如果发明活动是一个逻辑和系统过程的结果，那该多好，”美国发

① 查尔斯·尼科尔，《生物学发明》，巴黎，1932年，第5页。

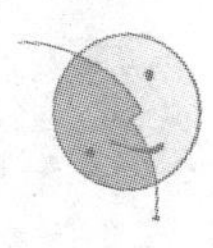

明家约翰·拉比诺夫（John Rabinov）说，“不幸的是，事实并非如此。发明活动是心理学家称之为‘直觉’的产物：灵光乍现，一个隐蔽在人类意识背后的过程。”①

与尼科尔一样，拉比诺夫也认为发明的过程没有逻辑可言。不过拉比诺夫的观点与尼科尔有所不同，他认为只要专攻问题，最终总能征服它，从而做出一项发明。拉比诺夫描绘了一幅不太乐观但更接近现实的画面。只有不断地钻研问题，并挑选出所有可能的方案，就有可能成功。

还有很多类似的说法，都是些不切实际的胡思乱想。

苏联著名发明家贝贝托（G. Babat）把发明活动比作攀登陡峭的山峰：

> 你踯躅前行，找到一条羊肠小道。路到尽头，悬崖绝壁，你只好又折回。经历了无数次挫折，你终于到达了最高峰。回首俯望，你才发觉，走过的路混乱而无序。此时你突然注意到，原来有一条阳关大道就在你的身旁。如果早知道有这条路，到达顶峰就会容易得多，也快得多。②

贝贝托在这里准确描述了创新过程的本质。混乱无序的探索要付出高昂的代价，你的时间，你的精力。因此并不奇怪人们终于醒悟到，需要开发一种按规则有序探索的过程——就像一张地图，指明通向顶峰的阳关大道。我们需要解决创造性问题的科学：启发法（Heuristics）。

启发法这个词最先出现在希腊数学家亚历山大的著作中，他生活在3世纪下半叶。此后很多著名科学家，包括莱布尼兹和笛卡儿，都认为有必要研究创造性思维过程本身。收集到的大量观察结果逐渐证实，存在一些启发法的原则。了解发明过程的信心增加了，然而发明家们直到今天还在继续使用试错法。

为什么17个世纪以后，启发法还不能提供有效地解决创新问题的方法呢？从一开始，启发法就确立了广义的目标：找到一些普遍规律，能用在人类活动的所有领域，解决任何创新的难题。古希腊哲学家试图寻找几种“基本元素”来解释各种各样的现象。亚里士多德教导说，任何物质都是由5种元素组成的（火、气、水、土和以太）。于是，人们就用同样的方式提出了创造活动的共同元素。

---

① 约翰·拉宾诺夫，《人们为什么发明》，刊于《发明家与创新者》（苏联），1966年7号刊，第15页。

② G. 贝贝托，《通向未知之路》，1962年，第581页。

当然，所有的创新活动的确有一些共性。但如果我们仅限于分析共性元素，就很难超越基本概念。苏联天才科学家恩格曼（Engelmeyer）在这方面成绩斐然。这位科学家用丰富的事实资料，建立了如下的创新过程模型：

第一步	第二步	第三步
直觉和意愿	知识和分析	具体实施
创建一个想法	建立概念和计划	发明的工程实施

一般而言，这个模型没错，每一个创新活动都包括三个步骤：制定一个计划（问题陈述）、探索新想法（问题的解决方案）和开发这个想法（工程实施）。但是这个概念太模糊了，对发明家的创新活动没有实际帮助。

事实上，包括恩格曼在内的很多研究人员，并没有把寻找一种真正可用的解决创造性问题的方法论作为一个目标。直到最近，人们还相信当前的“发明业”能满足现有的所有创新需求。只要能最终成功地解决问题，尝试次数的多少无关紧要。“发明业”仍然沿袭祖辈的方法，似乎也能满足世界的需要。这也难怪启发法发展缓慢。

人们从狭隘的专业角度看待创新，这使情况变得更复杂。通常，科技历史学家完全忽略创新过程中的心理作用，而心理学家则不考虑科技进化的客观规律，只对那些著名科学家和发明家的个人创新特质感兴趣。

1926 年，美国心理学家特曼（L. Termen）和考克斯（S. Cox）出版了《300 名天才的早期智力特征研究》。在后来的 25～30 年里，特曼和伊登（M. Eden）研究了 1000 名有天分学生的生活，出版了三卷《天才的遗传研究》。

发明家们不屑于剖析创新的过程。发明家毕竟是少数，很多人陶醉于别人对他出类拔萃光环的奉承。20 世纪初，美国心理学家罗斯曼（Rossman）对很多发明家进行问卷调查，其中一个问题是：“你认为发明能力是天生的，还是可以学到的?”70%的发明家回答说：“发明是不可能学会的。一个人必须天生就具备成为发明家的能力。”但是，接受调查的人谁也说不清这“天生的能力”是什么。

就在这个调查后不久的 1931 年，罗斯曼出版了《发明家心理学》一书。他在书中写道：

> 目前，我们对创新的心理过程还一无所知。我们既不清楚什么样的条件有利于创新，也不清楚发明家个人需要明确具备

什么样的素质。

尽管罗斯曼收集了很多有趣的事实，但他还是没有揭示创新的本质。他谦虚的结论也只是描绘了创新过程的大体框架，如下所述：

a. 识别需求和/或问题；

b. 分析这些需求和/或问题；

c. 评估已有的信息；

d. 归纳出所有可能的方案；

e. 分析这些方案；

f. 产生新想法；

g. 实验和确认新概念。

在凯撒大帝（Julius Caesar）征服高卢人后，他这样把新闻发给罗马："我到了，我看见了，我征服了。"试想，如果有人根据上述历史，就把军事策略的原则概括为"第一步：到达；第二步：看见；第三步：征服"，那是多么荒谬！罗斯曼的概念与此很类似，只是将创新的基本步骤按照时间的先后罗列起来，也没有按重要性区分不同的步骤。比如，他认为收集信息和构思新想法同等重要。信息可以很容易地从图书馆得到，但人们怎样"产生"一个"健康"而有价值的新想法呢？罗斯曼没有回答这个问题。发明技术仍然是个谜。

1934 年，苏联心理学家 P. 雅各布森（P. Jacobson）出版了他的书《发明家的创造过程》第一卷。通过分析罗斯曼的结论，雅各布森提出了他自己的创新过程新概念，也包括 7 个步骤：

a. 知识/创新准备期；

b. 寻找需求；

c. 任务和/或想法的产生；

d. 探索方案；

e. 形成创新概念；

f. 把概念变成原理图；

g. 想法的技术实施和开发。

很容易看出，这个概念有罗斯曼思想的影子。但雅各布森清楚地表达了这样一个想法：有必要揭示技术创新的内在规律，并建立一种科学方法进行创新。他计划在第二卷中阐述这种方法，但遗憾的是他并没有写第二卷，虽然他继续出版其他心理学著作。

20 世纪 30 年代中期，专利图书馆的书架上存放着数百万项专利。发明活动变得越来越普遍，人们明显急需一套科学的创新方法论。然而在其后的20年里，因为各种各样的原因，并没有“发明技术”的新著作问世。与此同时，过去的模糊而效果不佳的概念作用甚微，而且在科学技术迅猛发展的今天，这些概念更加没用。苏共中央委员会的24届全会报道：“把科研成果转换为大规模生产力，是我们最薄弱的环节。”科研成果不是通过创新进入工业界的吗?

※

1944年，美国数学家博亚（D. Poia）解读启发法：“顾名思义，它有一点逻辑的成分，有一些哲学的概念，还有一点心理学，但没有明确定义其研究领域。它经常被泛泛而论，很少详述，实际上现在已经被人遗忘了。”[①] 启发法的历史由长期低潮和短期高潮组成。在每一个高潮中，新的希望和术语会丰富启发法。但是不久就能清楚地看到，这些伟大的愿望并没有很快实现。人们发现，在新术语的背后，隐藏的还是陈旧而模糊的思想，于是又一个低潮期开始了。

控制论的出现延迟了启发法的下一个低潮。对变量不断排列组合的方法论，主导了计算机软件技术。这样电脑和人脑之间的类比很流行，表面上也令人信服，但实际上它只是强化了创新一定要用试错法的观点。

计算机技术持续发展，直到20世纪50年代末，人们才明白，即使具备巨型计算机的处理速度，对变量不断排列组合也不能解决创新问题。人们必须重新借助启发法。于是按启发法编程的新想法出现了：不是让计算机排列所有变量，而是根据某种规则预先选择少数变量，这组变量本身应该足以解决问题。

1957年美国科学家纽厄尔（A. Newell）、休（J. Show）和西蒙（G. Simon）发布了名为“通用问题解决法”的启发法程序。这个崭新的术语带有控制论的痕迹，但它的思想很古老，即开发通用的原则来解决创新问题。但这些问题的决定因素很明确，一般只适合证明数学定理。纽厄尔尝试用它下象棋，但什么结果也没有，更谈不上解决创新问题了。用这个程序解决问题太难了。

后来纽厄尔、休和西蒙开发了一套特殊的下棋程序。不过这次他们放弃了传统的启发法搜寻原则，科学家们转向研究棋弈的客观规律。这

① D. 博亚，《如何解决问题》，莫斯科，乌奇佩德齐兹（Uchpedgiz），1961年，第200页。

样，以前成熟的棋弈理论就成为这个程序的核心。

看来他们找到了正确的方向。为了开发启发式的程序，需要以研究领域的客观规律为基础，但是现代启发法没有热忱地接受这个思想。事实上，棋弈的理论早已存在，棋弈规则、总结和指导的书籍也早已存在，而且有大量的研究以前棋局的分析资料。如果这些都不存在，工作将复杂几千倍。首先必须发展出理论，然后根据这个理论开发启发式的程序。这就是当代启发法对发明家而言没有帮助的原因。

※

罗斯曼和其他研究人员将创新过程分成单独的阶段，没有考虑每个阶段还可以继续分为不同的量化级别。

这在创新活动调查中很典型。发明总是作为总体来考虑的，尽管它们实际上代表的是各种截然不同的物体。

我们来比较两个具体的发明：

> **作者证书第166584号**[①] 一个开瓶的设备，由柄和爪组成。这项发明的创新在于，可以开启聚乙烯瓶盖。爪做成马蹄形，用内沿紧扣瓶盖。

> **作者证书第123209号** 一种放大电磁辐射（紫外线、可见光、红外线以及无线电波）的方法。放大的辐射穿过一种媒介，在辅助辐射或其他方法的帮助下，产生比平衡状态下更集中的原子、其他粒子或其系统。它的工作原理就是将辐射激励到更高的能量等级，从而“放大”电磁辐射。

每一个创新过程都必须遵循同样的步骤：开始、中间和结束。但是，开启塑料瓶塞和研发感应发射器（激光）有数量级上的差异，因此两个发明中新概念的实现机理也明显不同。

我随机询问了29个年龄在12～40岁的人，在2～5 min之内，所有人都能找到一种想法，使开启瓶塞的过程机械化。

下面是这次调查的一个记录，是我和我12岁的儿子一起完成的。

> 作者：我们要构思出一种能开塑料瓶塞的新开瓶器。标准的螺丝刀不够好，开罐头的利刀也不好，我们必须制造一种专

① 本书中，作者证书即苏联的专利证书，其他国家的均称专利证书。

门开塑料瓶塞的开瓶器。

儿子：妈妈用厨房的菜刀。

作者：用刀不方便。我们需要一种特殊的开瓶器。

儿子：你可以用剪刀。

作者：为什么剪刀好一些呢？

儿子：刀从一边提起瓶塞，剪刀从两边提起。

作者：我们怎样才能使它更好呢？

儿子：（热情地）我们可以从三边提起瓶塞！（说明，这正是在作者证书第166584号中写到的：马蹄形的爪。）

作者：还是需要开发一种特殊的开瓶器。

儿子：能够从三边提起瓶塞的特殊刀片（用手指比划着）。把柄装在上面。

为了理解创新过程的技巧，有必要在创新过程的每一个阶段，从多个级别来考虑创造活动。

这就是我们正在做的事情。

表1就是创新过程的结构图表。A、B、C、D、E和F代表过程的不同阶段，1、2、3、4和5代表过程的级别。每一阶段可以按照5个级别来工作。

后面我们会详细讨论这些级别之间的差异。现在我们定义创新过程的以下特征：

1级　使用一个已有的物体，不考虑其他物体；

2级　在几个物体之间选择一个；

3级　对选出来的物体做部分改变；

4级　开发一个新物体，或者完全改变选择的物体；

5级　开发一套全新的复杂系统。

表1　创新过程的结构图表

级别	选择任务	选择搜寻概念	收集数据	寻找想法	找到想法	实际实施
	A	B	C	D	E	F
1	使用一个已有的任务	使用一个已有的搜寻概念	使用已有的数据	使用已有的解决方案	使用现成的设计	按照已有的设计制造
2	在几个任务中选择一个	在几个搜寻概念中选择一个	从几种来源收集数据	从几个想法中选择一个	从几个设计中选择一个	修改已有的设计，然后制造

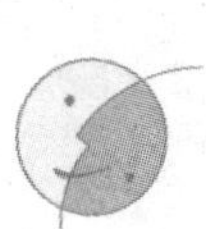

续表 1

级别	选择任务	选择搜寻概念	收集数据	寻找想法	找到想法	实际实施
	A	B	C	D	E	F
3	改变初始任务	修改适合新任务的搜寻概念	修改收集到的适合新任务的数据	改变现有的解决方案	改变现有设计	按照新的设计制造
4	寻找新任务	寻找新的搜寻概念	收集与新任务相关的数据	寻找新解决方案	开发新设计	用新的方式使用设计
5	寻找新问题	寻找新的方法	收集与新问题相关的数据	寻找新概念（原则）	开发新的建设性概念	修改实施新概念的所有系统

【1 级发明】

作者证书第 157356 号　高压气体、液态气体或溶解气体的容器保护盖。盖子由塑料制成，有内衬支架来增加强度。这样可以降低成本，节省金属用量。

有一个常见的问题（节省金属用量）。采用一个已有的搜寻概念（用廉价的东西替换金属），最后设计出一个已有的解决方案（塑料盖子）。这个设计太一般：盖子内衬支架，因此不需要研究或调试的过程。

作者证书第 362335 号　抽吸液态金属的虹吸管有一个 U 形管，一个可以透气的陶瓷塞通过管接头连接真空泵，真空泵有一个水平入口管。这个装置可以提高抽吸上来的金属纯度，因为虹吸管的制动杆位于容器的沉积物水平面之上。

为防止虹吸管沉入黏稠的沉积物，虹吸管安装了一个制动杆：小任务，小解决方案。①

【2 级发明】

作者证书第 210662 号　一个感应式电磁泵包括泵体、一个感应器和一根导管。这个泵的新颖之处在于，感应器可以沿导管的轴移动。

---

① 让我在这里强调一下，我不是说 1 级发明的专利不应该授予证书。对这样低级别专利也有理由进行法律保护。我们在讨论一个不同的主题：从心理学角度讲，这个级别的发明没有什么创造性。

电磁泵已经存在很长时间了，它由一根管子及上面的环形感应器组成。工作时，管子的一端浸在液态金属中。通常感应器位于液态金属面之上。启动电磁泵，液态金属会被吸到感应器位置的高度。针对这个问题有几种解决方案：

a. 在吸管的下端放置一个启动感应器；

b. 电磁泵启动前，从上面倒入金属；

c. 放低感应器而不是管子。

这里，选择了其中一个答案，可能是最好的一个：启动时放低感应器而不是管子本身。然后提升金属平面到感应器的工作位置。从表 1 可以看出，这是一个 2 级 D 阶段的发明（在几个想法中选择一个）。

【3 级发明】

作者证书第 163487 号 采用曝光驱动的快门中断光束的方法（例如，制作高速动作图片）。这项发明与众不同的是，在两个玻璃保护片之间的液体中安装一个放电器，在中性条件下玻璃片的表面和光束接触。这样快门可以重复使用。

以前快速中断光线的方法是打碎玻璃，快门就是一次性的。改变快门的物理状态，使之具有新的特性，液体快门可以重复使用。这是一个 3 级 D 和 E 阶段的发明。

作者证书第 256956 号 一种去除鱼内脏的方法。这种新方法通过插入一个温度低于－5℃的装置，来冷冻器官，同时又能保鲜。

【4 级发明】

作者证书第 163559 号 用于现场监控钻土工具状态的方法（例如钻井）。与其他发明不同，该发明使用强烈的气味作为钻孔工具磨损严重的指示器，即将一次性的化学药剂注入钻头。

这是一个 4 级的发明，因为它采用一种控制磨损过程的新方法，而不是修改现有的过程。

作者证书第 187135 号 电机的蒸发式冷却系统。为了去掉电机的分离式冷却系统，新式电机的工作元件与以往不同，工作元件采用多孔的冶金粉末制造，冶金粉末掺入液态冷却剂。操作时，冷却剂蒸发会产生短期、强烈而均匀的制冷作用。

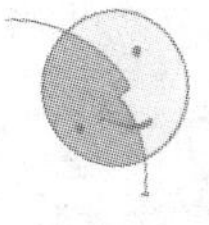

传统的制冷系统从外部产生制冷效果，低效又笨拙。这项发明建议在金属中预先存储制冷剂。

【5级发明】

> **作者证书第70000号**　制造金属粉末、合金粉末和其他导电物质粉末。这个方法的不同之处在于，用这些材料制造的电极与一个振荡电路相连，这样电火花放电把电极物质打散形成粉末。

这种方法开启了电极放电加工材料的技术之门。

※

当然，每个阶段和等级还可以再往下分。但是，等级之间质的区别，比每个等级内的量的区别更重要。

让我用一个类比来解释一下。我们不可能泛泛地研究一种物质，例如水。水有不同的质的级别：冰、液态水和蒸汽。它们的特征和规律各不相同。每个级别内还有区别：4℃的水和99℃的水不同，临界温度的蒸汽和临界温度以下的蒸汽也不同。但是，在结构化创新分析的第一步，同一级别内的差别并不起显著作用。

也许读者想了解1级发明和5级发明之间的关系。

从1965年到1969年，我研究了14类发明，它们分布如下：

1级	32.0%
2级	45.0%
3级	19.0%
4级	低于4.0%
5级	低于0.3%

因此，77%（1级和2级）的注册专利仅代表一种新的设计。一般而言，每一个工程师都知道如何在1级和2级上创新，在这些级别的范围内，不需要选择新的任务、新的技术理念，工程师有足够的知识和技能来提供有效的解决方案。而在诸如5级的较高级创新，就需要运用新发现。当今的创造发明一般都在3级到5级的中间子级的范围之内。[①]

从数量上看，这些还不到所有注册专利的1/4。但是，正是这些创

① 从创新角度，而不是法律角度。

新给技术带来了质的改变。

D阶段的不同级别，可以用一般工程师搜寻答案过程中采用试错法的次数来描述：

1级	1～10
2级	10～100
3级	100～1 000
4级	1 000～10 000
5级	10 000～100 000，甚至更多

在5级发明的高子级上，尝试的次数是无限的，因为找不到潜在答案来解决给定的发明任务。

心理学家可以精确定义1级发明和2级发明思维过程的机制，因为它们与非创新的思维过程没有什么区别，无非是排列变量，并去掉坏的变量。每去掉一个坏的变量，问题就更加清晰，并可重新表述问题。

在揭示较高级别发明的机制时，传统心理学遇到了挑战。从理论上讲变量的数量很大，但毫无疑问，发明家不可能对每一个变量都进行排列组合。发明家会采取某种方式减少潜在的尝试次数，从100 000个可能的尝试中，启发性地选择一小部分，比如100次尝试。这里，选择的机制具有决定性作用，之后则通常是常规的尝试过程。

启发法（和大部分创造性思维的心理学一样）希望能定义一种机制，将变量从100 000个降到100个。沿此方向的实验和启发法本身一样古老，也一样毫无价值。

基本假设是错误的。没有一种机制能从很大的探索领域（几十万次尝试），转换到一个小而基本的探索领域（100次尝试）。尽管问题本身可能需要100 000次试验，但实际上发明家只会尝试100次。

这看起来很矛盾，但能解释得通。心理学家只考虑单个人的行为，而高级别的问题需要很多人持续努力才能解决。

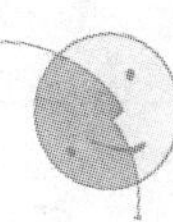

想象一件宝藏埋在100 000 acre（1 acre=4 046.86 m^2）的地下。历经几代，成百上千的人都在这块地上寻宝，每人挖200 acre的范围，有时候地块之间彼此会重叠。逐渐地，哪些地域没必要再挖掘就越来越明显。同时，人们还在继续挖。最后第一千零一个探宝者出现了，他知道哪儿不需要挖，因为他的前辈在此前50年的时间里已经挖过了。他另辟蹊径，最终挖出宝藏。这时心理学家出现了："请告诉我，你怎样能这么几下就找到宝藏?"实际上，答案非常简单，所有"劳而无功"的地方都被其他人在半个世纪里辛辛苦苦地挖过了，新的探索区域就变得很小。

以此为例，我们来看看发明简易变速器的过程。

变速器是连续变速的传动器。对工业界而言，能够连续调节每分钟转速（r/min）的设备是很重要的。在 20 世纪初，对这种类型变速器的探索就起步了。1945 年，发明家皮罗兹科夫（E. I. Pirozkov）在巴拉诺夫（G. G. Baranov）博士的指导下，开始解决这个问题。较早的时候，皮罗兹科夫发明过液压变速器（作者证书第 70842 号），这个背景很理想：发明家以前有过相关的工作经验，同时还有科学家的指导。

让我们看看这项工作是如何进行的。以下摘自 1969 年 7 月的《发明家和创新者》：

> 我们做了认真的调研，分析了国内外大量的文献，详细研究了所有变速器的设计，确认每一种变速器的强项和弱项。这项工作十分艰苦，任务巨大，永无止境。尽管皮罗兹科夫有以前发明成功的经验，但他还是认识到，液压、气压或者电动的变速器，都有一个明显的无法解决的缺陷……很少有变速器专家注意到摩擦型变速器。很多设计都有明显的缺点，例如，“干式”变速器可靠性差，因为一个摩擦面在另一个面上滑动，所以必须把两个接触面紧紧压在一起。在这种情况下，20～30 t 的力加在轴和轴承上，很快就把它们毁掉了。

有一点很有趣，我们曾经相信火车的轮子要有齿才有更好的牵引力，否则火车无法移动。对于摩擦型传动器的偏见，可能就是那时候形成的。

> ……皮罗兹科夫认识到了这一点。如果他能消除这些缺点，或者至少把影响减小到最小，摩擦型变速器将无与伦比。这有可能，因为有个想法既简单又聪明：如果施加在行星齿轮上的力重新分解形成一个闭合的多边形，那么合力为零。在这种情况下，中间体（行星齿轮）将保持平衡，而加在轴和轴承上的压力将得到释放。但是问题是，任何一个变速器的力总在改变位置。这意味着必须找到一种中间体的形状，可以使行星轮保持平衡。这就清楚了，两个截锥体组合成的中间体可以解决这个问题……
>
> 这个解决方案来得出人意料。皮罗兹科夫正在出差，远离他每天教学、写报告、做演讲的日常工作。在火车上，一个罕见而愉悦的想法突然闪过，一张新变速器的图纸出现在他眼

前。这一切就像爱因斯坦说的，只可意会，不可言传。这是1952年，离皮罗兹科夫第一次面对变速器问题，已经过去了艰苦的7年。

让我们来分析一下这7年的工作。

过去的50年间，成千上万的人研究过这个完全开放的领域。发明家从经验领域出发，如液压变速器，但探索没有成功。他把研究领域扩展到所有可能的领域，同时收集其他领域的信息。

在构建心理学模型时，实际创新过程的这个重要特性完全消失了。如果某位心理学家跟踪研究皮罗兹科夫，他可能只记录皮罗兹科夫的个人探索，而不会考虑其他发明家的探索。同时，通过收集整理领域内其他部分的信息，研究领域的“偏移”得到纠正。如果皮罗兹科夫早20～30年研究这个问题，他从其他部分得不到这么多的信息，他的搜寻思路图看起来也许会很不一样。

今天人们对类似情况的评价正好相反。如果一个发明家解决了一个无数前辈解决不了的问题，人们会说他具有超凡的创新能力。人们不会考虑如果没有前辈的努力，解决问题要困难得多：不确定程度增加，试验的次数也增加。尽管这看似荒谬，越多人解决不了的问题，实际上越容易解决。每次不成功的尝试都增加了额外的信息，使人们能更好地理解问题，同时也缩小了探索的区域。

皮罗兹科夫工作的转折点，开始于他对问题进行重新表述。根据他自己的错误信息，以及其他人的错误信息，他没有选择再去改进最为流行的那个原型方向，而是把注意力集中在摩擦型变速器。搜寻领域已经远离了原来的领域，这使得需要100 000次尝试的领域转变到只需100次尝试的小领域。

移动多边形力的想法在纺织业广泛应用。不过，如果开始的时候就把搜寻领域限定在摩擦型变速器上，那么同样的想法很容易被再次发现。

因此，一个合适的策略（我们正在寻找的启发法）应该是找准那个被巫术迷惑的“白雪公主”，想办法唤醒她，还有邻国（行业）里的其他“白雪公主”。现在我们可以看到，一个真正的创新流程图，离启发法指向的流程图相距有多远。

※

让我们退一步看看。

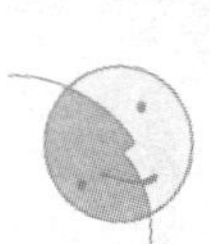

调查表明，一些发明家在解决技术问题之前，并不想了解任何其他的专利信息。他们的主要理由是，专利信息会使他们只寻找一般的解决方案，并使其想象力僵化。

我们来分析一下这个理由。

假如我们需要改进某件具体东西（2 级和 3 级的发明），我们总可以在专利中找到有用的信息。这种情况下，应该在解决问题之前使用专利信息。如果我们需要发明本质上崭新的东西（4 级和 5 级的发明），任务的条件就扩大了，以至于很难找到任何可以用于研究的具体专利信息。

现在让我们看一个具体的例子。

有一种测量河中央深度的方法。一个人游到某点，或者乘船到某点，然后放下一根竿子，或者投下带重物的绳子，就完成了测量。现在要寻找一种新的测量深度的方法，这次是在河岸上测量。这个方法必须简单，设备应该轻巧简便，游人和地质学者都能使用。

本任务的条件决定了不能用从船或筏上测量河的深度的办法来实现这个基本目标。问题出来了：**可以应用哪些领域的专利信息？**问题的原型也许会在一个与我们搜寻的领域毫不相关的发明里找到。我们可以研究有关水井、蒸汽机、声学以及水电建筑、潜水装备等专利，也许我们还需要其他类别的专利信息，比如浮桥或热水供应系统。

实际上，对应问题的原型在任何类别的专利里都可以找到，特别是对 4 级和 5 级的问题来讲。而现有的专利信息分析系统一般仅限于本专业或者本类别，对需要其他类别专利信息才能解决的高级别发明问题，没有任何帮助作用。

※

自古以来，启发法就被认为是普遍适用的。在研究创造性时，心理学家实验不同的猜谜游戏和其他的简单任务，得出结论：创新的机制在任何水平上都是相同的。这就像由折纸船的方法来发展造船技术一样荒谬。

在需要 100 000 次尝试的领域和在只需 100 次尝试的领域，使用启发法寻找方案，不可能相同。我们需要两套完全不同的心理学机制。

在迪克森（G. Dickson）的书《系统设计：创新、分析和决策》（米尔出版社，1969 年）里，描述了低级启发式方法。这本书包含一些简单的原则："牢记心理惯性"、"使用类比方法"、"把自己想象为一件物体（移情法)"，等等。这些方法适用于解决1级或者某种程度上的2级发明。对于更高级别的发明，这些方法毫无用处，有时甚至是有害的。这一点通过研讨会上解决的问题得到了证实。

如果一个人不知道如何克服思维惯性，"牢记心理惯性"这样的口号对他而言毫无价值。如果有太多可以类比的东西，类比也是徒劳的。如果技术系统太复杂，移情法只会使事情混淆。

所有的工程师可以学习这个级别的启发法。实际情况是，通过20次尝试获得的发明，和采用启发法用2次尝试就获得的发明没什么区别。启发法只有在更高级创新活动中才能展示其全部威力，而在低级别的创新中，它并没有什么作用。但是，高级别的启发法并不存在。

这并非偶然。

在进化过程中，人脑适于解决1级复杂度的问题，这是自然进化的结果。解决1级的问题，人们完全有信心，甚至过度自信。按照科学方法开发的思维机制（包括启发法)，对解决2级问题有好处。但是对于更高级别的创造性工作，又毫无用处。

自然选择帮助发展并确立了与1级创新相关的思维机制。如果一个人天生就有高级别的启发能力，他没有任何优势：事实上只有劣势。

自然没有建立高级别的启发法，因为每个周期需要的时间太长，一个人只能完成一两个4级发明，没有足够的时间来累积启发式的经验。

进化有它自己的规律，从不可靠的元素当中发展出可靠的系统。没有一个发明家有能力进行100 000次尝试，[①] 但是，却有很多需要这么多次尝试的发明。100 000次尝试的区域可以用1 000个小区域充分覆盖，每个小区域只需100次尝试。

所以，启发法应该对高级创新起主要作用，而事实却表明这种方法只在解决少数低级创新问题时有点作用。两项调查结果、发明家们四分之一世纪的个人观察（包括研讨会的结果)，以及对调查信息的分析，最后还有我个人的经验，让我绝对相信，高级别的发明并没有采用高级的启发法。相反，人们用解决低级创新的方法来解决高级创新的问题。

发明过程的悲剧就在于，人们在解决高级创新的问题时，一直在应用仅与解决低级创新有关的方法。

① 爱迪生通过大量尝试发现了4级问题的解决方案。不过爱迪生不是独自工作，这些尝试是由他的员工和同事组成的庞大组织完成的。

※

从量的角度，不同级别的问题需要不同数量的尝试才能找到解决方案。但为什么一个问题要试100次，而另一个问题却要试1 000倍以上的次数呢？它们之间质的区别是什么？

对一些问题的比较分析，可以回答这个问题。

1级发明：问题及其答案存在于某个专业领域里（行业的一个具体分支）。

2级发明：问题及其答案存在于某个行业领域里（如机器制造的问题由同一行业，但不同领域的现有方法解决）。

3级发明：问题及其答案存在于某个学科领域（如机械问题用机械方法解决）。

4级发明：问题及其答案存在于问题起源的学科边界之外（如机械问题由化学方法解决）。

5级发明的较高子级：问题及其答案超出了现代科学的边界（现在首先需要一项新发现，然后根据新的科学数据解决发明问题）。

当出现一个问题时，我们努力的方向先是1级，然后2级，以此类推。从心理学家的观点看，要在4级上开始创新的发明家，是从第一次试验开始的。而实际上，他是从第n次实验开始，这个n是一个很大的数。

解决1级的问题，一个人首先运用日常经验，这正是一个人刚开始不能理解所有级别问题的原因，这和塞克（L．Sekei）实验[①]所显示的结果一样。由于日常经验和1级问题的解决方法之间的差别并不大，因此只需试几次就能把问题搞明白。**在实践中解决1级问题的“理想”战术碰巧和“现实生活”中的战术一致，**在4级创新中就不存在这种巧合。

当我们的祖先遇到一头狮子时，问题出现了：“身后是一棵大树，再远一点是座山，附近有个湖。我应该往哪个方向跑呢？”下面是他思考的路线：“跑到湖里去比较容易，但是谁知道呢，也许狮子是个游泳高手。上树怎么样？没有足够时间爬上去，而且经验告诉我，爬树不仅需要时间，还要有人推才行。剩下的就只有山了……赶快跑啊！”

---

① 赛克，《思维过程心理学》，莫斯科：前进出版社，1965年，第355页。

我们每个人每天都在生活中解决这种复杂程度的问题，一代又一代，直到今天，我们还在继续解决这类问题。进化使我们发展出这类问题的思考过程机制。

4 级创新问题远比日常生活的情形复杂。回到狮子模型，复杂的创新问题看起来是这样的："有 500 头野兽，不都是狮子。其中一些有时变成蛇，有时变成麻雀，其余的变成一些不认识的东西。往湖里跑？但是有 100 个湖，每个方向都有很多障碍。除此之外，湖本身的情况也很复杂，有时变得很浅，有时又在流动。同时那些变形的动物也可能变成美洲大鳄鱼，湖对它们来说不成问题。树，就在你的眼前改变高度，变得很矮或者变成巨大的猴面包树。另外，空中还有东西在飞，不是鹰就是八哥。谁也不知道这座山或者其他山的后面是什么。灌木丛的后面又是什么呢？这是一种非常困难的情况。但不要着急，我可以在接下来的 5 年里好好分析这种情况。"

※

现在我们可以非常准确地描述 1 级问题和 4 级问题之间的区别。

下面这些具体特征属于 1 级问题即日常生活和实验心理学问题：

a. 问题的元素数量少；

b. 没有未知元素（很少有那么一两个未知元素）；

c. 分析简单——在问题的条件下，需要修改的元素很容易与需要保留不变的元素分开，很容易跟踪元素之间的相互关系；

d. 给定解决问题的时间很短。

而 4 级发明问题则不同：

a. 它们有大量的元素；

b. 有大量未知的元素；

c. 很难进行分析（很难分离已知和未知元素），几乎不可能建立一个完整的模型来考虑元素之间的所有关系；

d. 给定解决问题的时间很长。

在进化过程中，我们的大脑学会了如何为简单问题寻找近似的答案。

不过，人们还没有发展出一种机制，来为复杂问题寻找长期而精确的解决方案。

即使我们准确地知道优秀发明家头脑里的每一个运作，也丝毫不能

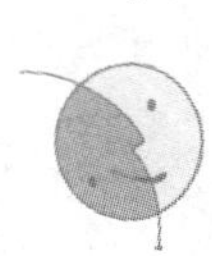

帮助我们开发与4级问题相关的战术。我们可能会发现，发明家解决4级问题使用的战术，与解决1级问题是一样的。

不可能发现更高级别的启发式方法，因为根本就没有这种方法。我们能够，而且必须开发出这样一套方法。

第三节　创新的创新方法

1953年，美国心理学家奥斯本（A. Osborn）试着改进试错法。在用试错法解决问题时，发明家首先想到：**如果这样做会怎么样**，他对可能出现的结果不进行事前分析，就会不断重复这个过程。有人天生能产生好想法，但不能分析这些想法。相反，有人则善于分析而拙于产生想法。奥斯本决定分开这两个过程，一组只对问题提出想法——不管想法有多荒唐，另一组则只分析想法。

奥斯本把这种方法叫做“头脑风暴”，它并没有消除搜寻的杂乱无章，反而使搜寻更加混乱。我们已经看到，这些尝试在惯性思维上浪费很多时间，它们不仅混乱，而且总会指向错误的方向。因此，回到最初的混乱搜寻，反而倒是一种进步。

头脑风暴的主要规则并不复杂。

a. 产生想法的团队由不同领域的人组成。

b. 在一分钟内，每个人都能表达任何想法，包括错误、笑话和幻想，不需要提供任何证据。所有的想法都被记录下来。

c. 在产生想法的过程中不允许任何形式的批评，不仅包括口头批评，也包括沉默不语，以及怀疑的微笑。团队成员要在“风暴”过程中维持自由、友好的关系。最好能做到一个成员提出想法，其他人扩展这个想法。

d. 在分析想法的过程中，即使那些看起来错误的或者没有意义的想法，也应该认真分析。

通常产生想法的团队由6～9人组成，头脑风暴过程大约20 min。

图3显示3人（A、B和C）组成的头脑风暴讨论会，每人有不同的专长（用三个圆圈表示），因此他们不会像通常那样锁定在惯性思维上。同时，头脑风暴的原则也会刺激更多的想法，甚至是异想天开。团队成员挣脱了自己专长的狭隘领域，能到达创新方案所在地。

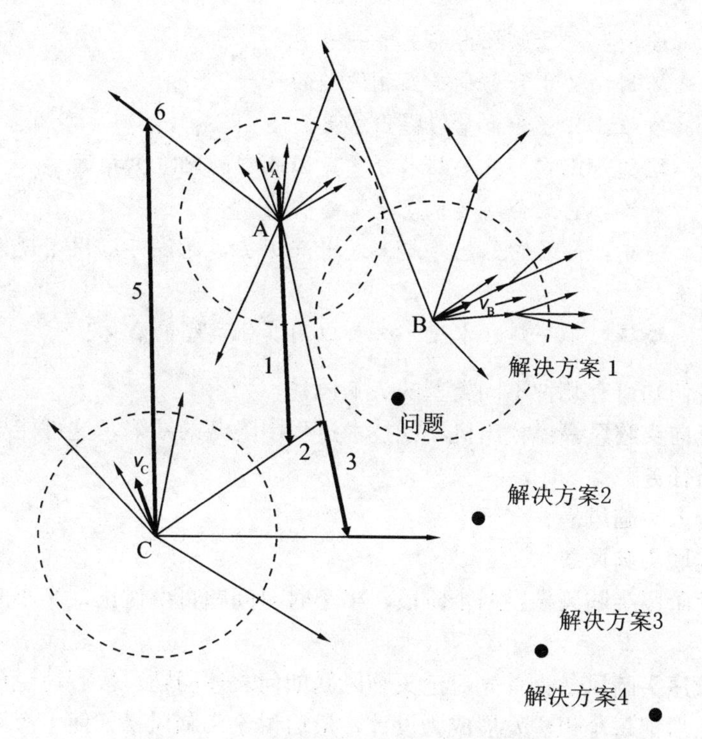

图3　“头脑风暴”法改善了试错法

图中另外有一个重要的头脑风暴机制：想法的互动和扩展。成员A表达了一个想法1（箭头1）；成员C立即对它作修改，产生了想法2（箭头2）；现在成员A对他原来想法的认识不一样了，这个想法继续扩展（箭头3）……这就形成了一个想法链（1→2→3→4），并指向2级发明的答案（解决方案2）。有时想法继续扩展（5→6），也会指向答案的相反方向。

在约翰·迪克森的书《系统设计：发明、分析和决策》中，记录了几个头脑风暴会议。这里摘录其中一个记录，如何分离青番茄和红番茄。

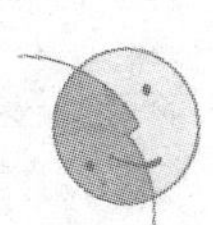

> 汤姆：我们可以用颜色来筛选，需要一个色彩传感器。
>
> 埃德：辐射或者反光特征。青番茄的反光能力更强。
>
> 戴维：硬度。我们摁一个番茄——轻轻地碰它。
>
> 迪克：导电性。
>
> 汤姆：电阻……
>
> 戴维：磁性。
>
> 迪克：尺寸，青番茄是不是会小一些？

埃德：重量。红番茄更重一点。

汤姆：尺寸和重量是互相依赖的。

戴维：尺寸和重量能得出密度。

埃德：比重。红番茄水分多，因此它的比重更接近于水。

戴维：它们会浮起来还是沉下去？

迪克：如果它们能浮起来或者沉下去，也许可以用密度来筛选。

埃德：不一定在水里……可以用其他类型的液体！[①]

我们知道有几种不同类型的头脑风暴。

反向头脑风暴：找出机器或技术过程中隐藏的缺陷，这可能导致新的创新任务。

个人头脑风暴。

关联头脑风暴。

两阶段头脑风暴：两个阶段，半小时对问题自由讨论，半小时提出想法。

顺序头脑风暴：首先讨论头脑风暴如何表述问题，接着讨论解决方案，然后把每个想法发展成为设计，最后讨论头脑风暴如何生产制造。

过去几年里，人们把头脑风暴的概念用于解决各种项目、设备设计以及不同类型现场测试中的问题。它的成功，不是因为头脑风暴法的任何优点，而是因为传统试错法固有的缺点。如果温度原来是－100℃，当它升到－50℃就感觉像是春暖花开了。

头脑风暴搜寻法的荒谬被它的量化因素补偿了：一个庞大的团队合作解决问题。表面看来头脑风暴非常有效，因为一天之内就解决了问题。不过很难衡量其真正的收益：五十个人花一天，就等于一个人花五十天。加上前期准备的时间，头脑风暴过程常常需要几百人天。头脑风暴如果有任何收益，那就是能减少沿着惯性思维方向的无效尝试次数。

头脑风暴过程在形成新的营销方式时产生了积极的效果，但它在处理那些只能在更高创新级别上解决的复杂问题时，没有什么显著成果。这就是头脑风暴过程无法逾越的天花板：2级发明。

有两种方式可以改进头脑风暴过程：让它更专业（我们后面会讨论这个话题）和提高过程本身的效率。“创新方法公共实验室”研究了第

---

① 其他例子请参考吉尔蒂（V. Gildy）和舒塔克（K. Shtarky）发表在《发明家和创新者》杂志上的文章《需要想法》，1971年第5-6号刊。

二个方向，这个实验室隶属于全苏发明家和创新者中央委员会，他们用已知答案的问题来做研究。在这类结构化的试验中，试验者把自己置于试验的迷宫之上，他可以在迷宫中沿任何方向走动，因此能清楚看到不同的步骤是把我们引向答案，还是引向其他方向。

他们发现了头脑风暴的概念性缺陷。头脑风暴不控制思维过程，这是它的主要缺陷。头脑风暴确实帮助我们克服了惯性思维：思维获得了速度，从一个死角开始移动，但是经常会错过该停下来的点。实验中多次发现，一个成员提出了一个指向正确方向的想法，另一个人接过这个想法继续拓展，照此继续肯定能找到正确的方案。离最后一段路只有几步之遥了，此时有人提出一个全新的想法，想法链就此中断，团队又回到了出发点。

头脑风暴禁止任何批评，但还是避免不了潜在的批评，比如用一个新想法抑制对前一个想法的扩展。

我们组织头脑风暴时禁止潜在的批评，禁止中断想法链的扩展，每个想法都必须发展成一个逻辑结论：

> 如果我们把船分成两部分怎么样？……我建议把它分成很多个部分……一艘船由模块组成，或者小颗粒……用粉末……船由单个分子组成……颗粒云……由单个原子组成？

这个结构已经不再是“头脑风暴”而是“智力闪电”了，它提高了头脑风暴的有效性，但是需要的时间也加长了，会议要持续好几天。

在“智力闪电”中，控制思维过程成为可能，但也不会有很大的区别：与通常一样，搜寻还是简单地把变量排列组合。

※

有的发明家可能有一个非常诱人的想法：有没有可能为每个问题找到所有可能的变量列表？有了这个列表，就不会错过任何可能性。

编排所有变量的完整列表需要一种特殊的方法。这个方法（或者一个类似的方法）叫做“形态学分析”，由著名的美国天文学家兹韦科奇（F. Zvikki）于 1942 年创立。

天文学家创建一个创新思维过程的方法论，这听起来很奇怪。事实上，这相当符合逻辑。所有科学体系中，天文学是其中最早面临大型动态系统的：群星和星系，也最早感到需要一些方法来分析这些系统。在 20 世纪初，荷兰天文学家赫茨普龙（Ejnar Hertzsprung）和美国天文

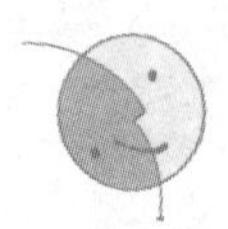

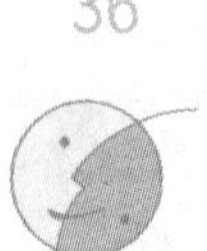

物理学家罗素（Henry Norris Russell）开发了“光谱-亮度”图。这张图中，一个轴是星星的光谱分类，另一个轴则是它们的亮度。人们发现，星星的每个光谱类对应着确定的亮度。这样，把无穷无尽的星星沿着这条线（主序）排列，它们立即有序可循了。而且，我们对于星星发展的理解，也变得更加有序了：随着星星的年龄增长，其光谱发生变化，它在图中的位置只能沿着主序线移动。

光谱-亮度图（或称赫茨普龙-罗素图）对天文思考产生了巨大的影响（就像德米特里·门捷列夫的化学元素周期表对于化学家的思维产生了巨大影响一样）。在后来几年里，天文学家不断改进这张图，又发现了巨型星和白矮星的光谱线，两三米长的新光谱-亮度图很快就做出来了。

1939 年，兹韦科奇分析了这张图的空白区域，得出一个重要发现：他从理论上证明了中子星的存在。3 年后，他得到了一份火箭设计工作，他用上了这个多维图表的方法，称它为形态学。

这种方法的本质，就是建立一个多维表（形态盒），它的参数轴是给定物体组合的主要特征。假如我们要优化潜水员动力背包的设计，可以这样开始搜寻：“如果这样做会怎么样?”例如：“如果我们用电动机和电池会怎么样?”或者，“如果我们用涡轮压缩空气作为能量会怎么样?”或者，“如果我们使用的压缩空气，不来自于涡轮，而是来自于鱼尾形的鳍，会怎么样?”

在排列我们的想法之前，使用形态学方法需要建立一个多维表。例如，把可用的能量（电的、机械的、化学的，等等）作为一个参数轴，运动引擎（电动机、涡轮、不同类型的火箭引擎）作为第二个参数轴，第三个参数轴是可用的推进元素类型（螺旋桨、鳍、火箭，等等）。这个盒子几乎覆盖了所有的组合。

当然，如果有更多更长的参数轴，这个盒子会更加完整。这样，仅仅对于一种火箭引擎，按照兹韦科奇的盒子，就有 11 个参数轴和36 864种组合!

严格说来，这是形态学的主要弱点。在解决中级难度的发明问题时，可能有几百、几千，甚至上百万种排列组合。

这种方法还有其他缺陷。在构造盒子时，我们无法肯定是否考虑到了所有的参数轴，以及沿着这些轴的所有类别。对参数轴和类别的直觉搜寻代替了对变量的直觉搜寻。这是个进步，因为我们不再排列小变量（因此它们也容易错过），而是排列大元素（参数轴和轴上的类别）。但我们还是会丢掉一些东西，只要我们漏掉一个轴，就会自动损失一大组的变量排列组合。用参数轴和变量来排列组合，即使最细微的情况也会立刻呈现在眼前，与此同时，最有趣的还是隐藏在心理障碍背后的东西。不过，与传统的变量排列过程相比，形态学已经是很大的进步了。

这种方法在解决一般设计问题时最有效，像设计新机器，或者寻找新的概念性方案。例如，设计新的雪上汽车。我们可以用表 2 的参数轴和轴上的参数类别，来建立一个形态盒。①

表 2　设计雪上汽车的形态盒

参 数 轴	参 数 类 别
1. 驱动部件	内燃机，汽轮机，电动机，涡轮喷气机，帆（对于雪上汽车还有意义）
2. 推进部件	单轮（驾驶员室在轮子里），传统轮子，加肋轮子，椭圆轮子，方形轮子，带汽缸的气动，履带，雪上螺旋桨，滑雪橇，振动雪橇，空气螺旋桨，气垫，能行走的引擎（腿），螺旋形的引擎，弹簧片，脉冲式摩擦引擎，雪上喷气引擎，旋转板，至少还有 15 种以上其他引擎
3. 车体支撑	在引擎上，直接在雪上
4. 车体类型	开放式，封闭式的一个舱体，双体车，两个舱，串联式
5. 悬梁装置	引擎，特殊的吸振器，无悬梁装置
6. 雪上汽车的控制	改变引擎位置，改变推进部件位置，雪舵，空气舵
7. 提供向后运动	反转引擎，反转推进元素，不能反转
8. 刹车	主引擎刹车，辅助引擎刹车，空气刹车，雪刹车
9. 防止冻结到地面上	机械的，机械的但需要引擎帮助，电力的，化学的，热的，不能防止

我们离覆盖所有可能的轴和类别还差得远呢，现在这个盒子里已经有超过一百万种组合了。我们得承认，形态学方法作为一种辅助方法，还是有效的。

① 如果需要不同的参数轴，请参考利普曼（G. Lipman）和屠格涅夫(G. Turgenev)的《雪上汽车》，莫斯科：知识出版社，1967 年。

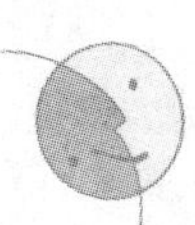

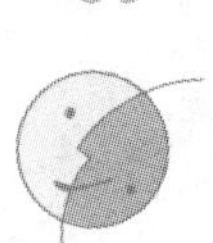

※

为了更好地管理变量的排列组合，我们可以列一个问题清单或者建议清单，叫做“先导问题”。20世纪早期，许多作者发表了不同的清单。

在美国，奥斯本开发出来的问题清单最通用。其中有九组问题，例如：“技术系统中可以减少什么?”或者，“技术系统中，有什么可以颠倒过来?”每组问题还有子问题，例如：“我们能减少什么?”这个问题包括子问题：“可不可以浓缩、压缩、稀释，或者微缩、缩短、变窄、分开、分割?”

英国发明家埃拉奥蒂（T. Alorti）的问题清单最有用[①]，其中一些条目如下所示：

> 能否从生物学、经济学和其他领域做一些异想天开的类比?
>
> 能否建立变量依赖关系、可能的相互关系和逻辑巧合关系?
>
> 能否从对这件事一无所知的人那里得到一些看法?
>
> 能否假想自己就在这种机制里面?

从本质上说，清单中的每个问题都是一个或一系列尝试。当然，清单订立者根据自己的创新经验，在问题清单中选出感受相对强烈的问题。不过，他们并没有研究发明过程的内在机制，就做出了这些选择。因此，这些清单指出了做什么，却没有指出如何做。例如，如果有很多变量，我们如何设立这些变量，或追踪它们之间可能的相互作用？或者，如何虚拟地进入到机器里面寻找问题的答案，把这一虚拟过程与实际解决问题的过程进行类比?

先导问题法帮助我们在一定程度上减少了心理惯性，但是也就这么大用处了。

※

为了改进头脑风暴法，不难看到有下述两种可能。

---

① 《发明家和创新者》，1970年第5号刊。

a. 开发的不是一种方法，而是一套不同的方法。

b. 这样组织这个过程：使用这套方法的是一组经过特别训练的人，他们在解决问题的过程中，慢慢积累使用这种方法的经验。

基于这个假设，美国研究人员戈登（William Gordon）开发了“综摄法”，并于1960年建立了创新公司：综摄公司。

综摄法在希腊文中的意思是不同元素的组合。综摄公司简介上这样定义：“综摄公司里面的团队由来自不同专业的人组成，目的是通过不设限的想象力培训，并组合非兼容的元素，尝试创造性地解决问题。”

综摄公司基于团队的形式来组织头脑风暴。这些团队积累了经验和方法，比临时组合或召集的团队更加有效率。在综摄公司，团队包括了不同领域的专家。培训这些团队的费用，从20 000～200 000美元不等。他们的客户包括通用汽车（GM）、美国国际商用机器公司（IBM）、通用电气（GE）和其他大公司。

解决问题时，综摄团队首先原封不动地接受问题，然后细化问题，把它变成所有人都能理解的结构，此时解决问题的过程才真正开始。这个过程的基础是把不熟悉的问题转换成熟悉的问题，然后再回到原来不熟悉的问题。也就是说，综摄法试图系统地从一个新角度看待问题，借此消除心理惯性。为此，综摄法有以下四种类比方式。

a. 直接类比（DA）：把给定的主题或多或少与自然界存在的，或者另一个技术领域的类似主题相比较。例如，为了改进油漆家具的过程，直接类比法包括分析岩石、花草和飞禽如何自然地获得颜料，或者彩纸是如何上色的，或者彩电的彩色图像是如何产生的。

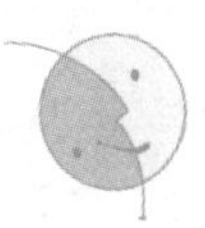

b. 拟人类比（PA）：也叫做移情法，这里，解决问题的人“变成”了这个系统，想象一下它的感情和感觉。还用上面的例子，可以想象自己是一只白乌鸦，想改变颜色。

c. 象征类比（SA）：通用化和抽象化类比，例如轮子的摩擦表面的特性，就是对摩擦轮自身粗糙程度的象征类比。

d. 虚拟类比（IA）：把一些假想的小生命引入到问题中，这些小生命能在问题要求的条件下做任何事情。或者说是引入魔力，如看不见的帽子或者会飞的鞋子。

为了改进寻找解决方案的战术，应该记录综摄会议的过程，并进行分析。

综摄法是存在于苏联之外最强大的创新方法。不过这套方法也有局限性，它没有研究技术系统进化的客观规律，它最多只能用在解决 2 级和 3 级的较低子级的问题上。

※

提高解决高级创新问题的效率，需要启发式的程序，用目标导向（朝向答案领域）的行动代替简单的变量组合。换句话说，启发式算法能把需要尝试 10 万次的 4 级问题，转变成只要尝试 10 次的 1 级问题。

这个算法不能靠一个发明家，或者一组发明家的经验而开发出来。为了开发可用的启发式算法，需要：

a. 定义技术系统发展的客观规律；

b. 分析大量的专利信息数据；

c. 开发一个解决问题过程的程序，其中每个步骤“有机地”从前一步演化而来；

d. 在实践应用中不断选择和完善这个程序。

我从 1946 年开始这个工作。我不能说那时我就想开发一种通用的创新方法论，最初的目标要简单得多：找到一些能帮助我个人创新实践的原理。不过在 1946 年，创新变成了次要的事情，显然“创新方法”是最有趣和最重要的问题。普通的创新变成了我的“试验兔子”，用来测试创新算法。在本书后面的几章里，我们将更详细地学习这个创新方法论的主要方面，以及解决发明性问题的算法。现在我想提醒大家，算法的方法论是把创新的过程当成有序的活动，来更准确地定义和解决技术矛盾。这个思维过程直接指向理想方法，或者理想设备。在寻找解决方案的过程中，所有阶段都用到了这种系统的方法。这个算法还包括消除心理障碍的具体步骤。另外，它还有一个信息系统，由消除技术矛盾的典型原理所构成。

为了开发实际可用的解决发明性问题的方法论，作者推荐的每个章节都需要读者在实践中检验。

关于这个主题的第一篇基础性文章，发表在 1956 年的《心理学问题》上，这是一本远离技术领域的杂志，这篇文章也没有引起发明家的注意。直到 1959 年，《共青团真理报》（苏联共青团组织的一本刊物）

发表了这个方法论产生的实际效果，这个状况才得以改变。此后，这个方法论的基本概念发表在《发明家和创新者》[①] 杂志上。在接下来的一年里，这本杂志一直在连篇累牍地讨论这个主题。

在这些讨论中，多数参与者都表示相信：这种方法论将成为千万个发明家和技术厂商手中的强大武器。苏联政府的发明和发现专家委员会（The Expert Committee on Inventing and Discovery）批准了这个方法论。

在总结讨论结果时，出版方写道：

> 今天是科学技术大力发展的时代，创新是几百万苏联人民都关心的事情。寻找发明性创新的秘密，即开发有用的原则和工作方法来改进技术，越来越成为一项生死攸关的任务。

从1961年到1965年，我们发表了一系列文章，来帮助发明家使用这个方法论来解决技术问题，同时继续研究从这些发明家们那里得到的经验，从而对这个方法论进行验证和完善。我们在苏联180个城市里做了两次创新者的调查，在莫斯科（Moscow）、巴库（Baku）、斯维尔德洛夫斯克（Sverdlovsk）、诺沃西比尔斯克（Novosibirsk）、杜布纳（Dubna）和其他城市举行了创新理论和实践的学术研讨会。在创新方法论的帮助下完成的发明超过了3 000件。

1968年，全苏发明家协会（All-Union Organization of Inventors and Innovators，VOIR）的中央委员会，成立了技术创新方法论部门。一年之后，建立了创新法的社区实验室。这个实验室由许多热心人士共同努力促成，它开发和出版了程序、课本、问题清单和研讨会材料，对教师有组织的培训也开始了。现在，在社区的和公共的创新机构、培养年轻发明家的学校、技术创新大学里，都在传播这个理论及其实践应用。

1971年，巴库成立了一个技术创新的公共研究所。这个研究所为发明家们培养在不同的技术领域里解决复杂技术问题的能力，其主要课程就是解决发明性问题的算法方法论。首先解决课程中的练习问题，然后再解决现实生活中的问题，通过这种实践来培养应用这种启发式算法的能力。

① 阿奇舒勒和夏皮洛的文章《驱逐六翼天使》发表在《发明家和创新者》杂志上，1959年第10号刊。

第四节　通过知识而不是数量

跟任何进化一样，技术的进化必须符合辩证法的规律，因此，通用创新理论的基础是辩证法逻辑——在解决技术问题的创新活动中使用辩证法逻辑。但是，逻辑本身还不足以发展出一套可用的方法论，还需要考虑发明家所使用的工具的特性，这个工具就是人的大脑，独一无二。如果创新工作组织得当的话，人类思维活动中更为卓越的因素，如直觉和想象等，会得到充分的发挥。不过，也要考虑到思维过程较为薄弱的方面，比如惯性思维。

最后，任何一个创新理论都应该从经验和实践中收集大量素材，正如有经验的发明家会慢慢发展出适合他自己的解决问题的方法一样。通常这些方法的数量有限，而且只与创新过程的某个阶段有关。但是本书的创新方法论是通过严格筛选最有价值的原则，然后归纳总结出来的。

可以理解，做出一项重要而伟大的发明（在我们的分类中，属于5级中较高子级的发明），需要适逢恰当的历史时期，需要适于创新的条件，更需要像说服力、勤劳、勇气以及博学这样卓越的个人能力。创新方法论，不是一个可以自学成才的课程，也不是自己捣鼓就能发明创造的处方，它的目标是科学地组织创新过程。我们在前面的例子里就清楚看到，这种组织有多重要。不过，我想再举一个经常出现在《发明家和创新者》杂志里的例子。

我正为一项发明头大呢，我竭力想弄明白，如何才能实现救生设备放到水中的过程自动化，但什么也没想出来。

有一天，我坐在火车上，无书可看，就想着我的救生设备。这时一个年轻漂亮的女士走过来。“请坐”，我边说边给她让座。她犹豫了一下，谢绝了我，说：“我马上要下车。”

我看着她离开。突然我注意到火车门关闭的方式，这同样的关门方式我见过多少次？现在，我第一次真正注意到：带有活塞的气缸。它太适合我的发明了。

后来我拿到了救生设备的作者证书。

这个故事是为了强调“任何事情都可能发生”的传统理念。现在，请仔细注意，探索答案的过程组织得有多差。像小船一样的救生设备，需要从轮船上放到水里。一般说来，带活塞的气缸是一个属于1级发明的简单方案。而且还需要这么多巧合（火车、陌生人、向门一瞥）都碰到一起，才得出这个简单的方案。

有一次评审专利描述时，我被一项名为“潜水靴”的发明[1]惊呆了。我知道发明姗姗来迟难以避免，但还是难以相信这个例子是如此显而易见。

发明家写道：

> 世界上已经有很多潜水靴，通常它们都设计成一种尺寸。因此，对一位潜水员来说可能太大，而对另一位潜水员来说可能又太小。这款新设计克服了这个缺点，它在一个长槽上安装了可以移动的鞋头。螺钉穿过这个槽，把鞋头固定在适合潜水员脚的位置上。

至少在100年内，铅制的潜水靴都是一个尺码。在这100年内，潜水靴对有些人太大了，对另一些人又太小。100年里，人们都穿着不舒服的靴子工作，没有人设计出鞋头可调的靴子。

这个发明非常简单，它根本不需要问这样的问题：“如何解决这个问题呢?”小学生都能解决它。真是难以理解，为什么这个问题在七八十年前没有得到解决。

人们当然会说，潜水靴是无关紧要的东西。显然，首先，潜水靴并非无关紧要，其次，很多更重要的发明也都姗姗来迟，而且有些是非常迟。在望远镜发明之前300年，人们就知道镜片和玻璃了。在这300年里，没有人想到通过镜片前的另一个镜片来看东西。也许没有望远镜的需求，但自古以来的军事领袖都需要军事望远镜，可是第一部军事望远镜在300年后才发明出来。

为什么?

人们通常认为镜头会扭曲图像。按照“常识”，两个依次放置的镜头会产生两倍的扭曲。这个“心理障碍”妨碍了人们开发望远镜达300年之久。不过很难说有哪个发明，比望远镜对人类认识世界具有更伟大和革命性的影响：望远镜向人类展示了遥远的星空，并且把人文信息传送到无穷宇宙；望远镜动摇了宗教的基础，改变了我们生活在一个有限空间里的理念；望远镜的使用极大地促进了科学的发展。很难想象，如

---

① 第132499号专利证书，《发明家与商标》杂志，1960年第19号刊。

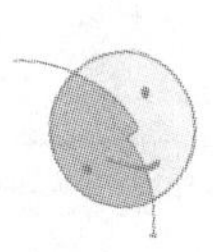

果望远镜“及时”出现的话，人类文明还会再进步多少。

下面这段话出自爱因斯坦：

> 在科学技术发展的历史中，并没有出现多少独立思考和创造性想象力的火花。人类需要某种外界刺激让有需求的想法成熟，然后变成现实。在一个想法诞生之前，人类不得不面临与环境的正面冲突。

不幸的是，当代创新实践无可辩驳地证实了这个苦涩的说法。

我们来看看作者证书第 162593 号，关于一个独立的水下电筒。深海潜水员为了避免不由自主地浮上水面，身上必须捆上沉重的铅块。这个发明中的新想法是，用电筒的电池来替换那些铅块。这是一个非常简单而聪明的想法。以前开发电筒时，每一克重量都精打细算，以减少不必要的额外重量，却没有人注意到潜水服本身固有的与功能无关的重量。

利用被动重量，在航空业早已是个人人皆知的原则。早在 20 世纪 40 年代，著名的苏联飞机设计师和制造商伊刘欣（Iliushin），就制造了用屏蔽板承担额外结构功能的飞机，比如充当机肋、机架，等等。

绝大多数的发明，都或多或少地使用了那些已经在其他行业解决问题的原则。

让我们来看两个发明。

> **作者证书第 112684 号（1958 年）** 清洗水中标塔表面的设备。该设备与众不同的是，塔上有个面包圈形的浮子，浮子上装有弹簧驱动的滚子。当浮子随着水的波浪垂直运动时，滚子就清洗塔的表面。

> **作者证书第 163892 号（1964 年）** 一个清除水泵入口处海藻的设备。这个设备与众不同的是，入口上套着一个带刃的轭（套筒）。波浪垂直运动时，轭就能清洗管道。

这两个发明属于不同的专利类型，不过它们的基本想法相同：当面包圈形的浮子（或带刃小轭）随着海浪起伏时，水中的圆筒状结构的塔（或管子）能够被清洗。但是，第二个发明在第一个发明出现 6 年之后才完成。还不知道要多少年后，才有人在另一个结构上再次使用这个想法，当然不一定是圆筒形的结构。

低级创新过程的组织方法显而易见。对于一组完成的发明而言，它们应用共同的原理，即同一把钥匙，可是，钥匙用完一次就被扔掉了。

下次寻找答案时，又要用试错法从头来过。

更糟糕的是，钥匙也许没有用过就被扔掉了。《发明家与创新者》杂志曾刊登了编辑的一段讽刺性的话。它说，圣彼得堡的发明家佩茨（R. Petz）设计了一种新的气动保护装置，在火车相撞时提供保护，被授予作者证书第 22347 号。于是这位发明家建议，在车头前面安装一个充气的吸震器。编辑在结尾这样评论道："当然，在第一次猛烈相撞时，无论从实体上还是从寓意上，这项发明都'吹破'了。"于是这个发明就彻底"爆炸"了。然而，从寓意上讲它经受住了时间的考验，因为其他发明家在这之后同样发现了空气吸震器的想法。苏联发明家莫勒夫的作者证书第 115000 号，就是关于飞机乘客用的充气式吸震背心。之后不久，美国发明家贝尔的专利第 2931665 号，做出了类似的汽车驾驶员的吸震器。后来，法国的火车铁轨也用充气式吸震器来防止货车在运输中受损。最后在德国汉堡进行的实验表明，在起伏不定的海洋环境下，充气的橡胶尼龙袋可以保护船上的货物。

对成千上万个作者证书和专利的分析表明，当代大多数创新思路的基础其实就是几条通用原则。

这里有一个例子：支撑采矿坑道的垂直柱子被换成拱形的，以便更好地支撑上面地层的巨大压力。几年之后，同样的原理用在水力发电站：把垂直的大坝设计成拱形的。接着，采矿业把刚性的拱形柱子设计成带有接头的柔性柱子。同样的事情再次发生了，拱形的大坝由刚性设计成了柔性。

挖掘机的铲斗（动力铲）制造业是不同的行业，不过也存在着相同的逻辑。铲斗的前沿原来是直的而且带齿，从外面看，就像一座垂直的水坝。后来，出现了拱形的铲斗。"也许只是一个假设"，我在本书的第一版中写道，"下一步，虽然现在还没有，将来会开发出有柔性连接的铲斗"。我的预测是正确的，不久我就看到了作者证书第 284715 号："装矿石的机器铲斗，有带刀刃的底面、侧面和背面。为减小铲斗承受的剪切力，底面的刀刃由几部分组成，每一部分和底面通过铰链连接。"

接下来的分析表明，通用原理可以横跨不同的行业，一个非常明显的转化趋势就是：由直线到曲线、由平面到曲面、由立方体到球体的设计。

还有其他一些通用原理，每一个原理都产生一系列发明，所有这些基于通用原理的发明都可以申报不同的专利。如何提炼出这些原理及应用这些原理的知识，提高创新的效率，就是我们开发解决发明性问题的

理性系统的主要前提条件之一。

※

当人们问，“创新是如何产生的?”他们经常会忘记发明创造并不是静态的。不同历史时期的人，采用不同的方法发明创造。因此，对当代发明家创造能力的描述，不能依据50或100年以前的发明事实，可是人们经常这么做。我们必须考虑发明诞生以来的光阴流逝，因为在讲发明故事时，从中得到的结论才有助于解决现代的技术问题。

塞利达（N. Sereda）在他的书《工人发明家》中写道：“我们都知道英国发明家贝西默（Henry Bessemer，1813—1898）并不是一个冶金学家，也缺乏大量的重要技术资料。不过他确实根据实验，发现了向转炉里熔化的金属吹入高压空气，能将铸铁炼成钢的方法。1860年，他因此获得一项专利。在发明家中，不乏那些缺乏必要的理论知识，全靠不断探索的信念和顽强而单调的辛劳而做出发明的人。”①

事实上，贝西默自己探索出了一条发明之路。100年后的今天，同样在冶金行业，再用实验方法来探索新事物就相当不理智了。例如，在冶金行业里有个非常狭窄而专业的领域：开发新的热阻合金。关于这一点，卡皮查（P. Kapiza）院士说道：

> 在这个探索中，实验法需要高强度的劳动来收集大量数据，以及对这些数据进行系统化分析和综合利用的复杂过程。形成合金需要大约100种成分。假设一种金属或者合金的一个必要属性，如强度、传导性、热阻、弹性等，需要1页纸来描述，那么描述一种成分的特性就需要100页，描述由两种成分组成的合金就需要10 000页，三种成分的合金需要1 000 000页。因此用实验法研究有它的自然极限。②

事实上，在解决现代技术问题时，如果对所有可能变量进行随机排列，人们花上一辈子的时间也不够。

“多成分的合金”，卡皮查继续写道，“可能偶然被发现；但它更可

---

① 塞利达（N. Sereda），《工人发明家》，（拉脱维亚）里加：莱斯曼出版社，1961年，第26页。

② 卡皮查（P. Kapiza），《科学的未来》，选自《科学与生活》，1962年第3号刊，第22页。

能是被一个有敏锐直觉的天才科学家所发现，就像一个有经验的厨师知道如何做出美味的食物一样。如果世上真有直觉这回事，那么就一定存在某种形式的潜规则。科学的目标就是揭示这些潜规则。”

在贝西默的时代，由于没有其他可用的创新方法，发明家只好采用试错法来实现他的目标，这还依赖于耐心和运气。现在情况变了，通常一个创新问题可以通过结构化的思考过程来解决。现在，起主要作用的是如何正确地组织创新过程，而不是靠拼天数、月数或年数去盲目搜寻。

如果过去发明家的成就全部归功于他的耐心的话，那么一定不要忘记当代发明家能够而且必须以不同的方式工作。今天花很长时间探索一个理念或者方案，是发明家毅力的证据，更是创新过程组织得很差的证据。

※

创造性和系统化过程完全兼容，突然开窍和灵感乍现都不是它的特点，产生成果才是它的特点。如果创造出某件新东西，那么这个工作就是创造性的，这与试错的次数没有关系。问题必须通过知识解决，而不是通过大量实验解决。

没有人怀疑，创造某种新的化学物质也是创新。但是，无穷无尽的化学物质都是由同样的“典型部件”，即化学元素构成的，人们有可能随便就试出一种新物质来。过去，炼金术士们正是这样做的。人们可以认识这些“典型部件”，即化学元素，还能了解它们之间的反应规律，这正是现代化学所关心的内容。现代化学家已经开发或者正在开发的新物质，比术士们“创造性”发现的硫酸要复杂得多。虽然化学元素和反应规律都是已知的，但是谁又能说这些新物质，比如合成聚合物，不是由一个创新过程产生的呢？

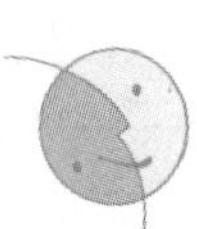

创新是个变化的概念，它的含义也在不断更新。当一种活动被排除在创新活动之外时，其他更复杂的活动就被纳入进来。曾经有一个时期，连简单的算术问题也被认为是创新过程的代表。在 15 世纪，一个科学家同意教一个商人的儿子做加法运算。他在一封保留至今的信中写道，他不会教罗马数字的乘法，他建议把学生送到意大利去，那里可能有会乘法的专家。

创新理论的本质在于：今天被认为是创新的问题，明天在结构化智力过程的新水平上就可以解决，它已经不再是个创新问题了。

从前，把蒸汽引擎和船相结合成为蒸汽船，或者把蒸汽引擎用到轨道车上成为火车，都被认为是最高级的幻想，这些幻想家会在历史上名垂不朽。而现在，即使是原子能动力车的发明家，也没有人想记住他的名字。组合元素的简单原理，曾被认为是创造性的最高境界，现在却只是常识而已。在《发明基础》一书中，记载了一个令爱迪生很尴尬的问题。问题的描述如下：

> 爱迪生亲自面试每个想在他实验室工作的人，问他们有什么计划，他对他们是否有什么好想法很感兴趣。一次，一个年轻人告诉爱迪生，他有一个不可思议的想法。
>
> “不可思议？”爱迪生问。
>
> 年轻人解释说：
>
> “我想发明一种万能溶剂。你知道，一种能溶解任何东西的液体。”
>
> “万能溶剂？”爱迪生惊呆了：“请告诉我，你用什么容器装呢？”
>
> 年轻人站在那里，陷入困惑的沉默之中。

《少先队真理》杂志把这个问题出给5～7年级的在校孩子们，出版方同意让我评审这些答案。在3 000名参加比赛的“少先队员”中，有2 500名队员的解答会让爱迪生大吃一惊。

下面是其中一些答案：

> 溶剂冷冻保存（6年级学生）。
>
> 溶剂以固态保存（6年级学生）。
>
> 让溶剂导电，这样可以像离子一样保存在电磁场中（7年级学生）。

半个世纪以前，以不同的物理状态来存储万能溶剂，如化学组合的形式或者在电磁场中，会是发明创造的杰作。而今天，学校的孩子们都可以自信地应用这些原理。

创新是否会因此而逐渐消失？新的更复杂的问题不断出现，更新更精练的解决问题的原理也会不断出现。

假设最“可怕的”事情发生了：解决创新问题的过程实现了完全自动化。立刻，新的问题将喷涌而出，这些都是更高级的创新问题。

世界无限，宇宙无垠，人的大脑永远也不会受到失业的威胁。

第五节　理想机器

有一种广为流传的天真想法，认为新机器、新装置、新设备的出现，都是“无中生有”的。开始什么也没有，然后一个伟大的发明家来了，开发了一个完全成熟的成品。如果我们相信古代神话，女神雅典娜就是这么出现的。一把利斧一下子劈开了宙斯的头骨，毫发无损的雅典娜全副武装地走出来，拿着长矛和盾牌，站在惊呆了的奥林匹亚众神面前。

不过机器在发明家的头脑里出现的时候，并不是完全“武装好的”。相反，它们诞生的时候很弱小，然后慢慢地从许多发明中汲取力量而成长壮大。

图4显示了两百年来螺旋桨推进器的进化。这里，发明家的思路沿着三个方向发展：风车“翅膀”、阿基米德螺旋桨和明轮。每个原型由不同国家的许多发明家共同努力开发出来。[①] 三个发明方向（或链）慢慢汇合，最终发展成当代的螺旋桨推进器。

任何现代机器（机械装置、技术工艺——实际上，是任何技术系统）的背后，都有几十、数百和成千上万的系列发明。甚至像铅笔这样简单的产品，也成为20 000件专利和作者证书的主题！

每个发明推动着机器向前发展，在每次发展进步的间歇中，它保持不变。以前这些间歇持续的时间长，导致机器的改进也很慢。从第一个试验模型发展到第一个可实用的系统，要经历几十年。例如，白炽灯的最初想法出现在19世纪初，而直到1840年，才有了第一次加热金属丝而产生光的试验。但是，又过了39年之后，第一次批量生产的灯泡才出现。

在我们这个时代，机器和工具成熟得更快。例如，有人在1952年提出了激光的概念，2年后，就有人开始测试根据这个概念制造的第一台设备；仅仅5年之后，激光设备就开始生产了。

机器不断地进化，所以发明家永远也不会缺少问题。然而，他们通常只是偶尔解决这些新问题。

调查显示，发明家和发明问题之间有两种关系。八成的发明家在解

① 参见《发明家和创新者》，1946年第6号刊，第41页。

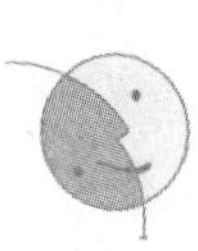

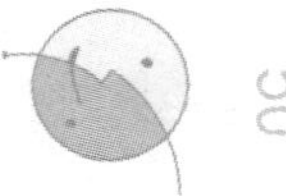

图4　螺旋桨发展的200年历史

决问题之前，似乎一直在等待，直到问题变得非常迫切，才开始工作。这从本质上说，是问题找上了发明家。另外一些发明家则积极主动地寻找尚未解决的问题。他们知道，明天人们对某一特定机器的要求会更高，因此他们寻找潜在的问题，用最现代的技术手段在今天就解决它。

两者有本质上的区别。想象一下平台手推车，你可以推它一下，等它停下后再推一下。不过你也可以用不同的方法：不间断地推它。显然，用第二种方法速度快得多。同样的事情也发生在创新行业中，只要制造流程运作顺畅，没有障碍，发明家就没有动力去谋求改进。后来，"瓶颈"突然出现了，比如说原材料供应中断，直到此时发明家才开始解决这个早该预见到的问题。

长期以来，在消除制造流程的瓶颈时，发明家的人数远远不够。也就是说，只有在紧急情况下，才考虑求助于发明家。

※

几十年前，几乎在所有行业里，人们断断续续地进行创新。如果一个人在10～15年期间做了一两项发明，他就被认为是个发明家。在我们这个时代，技术发展的速度得到极大的提高，创新的需求也在持续地增长，老机器迅速被现代的、更快速的新机器所替代。在这样的条件下，如果一个人只是时不时地创造几个新东西，每15年才完成一次发明，他很难被当作一个发明家。毕竟我们不会把一年只唱一次歌的人称为歌手。

如果创新问题很长一个时期才出现一次，那么在以前的创新过程中得到的经验和技巧就会丧失。这样，在每次开始解决问题的时候，发明家必须重新获取创新技能。相反，持续的创新工作，能丰富发明家的原理"武器库"，同时增强他对个人能力的信心。

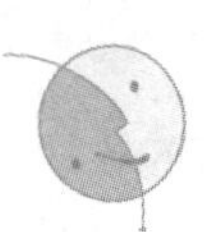

根据调查数据，可以明显看到，几乎所有积极寻找问题的发明家，在5～7年的相对短期内，能完成15～20个发明。

发明成为那些创造性思考的工人、技术人员和工程师的第二职业。

※

需要创新的问题从不匮乏。我们需要知识来判断什么问题必须解决，并且把必须解决的问题与能解决或不能解决的问题分开。

通常，发明问题描述如下：

创造一个技术系统实现某种目的。

有时，需要改进一个已存在的系统，而不是创造新系统：

改进这样那样的系统，得到这样那样的结果。

还可能这个问题只陈述了一部分：

做一些改进。（没有规定结果。）

这里目标很明显。例如，减少牵引机的重量这件事情，它的目标就相当清楚。很少见到问题陈述只包含上述各种陈述的后半截，如："要得到这样那样的结果。"这种情况下，就不清楚技术系统是什么以及什么机器，或者是它的哪一部分需要改进。

发明家拿到的问题，通常已经描述好了。不过，在创新过程的每一个阶段，避免在问题描述上犯错误非常重要。因此，发明家绝对不能接受别人编排好的问题陈述。任何正确陈述的问题，可能早就被第一个遇到它的人解决了。

你能想象站在迷宫的死角吗？如果要求你继续寻找出口，就是一件毫无意义的活动。你应该采用不同的方法：首先，返回到初始出发点；然后，向正确的方向前进。不幸的是，问题以这样一种方式陈述：会迫使我们在不知不觉中回到"死角"，而不是初试点。

为了理解怎么会这样，我们来看看发明问题是如何陈述的。

每时每刻，制造厂家都会遇到不同的问题。因此，总工程师、设计师、技术专家和工人们，每天都要面对各种任务，并解决其中的许多技术问题。多数时间，这些任务可以按照惯例，使用已知的工具和原理来解决，而且，这些问题也常常只需要一点点创造性就能解决。这类创新，其创造性在于发现某个行业中已有的技术，把它应用到一个新的具体环境中。换句话说，需要找到一把尺寸大小最接近的钥匙，修改这把钥匙使之适合这把锁。不过，在真正的发明问题所要求的解决方案里，并不存在"最合适"的钥匙。

做一把新钥匙，比修改一把现成的钥匙要容易得多，现成的钥匙用起来很差劲，实际上常常是完全不能用。然而，发明家经常不得不从这把很差劲的钥匙开始工作，为什么会这样呢？

制造过程出现问题时，人们首先使用常规的和广为人知的方法寻找解决方案，不起作用；接着尝试用简单的创新方法解决问题，结果还是一样；然后才会尝试创新，开发一种全新的东西来寻找解决方案。如果此时问题成功解决了，那么至少问题不会列在“无法解决”的问题清单中而束之高阁。

假设什么新东西都没有开发出来。这意味着第一次遇到这个问题的人到达了解决它的死角。于是，他向别的发明家求助，并向他们描述问题。这时存在两种可能：要么问题的陈述完全原汁原味，要么问题的陈述后来成为方案的障碍。绝大多数会是第二种情形。此时出发点是善意的：“我们已经走了一半路，为什么要从头开始呢?”确实已经走过了一半距离，有时这个距离还不短。但是，这条走过的路朝向错误的方向。

我们在前面看到，问题的陈述包括两部分：目的（必须达到什么）和手段（必须做什么、改进什么、改变什么）。目的总是陈述得很正确，但是同样的目的可以用不同方法实现。

也许这就是陈述问题时最常犯的错误。正是被问题描述本身的这个特性所误导，发明家总要创造一个新机器（流程、设备、工具，等等）来实现效果。表面上，这好像符合逻辑。机器 M-1 产生结果 R-1；现在需要达到结果 R-2，因此需要开发机器 M-2。通常 R-2 比 R-1 好，很显然 M-2 要比 M-1 好。

从形式逻辑上看这是正确的，但是技术发展的逻辑是辩证逻辑。例如，为了达到双倍的结果，并不需要使用双倍的资源。

前些时候有一项设计竞赛，要寻找一个更好的概念，使铁路货车装载货包机械化。手工装货时，工人从货盘上拉出一个货包，扛到货车上，再放到另一个货盘上。货物从仓库运输到货车，这个过程很容易实现机械化，比如可以用传送带。但是，当时还没有可以在货车里堆放货物的那种可移动的小型机器。虽然叉车一下子就能叉起堆放 6～8 个货包的货板，但是叉车在货车内很难移动，因此达不到所需要的生产率。竞赛中，这个问题是这么描述的：我们需要改进传送带和叉车，使货物装载完全自动化。

这个问题陈述得正确吗?

当然不正确。

应用已知的手段，如传送带、叉车等，来解决这个问题的最初尝试，都走进了死角。然后还以这种引向死角的描述再一次地提出问题：改进传送带和叉车。

问题的条件现在被缩小了。最初的任务是需要一种高效率的流程，把打包的货物装到货车上。但是，主办方用一个狭隘的问题——“改进传送带和叉车”，代替了这个更广义的任务，从一开始就禁止我们朝这个方向思考。毫无疑问，这个问题不能用这些机器来解决。

为了正确地陈述问题，必须考虑给定技术系统的进化趋势。特别是对于装、卸载过程来说，主要的进化趋势是处理大件货物单元，也就是说一个大件单元包括 50～70 个货包。传送带一次只能处理一个货包，叉车一次也只能处理 6～10 个货包。如何处理大件货包，这才是正确的问题陈述。

有一个简单的方法可以检查问题的陈述是否正确。对照其他行业相同问题的陈述，特别是那些问题陈述比较准确，或者操作规模更大的行业。例如为了准确地陈述货物运输问题，参照建筑业会有帮助，因为建筑业经常要运输由小的货物单元组成的大件货物单元。

石头和砖块这样的建筑材料，以前都是人工装卸的。后来采用较大的石块和石板，就为这项工作的机械化操作创造了更有利的条件。

一堆货包和一大块石板是一样的。有没有必要把这个大块分成小块，然后用机器把小块送到铁路货车里，在货车里再重新包装成大块？显然，这样的解决方案不符合技术进化的趋势。

因此我们可以得出结论，这个问题的最初陈述前景不妙。同时，我们通过分析搞清楚了应该怎样正确地陈述问题，就是必须把一个大件货包当作一个单元装载到货车里（货包的尺寸由货车门的大小决定），然后摆放在货厢地板上。

不出所料，上面这个陈述就是实际解决问题的最好陈述。这样，装载过程的效率最高，而且机械化成本也最小。带轮子或者气垫的货盘，每个可载 50 个货包，直接滚进敞开门的货车里。

※

机器的发展有一定的逻辑顺序，而不是随机的。例如，图 5 显示了蒸汽锅炉的发展历程。蒸汽锅炉设计的要求互相矛盾，球形或圆柱形的锅炉有足够的强度承受高的蒸汽压力；不过这样形状的锅炉，热表面积最小，因而降低了蒸汽量。为了满足这些要求，我们保留圆柱形状，但增加了长度。慢慢地，锅炉容器演变成一个管道系统，总的热表面积大大增加。

技术系统进化的主要方向之一，就是改变系统的规模。机器诞生时是“中等大小”，然后沿着两个相反的方向发展：机器的规模增大，或者机器发展成微型系统。这两种趋势在挖掘机的进化中表现得很明显。一般而言，运输和加工的机器变得越来越大，控制和测量设备变得越来越小。

每个机器都朝向一个确定的理想阶段发展，有它自己的“发展路线”。最终，这些路线汇聚于同一个点，就像子午线在极地相交。技术系统（或机器）的所有进化路线的汇聚点，就是“理想机器”。

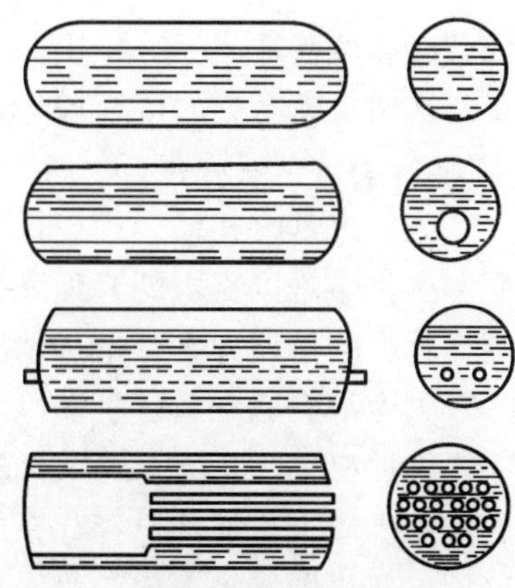

图 5　蒸汽锅炉的进化。锅炉容器变形成为一个管道系统，能提供更大的热表面积

任何系统，只要它具有如下特征，就是一个标准的理想机器：理想机器的重量、体积和面积，正好和与之产生交互作用（运输、处理等）的物体的重量、体积和面积一样大，而和实际机器的重量、体积和面积也刚好一样或几乎一样。

机器本身不是目的，它只是完成某种工作的工具而已。例如，用来运输乘客和货物的直升机，同时“有义务”运载它自己。显然，如果直升机的重量能轻一些（假定其他特性不因此而恶化），它就更理想一些。理想的直升机只有一个乘客舱，不管有没有乘客，直升机都能够以空载的速度飞行。

理想机器的另一个特征是：机器的所有部件以最大的能力做有用功。

机器是用来做功的，而实际上很多机器只是间歇性地工作。另外我们也习惯地认为，只要机器的一部分在工作，虽然其他部分没有工作，这个机器也是在工作。一个运输墙板的机器，在每次运输期间要闲置40～50 min，装货和卸货时只有货车的车体在工作，引擎和底盘则是空闲的。而由几个可分拆的车体组成的货车，在装货和卸货时几乎不浪费时间：当一个车体在卸货时，另一个正往目的地运输，第三个又在建筑工地上正等着装货。只有将机器带到理想状态（理想度）的趋势，才是进步的和有持久生命力的，例如增大单个技术系统（机器）的趋势。乍看起来，不是很清楚为什么增大尺寸使机器更接近理想状态，其实这个道理很简单：大型机器往往有较小的自身重量（体积、面积）与工作重量（体积、面积）之比。载重3 t的货车，自重1.5 t，有一半的货车功率

浪费在移动它自己；载重15 t的货车，自重只有5 t，净重比大大减少了。正是这样，机器更加接近理想化。从速度上看，情况也是这样，一辆载重140 t的货车能够在15 s内卸完沙砾，这比28辆载重5 t的货车快多了。

人们也常常相信，理想机器应该外表美观。这是个严重错误，使发明家产生了难以克服的心理障碍，这种想法使得发明家倾向于寻找那些漂亮雅致的机器方案。这种情况下，新概念可能就不会被考虑。

大家都会同意，好机器一定要像一只美丽的天鹅，但是，这只适用于成熟的机器。“新生的”机器有权利显得笨拙一些，因为重要的是，它们从本质上比那些已经存在的机器更先进。只要满足这个条件，毫无疑问，新机器将来会成长为一只优雅漂亮的天鹅，让它所有的兄弟姐妹黯然失色。

所以，解决问题时，发明家不应该考虑机器将来是否漂亮，不要害怕提供一个外观丑陋然而本质很美的设计。

※

如果用试错法解决问题，要么沿着惯性思维方向搜寻，要么在所有方向上搜寻，这已经很不错了。当发明家解决问题时，他同时还会极大地减小搜寻区域，解决方案一定要使原来的系统达到理想状态。如果反过来，理想机器的参数先确定，发明家就能马上找到最有希望的方向。

当然，有必要为每种情况定义相应的理想机器。发明家想象的理想机器越精确，漏掉搜寻方向的机会就越少。

理想机器就像照亮前进方向的灯塔。发明家在寻找方案时，如果没有灯塔，因为有太多的个人动机，他的思路就会受到影响而发散。“打个比方，”美国心理学家桑迪克（Edward Thorndyke）写道，“在解决智力问题时，我们每个人都会受到来自各个方向的不同趋势的拉拽。在我们的神经系统中，每个神经元激发与它相关联的神经元，而不考虑其他的神经元和整个神经系统的状态，就好像每个神经元试图对整个系统产生影响，从而赢得自身的势力范围一样。”

习惯性的概念占领了发明家的头脑，隔断了通向全新方案的任何方向。这样的条件下，就像巴甫洛夫（Pavlov）写的，僵化和偏见等常见的思维弱点得以茁壮成长。

相反，结构化地搜寻能够将一个人的思维过程有机组织起来，从而

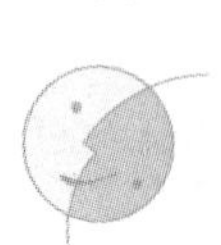

提高效率。在特定问题的一个主要方向上集中精力思考，并且把一些次要的想法撇开，这样与问题直接相关的想法就靠答案更近。结果，遇到那些正确想法的可能性大大增加，为新发明的诞生创造了条件。

定向搜寻一点也不排斥直觉。相反，结构化的思维过程能够对大脑的思考进行特殊的调整，这有助于提升直觉的能力。

※

"理想机器"是创新方法论的一个基础概念。许多"难题"之所以难，是因为它们的要求与技术系统进化的中心趋势相矛盾，这些要求就像"空中楼阁"一样永远不可能达到。几乎所有问题在陈述主题时都会这样鲜明地说："开发一个设备来做……"但是多数情况下并不需要开发任何设备，问题的本质是"不用任何东西"，或者几乎"不用任何东西"就能提供需要的功能。理想的解决方案是：机器不存在也能做功，就像机器存在一样。

我们以一个具体的创新问题为例，它刊登在《发明家与创新者》杂志的"寻找发明"那一章。

问　题　2

现代农场中，喷水机的喷水量很小。通过增加喷水机的翼展，可以增加喷水量，但同时会增加金属的使用量。

我们能做什么呢？使用塑料可以减轻机翼支架的重量。再考虑一下如何改进"喷水"这个概念，简单的花园喷水头就是喷水机采用的原理，不过也可以采用许多不同的概念：一捆喷水管、多层喷淋、粉碎机、涡轮，等等。只要翼展能产生最大面积的喷水量即可。①

喷水机是一个带有泵和悬臂翼的拖拉机，喷头安装在悬臂翼上。双悬臂的喷水机 DD-100 M 每秒钟可以喷洒 90～100 L 水，水的工作压力使水喷洒范围再往外延伸 30 m，这样喷洒宽度可达 120 m。所以，DD-100 M可以沿着相距 120 m 的灌溉渠行进。

喷水机很笨重，要使用大量金属。翼的重量与增加长度的三次方成

① 《发明家和创新者》，1964 年第 6 号刊，第 4 页。

正比，也就是说，如果翼长只增加一半，它的重量会增加到 3.5 倍。因此，翼的长度被限制在 100 m 以内。

人们为解决这个问题做了很多尝试。例如，把喷水管悬挂在飞艇上，喷水头由直升机提起来，直升机的螺旋桨由地面泵出的水压推动。还有人建议，在一个塔上安装喷水管，用涡轮引擎来带动旋转。不难注意到这些想法有个共同点：它们都没有把原来的机器带入理想状态。

浇地只需要水，设备只是用来帮助输送水。显然，这个机器越简单紧凑，我们就越接近理想的喷水系统。飞艇、直升机和涡轮引擎只会让设计复杂化，它们无疑指向的是与理想系统相悖的方向。

充气悬臂的自推进机器比上面的想法要好得多，[①] 这个设计让机器更接近理想化。悬臂的重量减少了，机器不工作时悬臂能紧凑地折叠起来。遗憾的是，充气悬臂的尺寸增加了，它们的迎风面积也急剧增加，即使是最小的风也会带来问题。

理想的喷水机，应该看起来像是在田地里自行移动的穿孔管，没有拖拉机和支撑架。管子应该比现有机器的支撑架长很多倍，不工作时，管子应该尽可能少占空间。

我们已经相当准确地刻画了理想机器，现在就请你试着寻找一个解决方案。这是一个实际问题，因此不考虑其他的灌溉方法（如地下管线、可移动的管线等）。我们讨论的是一个行走式喷水系统，能在超过 300 m 长的田地里移动带孔的轻管，设计越简单越好。

第六节　技术矛盾

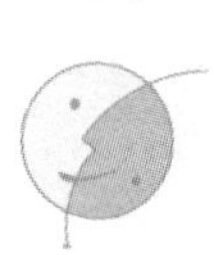

让我们试着用传统的方法来解决喷水装置的问题。

喷水装置的翼展要增加 3 倍。建造一个 300 m 的支架，从技术上说是可以做到的。缺点是什么呢？总重量会增加。如果翼展增加 3 倍，支撑架的重量就要变成 27 倍。

一般而言，机器和技术设备有几个重要指标，如重量、尺寸、功率和可靠性等，可以用它们表明机器的效率级别。这些特性之间有一定的相互依赖关系。例如，一个单位的能量要求结构有一定的重量。用行业

① 作者证书第 144335 号。

中已知的方法改进一个特性，将会恶化另外一个特性。

下面是航空业的一个典型例子。

> 飞机垂直平衡翼的面积增加一倍，飞机振动幅度会降低50%。可是面积增加，就会导致空气阻力增加，从而增加飞机对强风的敏感度，这也使飞机变得更重，问题更复杂。①

考虑到这些具体条件，设计师选择最有利的一组特性参数进行设计。然而，有得必有失。“在考虑一个解决方案时，”著名的飞机设计师安东诺夫（O. Antonov）说，“所有的技术要求，包括那些也许永远不会写在纸上的要求，我们选择实现其中最重要的一些。最坏的情况下，即使有些东西造不出来，一个允许范围内的变通还是可以接受的。‘允许范围内的变通’意思是与给定技术条件有偏差，或者说是一个折中方案。假如在设计飞机的时候，满足了货物容量和速度的要求，但没有完全满足跑道长度的要求。于是你开始考虑这三个重要的要求，也许会放松一点对跑道长度的要求，比如550 m而不是500 m，就能保持其他的优良特性。这是一个彻头彻尾的妥协解决方案。”②

克瑞罗夫（A. N. Krilov）院士在他的回忆录里叙述了这个故事：

> 1924年，苏联科学家（克瑞罗夫）作为苏法委员会的成员，在突尼斯的比塞大港（Bizerta Harbor）参观苏联军舰。这些军舰由一位法国将军凡让格尔（Vrangel）负责导航到港口。苏联和法国的战舰并排停泊在港内，它们基本上是同一时期制造的。战舰的战斗力差别如此之大，委员会主席、舰队司令、法国人布伊（Admiral Bui），不禁大声问克瑞罗夫：“你们的战舰有巨型大炮而我们的简直就是玩具枪！战舰火力的差别怎么会这么大呢？你们是如何做到的？”
>
> 克瑞罗夫指着苏联军舰回答说：“司令，请看甲板，除了承载主要负荷的舰艇支架外，船身的其他东西几乎全锈坏了。管道、外壳、指挥塔等，每一样都损坏了。再看您的战舰，舰上每一样东西看起来都是崭新的。当然，我们的战舰已经6年没有维修和喷漆了，但这不是关键。您的战舰使用普通钢，设

---

① 丹尼索夫（V. G. Denisov），洛帕提（R. N. Lopatin），《飞行员与飞机》，欧博瑞其兹（M. Oboringiz），1962年，第17页。

② 载于《每周》，1965年第15号刊，第10页。

计强度是 7 kg/mm^2，就像商船一样，服务年限不少于 24 年。我们的战舰支架全部使用高强度钢，设计强度 12 kg/mm^2，有些地方更高，达到 23 kg/mm^2。战舰的设计寿命是服役10～12年，在最后几年里，战舰就会过时，没有足够的战斗力。从船身上节省下来的大量东西，都用在增加大炮的战斗力上面。您可以看到，在炮战中，我们的战舰还没有进入你们战舰的'玩具枪'射程范围内，就已经摧毁了你们至少 4 艘战舰!"

"原来如此简单!"布伊司令叫道。①

很大程度上，设计师的艺术取决于平衡得失的技能。发明创造的实质，就是发现一种不妥协的方法，或者与现有方案相比，妥协微不足道。

假定需要开发一个可携带的起重机，装在大型货运飞机里，加快装卸货物的速度。这个问题用现有的技术就可以解决，根据起重设备的一般设计原理，以及设计汽车上的轻型起重机的经验，有资质的设计师就能够设计出所需的起重机。

这样做，理所当然会增加飞机压舱物的净重。有得必有失，设计师也就认了，因为他的目标就是所得多一点、所失少一点。

当问题有额外的要求——有得没有失，创新的需求就产生了。例如，起重设备必须有足够的功率，同时又不增加飞机的重量。传统的方法不可能解决这个问题，因为即使最好的携带式起重机也很重。我们需要一个全新的方法：创新。

这样普通问题转化成了创新问题，正如这个例子，消除技术矛盾是解决问题的必要条件。

如果不顾所有的技术矛盾，开发一种新机器并不困难，但是这样开发出来的机器无能也无用。

那么，创新一定要消除技术矛盾吗?

这里必须注意发明的两个方面：专利和技术。

专利的定义经常变，很多国家都不同。在任何时候，专利准确地确定了一个边界，在这个边界以内，对工程创新从法律上进行经济利益的保护才有意义。在技术方面，更重要的是要识别出这个创新的核心是什么，这个本质从来没有变过。

从工程角度看，一项创新通常表明全部或部分地克服了一个技术

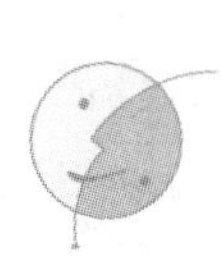

① A. N. 克瑞罗夫，《回忆和记录》，军事出版社，1949 年，第 249 页。

矛盾。

矛盾的形成和克服，一直是技术进步的主要特征之一。在分析磨粉机的发展历程时，马克思在《资本论》中写道：

> 机器的规模和同时工作的部件数量不断增加，需要更大功率的马达……即使到18世纪，人们都在试图只用一台水轮车来驱动两台碎石机和两台粉石机，这样，增大的传动齿轮与水力功率的不足互相矛盾。

这是一个技术矛盾的生动例子：试图改进机器的一个特性，却与另一个特性相矛盾。

恩格斯（Friedrich Engels）在《枪的历史》中，举了很多技术矛盾的例子。事实上，整篇文章分析了对枪支的发展历史起决定作用的内部矛盾。例如，恩格斯论证，从发明枪开始，直到后膛填充式枪的诞生，主要的矛盾表现如下：为了加强枪的火力，就要缩短枪管的长度，因为火药是通过枪管装填的，枪管越短就越容易装填；相反，要加强刺刀的威力，枪管就应该更长。在后膛填充式枪中这个矛盾被消除了，既容易填充又增强了刺刀的威力。[①]

下面列的是不同行业的包含矛盾的问题，这些问题来自于报纸、杂志和书本，不是作者编造出来的。

1. 采矿业

长期以来，为了隔离地下火，采矿工人用砖头、水泥或者木头建造特殊的墙，来形成隔离间。如果坑道里面有瓦斯，建造隔离间就变得非常复杂。在这种情况下，隔离间的每一个缝隙必须是密封的。工人在完成这项工作时始终受到爆炸的威胁，为了安全起见，采矿工人要连续建两个隔离间。第一个临时隔离间匆匆建造，让空气可以通过，同时作为缓冲区，为建造第二个永久隔离间提供保护。这样采矿工人得到了安全，但是他们的工作量却增加了。

2. 化工业

压力增大，化学合成的速度会增加，因此合成容器的生产率也提高了。但同时，压缩一定量气体所消耗的能量也增加。从结构上考虑，有必要限制设备的大小，也就是限制设备的容量。这样，液氨里叠氮酸溶液的可溶性增加，由溶液引起的能量消耗也增加。

---

① 恩格斯，《枪的历史》，选自《科技历史》，1936年第5号刊，第18页。

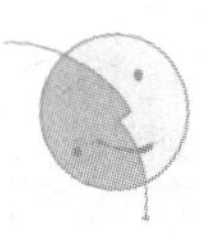

3. 电子行业

现代电子行业处于严重的两难境地。一方面，对电子系统的工作特性的要求不断提高，电子系统变得越来越复杂；另一方面，对尺寸、重量和能耗的限制越来越严格。此外，随着系统复杂性的增加，解决可靠性问题的代价也同样程度地增加，甚至更大。

4. 无线电技术

射电望远镜的天线有两个主要性能指标：接收信号的灵敏度和分辨能力。天线的尺寸越大，接收信号的灵敏度越高，能够探测宇宙的深度也就越深。分辨能力是望远镜的"视觉敏锐度"，它表示设备分辨两个角距离很小的辐射源的能力有多大。此外，巨大的"射电眼"要看到天空最大可能的范围，天线必须可以移动。但是，很难移动一副巨大的天线，同时保持它的结构不变，并且保证矫正误差在毫米之内。

在这个矛盾解决以前，望远镜天线设计可以沿两个方向发展：要么很大但不能移动，要么可以移动但相对较小。

5. 引擎制造

内燃机阀和气配系统由往复运动的几个部件组成。如果引擎的转速增加，质量惯性也会增大。为了避免这个问题，工程师将阀门和气配系统做成一体，来降低往复运动部件的质量。然而，这使得燃烧室变得窄而平，增加了传热面积。这里的矛盾是：增加转速，并降低阀门位置，将会提高引擎功率，增加经济性，但窄而平的燃烧室抵消了这些好处。

6. 农机制造业

大家熟知的"牵引能力"这个概念，指的是拖拉机的发动机用来做有用功的那部分功率。对于一台特定的拖拉机，它的效率首先取决于车轮或履带的牵引性能，同时与拖拉机的总重量有关。一个大功率但重量轻的拖拉机，在重载下车轮会打转；因此只有一小部分发动机功率在做有用功。拖拉机的重量大，地面牵引性能就好，但发动机的大部分功率消耗在移动拖拉机本身上。设计师们减轻拖拉机的重量，从而增加了承载量。但是在操作中，出现了相反的过程：重量的降低恶化了牵引性能，因而导致"牵引能力"下降。这就是为什么在工作现场，人们在车轮上放置铸铁板，加宽履带和车轮来增加拖拉机重量，而这样完全抹杀了设计师的成果。

7. 汽车业

如果没有新的设计方案，一旦我们增加发动机的功率，发动机的重量和油耗也随之增加。这意味着汽车的车身和底盘必须更结实也更重，因而载人空间就变小了。

轮胎的压力小，车轮就软，这样车辆行驶时比较安静：汽车就像小船一样浮在高低不平的道路上。但是轮胎压力的降低会增加路面阻力，结果就降低了车速。也可能设计一款汽车，可以紧贴路面行驶以增加稳定性，但它不能在崎岖的山路上行驶。工程师找到了“黄金分割点”，对所有参数权衡比较，得到一个折中方案：牺牲一个参数而改进其他参数。①

8. 造船业

设计游艇的外壳时，需要考虑三个主要要求：

a. 外壳的形状，使产生的阻力最小；

b. 最小的摩擦力；

c. 最大的稳定性。

这些要求互相矛盾。窄长的游艇阻力小，但不稳定，也没有足够的承载能力。增加压舱物的重量可以增加游艇的稳定性，同时也增加了吃水深度，因而摩擦阻力也增大。通过加宽船体可以提高稳定性，同时也导致阻力增加。设计师的任务就是找到“黄金分割点”，即最佳方案，来协调这些矛盾的要求。②

9. 飞机制造业

假设总设计师有一个构想，要设计一架飞机来运输又大又重的货物，同时又需要一个快速而方便的装卸货物的系统。为此，机身要宽敞，在停机时离地面越近越好。这样，飞行时低的起落架还容易折叠进机身里。

货物的重量决定了飞机结构的重量，也影响到发动机的功率和使用发动机的数量。如果使用涡轮螺旋桨，它们必须装在机翼上，而机翼要保持在一定的高度使螺旋桨不会碰到地面，为此，停机时机身离地面越高越好。显然机翼应该和机身上部相连。

这才是设计的第一步，就是这样很多不同的要求逐渐决定了未来飞机的“面貌”。小型机场要求飞机有效地起飞和降落，这要求使用大的低压轮胎，以及空气动力特性好的水平机翼。当然在这种情况下不可能

① 多尔玛托夫斯基（U. Dolmatovski），《我需要汽车》，摩罗达伊亚·加迪亚（Molodaia Guardia），1967 年，第 256 页。

② 玛海（C. Marhai），《风帆的理论》，载于《物理教育与运动》，1963 年，第 43 页。

得到高速度。为了保留其他一些重要性能，设计师们努力去寻找明智的妥协。①

※

原则上讲，一项创新必须有“很大的新意”。但是“很大的新意”是什么意思呢？《创新应用审核方法手册》解释如下：“方案应具有新的、以前未知的特征，对发明的物体（机器、工艺或者物质）提供崭新的属性，并产生正面的效果，其特点在于技术问题的方案具有很大的新意。”这些定义和其他类似的定义，沿用了数十年，结果是人们对其应用的有效性没完没了地争论。这个定义认为，新意也就是存在新属性。那什么是新属性呢？这方面并没有准确的规定。

这表明：

有新意的地方就有创新。

在实践中，“很大的新意”必然转变为“很大的改变”（相对于原型而言），然后进一步成为“显著的改变”。如果有很多改变，就称为创新；如果只有少量改变，就不是创新。归根结底，“多”与“少”的说法完全取决于个人观点。

但在我们的定义中，存在客观的标准：

创新就是消除技术矛盾。

显然，运用这个标准，就可以更加客观地检验它的应用。

让我们来看一个具体的例子。

《发明家和创新者》杂志发表了苏联专利专家涅米罗夫斯基(E. Nemirovsky)的文章《什么是发明?》，作者在文中描述了亲身经历的一件事。

两个工程师设计了一个设备，输送文件夹到下一道工序。“审查这个申请时，”专利专家写道，“我想起德国专利中有一个同样的设备。唯一的区别是，我们的发明家把箱子的两边装在比文件夹封页短的地方……我认为这个区别无关紧要，准备拒绝授予他们作者证书。”

这是一个非常典型而且非常经典的使用比较法的例子。专利专家对改进的理由，及其带来的结果不感兴趣，他们只作形式上的比较。专利

① 谢莱斯特（I. Shelest），《从翅膀到机翼》，摩罗达伊伊亚·加迪亚，1969年，第479-480页。

专家试图找到原型，而这些改变对他来说无足轻重：侧边长度的改变，没什么大不了的。从专家的角度看，无关紧要的改动意味着缺乏“很大的新意”，于是他连眼睛都不眨一下，就正式拒绝了这项专利申请。

不过这里比较法显然失败了。涅米罗夫斯基继续写道：“但是发明家解释说，按照德国专利的描述，侧面的支撑必须有非常好的刚性，才能消除文件夹的翘曲；而另一方面，如果侧面支撑刚性太强，吸盘就无法把盖子从盒子里取出来。这个矛盾使得包装设备经常出故障。我承认自己犯了一个错误，发明家们最后拿到了作者证书。”在文章的最后，涅米罗夫斯基写下早该用到的词：矛盾。不管新的变化是否显著，重要的是消除了存在的矛盾。

我们再看一个例子。

来自圣彼得堡的工程师金斯伯格（L. Ginsburg）和波斯基（J. Persky）提交了一个专利申请，他们设计了一个有螺旋变压器的电灯模块。“你创造了一个很好的设备，”一位专利官员说道，“但它没有任何地方表现出了很大的新意。”这项申请在圣彼得堡的发明家和创新者联合总会地区办公室再次被审查时，竟然找到了很大的新意。描述如下：

> 这个电子模块的设计，包括一个高压灯泡和一个电流转换器，需要将灯泡的插座和其他高压触点，与周围低压物体隔离开来，包括变压器本身。迄今为止，传统设计在灯泡插座和变压器之间留出一个大的放电距离，这需要在变压器和高压灯之间放置一个长而耐高压的隔离器。但是在设计这类模块时，重要的是减小而不是增大整个产品的尺寸。
>
> 于是，工程师金斯伯格和波斯基建议，稍微扩大螺旋变压器的窗口，把灯泡的插座放在里面，而其他高压元件密封在一个阻性的混合体中。这个机智的设计可以去掉隔离器和外面其他高压元件的支撑件，最重要的是整个模块的尺寸减小了。现在采用这样的设计概念，增加了电压却并没有增大模块尺寸。[1]

与专家的争论结果是：“证据表明，作者能够克服上述的矛盾并解决这个问题，因为在他们的设计中，变压器不仅是变压器，还起到高压

---

[1] 载于《发明家与创新者》杂志，1961年第8号刊，第26页。

点隔离器的作用。把变压器当作隔离器来使用，就是设计上的新意。”两位发明家被授予了作者证书。

如果发明家们能认识到消除技术矛盾才是创新，而专家们学会在专利申请中找到消除这类矛盾的方法，被拒绝的专利申请数量将会大大减少。

※

有时候，问题中的技术矛盾清晰可见。例如，有些问题如果用传统方法解决，物体的重量就会增加，这让人难以接受。有时候，技术矛盾难以觉察，好像融化到了问题的条件中。但是，作为一个发明家应该牢记，一定要征服技术矛盾。

“我们必须达到这样那样的效果。”这只是问题的一半，发明家还必须看到另一半：“得到这些，但也不失去那些。”

调查显示，有经验的发明家能非常清晰地看到问题中的技术矛盾。圣彼得堡的弗里德曼（P. Fridman）拥有 20 多份发明的作者证书，他写道：

> 我研究现有机器、装置或者系统的难点和矛盾。

考纳斯（Kaunass）的发明家契皮勒（Y. Chepele），精确刻画了发明艺术最重要的特征：

> 必须找到问题中的技术矛盾，然后应用从经验和知识中得来的方法来消除这些矛盾。

回顾自己 30 年的发明生涯，著名的苏联发明家布林诺夫（B. Blinov）写道：

> 我从自己的经验中得出，一个人如果不能学会清晰地看到事物的矛盾，就不可能成为发明家。①

发明家契诺夫（U. Chinov）拥有 9 份作者证书。当他精通创新法之后，解决了一系列以前认为解决不了的问题，又得到了 30 多份作者证书。契诺夫的主要工具之一，就是分析技术矛盾。当契诺夫设计一种

---

① 布林诺夫（B. Blinov），《神奇冲动》，摩罗达伊亚·加迪亚，1969 年，第 163 页。

大批量生产电缆的机器时，他的第一步就是揭示问题中的技术矛盾：

> 在设计机器的过程中，情况逐渐变得明朗了，电线的张力阻碍机器产能的增加。因为在电线移动时，电线和扭转机架之间的摩擦增加，导致电缆线拉伸，变得又长又薄，这不可接受，而且电线的张力也增加了。当扭转机架的转速和直径增加时，将电线推向机架的离心力增加，结果电线和机架之间的摩擦力也增加。
>
> 这就陷入了一个恶性循环。机架直径和扭转速度增加，导致离心力增加，最终导致缆线拉伸得又长又细，这一点不能接受。另一方面，减小机架的直径，扭转速度也增加，而这导致装在机架内的收线轴直径降低，这也是无法接受的，因为这样会降低电缆产品的产量。
>
> 这是一个明显的技术矛盾。[①]

创新的主要活动通常就是发现技术矛盾。一旦发现了技术矛盾，就不难克服。但也可能出现这样的情况，清晰可见的技术矛盾会吓跑发明家，就像非要把不兼容的东西结合在一起，显而易见，这就是不可能做到的！

契诺夫接着写道：

> 我们必须在扭转过程中寻找扭转电缆的方法。这意味着收线轴必须从扭转机架上移走，安装在机架以外的静止基座上。
>
> 这样，线轴的直径不受限制，电缆的长度也没有限制，而扭转速度也能提高。
>
> 塔什干电缆厂（Tashkent Cable Plant）新技术设计部的主管告诫我，发明家和设计师们已经沿着这个方向投入了很多精力。最后他们得出结论，发明这样一个在行进中扭转的设备，就像发明一台永动机一样不可能。但是，我并没有放弃，我能解决这个问题。我决定沿着“创新法”前行。

不要害怕技术矛盾！

以下是一个稍微简单一点的问题，请你试着独立解决。这里，你只需精确地描述技术矛盾即可。

---

① 选自“明斯克的创新方法研讨会”资料，由白俄罗斯的热交换 AN 研究院出版，1971 年，第 44-45 页。

问 题 3

当你看到赛车时，它的车轮会立即吸引你的视线。车轮使赛车看起来很威猛，但同时它们也产生额外的空气阻力并降低最高车速。即使是常规汽车的车轮，也用流线型的挡板盖起来。那么为什么赛车车轮不用盖起来呢？

在急转弯的时候，赛车手要不断地观察前轮。对前轮位置的观察，传递了赛车将要驶入方向的第一个信息。现在我们假定车轮被挡板盖起来，赛车手转动方向盘，在看到赛车已经偏离轨道后，他才能观察到汽车所处的方向，这时再对汽车实施校正已经太晚了。这就是公路赛车不装挡板的原因。专门的轨道赛车要装挡板，因为在特殊的轨道上跑，赛车的转动灵活性并不重要。[①]

为解决这个问题，需要精确定义什么是“不能兼容的”，然后回答这个问题：“为了消除这个‘不能兼容的’东西，需要改动什么，在哪里改？”这个问题只和赛车有关，它的解决方案不适用于人们平常驾驶的汽车。

① 《科学与生活》，1963年第2号刊，第57页。

第2章

The Dialectic of Invention

创新的辩证法

形式逻辑主要是一种发现新成果的方法，从已知到未知。辩证法也是这样的方法，只不过层次更高。

—— 弗里德里奇 · 恩格斯

第一节　循序渐进

有了**理想机器**和**技术矛盾**的概念，在很大程度上就能控制创新的过程。**理想机器能确定搜寻的方向，而技术矛盾则指出必须克服的障碍**。有时矛盾很聪明，就藏在问题的表述中。一个独立的矛盾不会自己消失，需要找出方法来消除它。从问题表述到答案，不可能总是一蹴而就，这需要理性的战术，朝着答案一步一步前进。创新算法（ARIZ）就是实施这些战术的一种方法。

下面我们详细介绍创新算法的每个步骤，并用案例来看看它是如何起作用的，同时还要介绍一些关于 ARIZ 的体会。

一般来讲，“算法”这个词很含糊。数学上，算法是解决问题的一系列严谨的步骤。例如，严格按步骤来求一个正整数的平方根就是一个数学算法。这类算法非常严谨：每个步骤都被精确地定义，既不依赖于问题条件的改变，也不依赖于解决问题的人的个性。

广义上讲，算法由一系列有序的结构化活动组成，这就是为什么我们把解决发明性问题的过程叫做算法。

ARIZ 很灵活，不同的人可以用不同的方法解决同样的问题。ARIZ 并没有忽视应用者的个性，相反，ARIZ 能激发发明家最大限度地发挥个人独特的优势。因此，从问题陈述到答案可以有不同的路径。发明家的行为，与他的知识、经验和创造能力相一致。创新算法只会帮助发明家少走弯路。

不同的发明家使用 ARIZ 解决同一个问题，会找到不同的答案。ARIZ 把发明家引向最有效的答案。

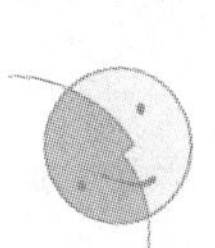

就像任何一个工具，ARIZ 产生的结果，很大程度上依赖于使用者对工具的了解程度。不要以为读完这本书，就能够解决任何问题。熟谙书本上搏击法的人不能参加空手道比赛，同样的道理也适用于 ARIZ，解决问题需要实践技能。我们通过解决练习问题，来培养这种技能。

※

想象一下为了开发和完善 ARIZ 而长达 25 年的工作，你会注意到一连串的事件。ARIZ 的第 1 版发行后，对 ARIZ 的实践检验及其最终修订稿接踵而至，接下来第 2 版，以及更多的实践检验和修订，然后是第 3 版，等等。

有些发明家早在使用 ARIZ-59 时就很成功（这个算法发表在 1959 年），随后相继开发出了 ARIZ-61 和 ARIZ-65。在开发这些算法时参考了很多研讨会的经验，在这些研讨会上，就用 ARIZ 来解决了许多不同的创新问题。ARIZ-64，特别是 ARIZ-65，对于解决实践中的创新问题非常有用。同时，创新算法也在不断完善，ARIZ-68 发表在本书的第一版中（1969 年）。

下面我们详细比较一下创新算法的两个版本：ARIZ-61 和 ARIZ-71。我们可以看到创新算法的发展方向，也就能想象一下，5 年后创新算法会是什么样子。

ARIZ-61 把创新过程分为三个阶段：分析、实施（消除技术矛盾）和综合（引入额外的改变）。每个阶段又分成几个有序的步骤，这样创新算法就把一个复杂困难的活动，分成几个简单的活动。

第一阶段——分析阶段

步骤 1　陈述问题。

步骤 2　设想最终理想解（IFR）。

步骤 3　确定是什么妨碍了取得这个结果（找到矛盾）。

步骤 4　确定为什么会妨碍得到这个结果（找到矛盾的原因）。

步骤 5　确定在什么条件下不会妨碍得到这个结果（找到消除矛盾的条件）。

第二阶段——实施阶段

步骤 1　改变物体（给定的机器，设备和/或技术流程）本身：

a. 改变尺寸；

b. 改变形状；

c. 改变材料；

d. 改变温度；

e. 改变压力；

f. 改变速度；

g. 改变颜色；

h. 改变部件的相对位置；

i. 改变部件的工作条件，使工作负载最大化。

步骤 2　把物体分成几个独立的部分：

a. 隔离“弱的”部件；

b. 隔离“必要的/充分的”部件；

c. 把一个物体分成几个相同的部件。

步骤3 改变（给定物体的）外部环境：

a. 改变环境参数；

b. 替换环境；

c. 把环境分成几种介质；

d. 利用环境的特征来实现有用功能。

步骤4 改变（相互作用的）相邻物体：

a. 定义参与同样功能的独立物体之间的关系；

b. 把功能转移到其他物体，消除这个物体；

c. 利用反面的闲置空间，增加在某一区域上同时工作的物体数量。

步骤5 研究其他领域的原型。（提出问题：在另一个技术领域怎么解决类似的矛盾?）

步骤6 回到最初的问题（如果上述步骤不适用），放宽条件——转换到更一般性的问题陈述。

第三阶段——综合阶段

步骤1 改变给定物体的形状——新功能的机器应该有新形状。

步骤2 改变与这个物体相互作用的物体。

步骤3 改变这个物体起作用的方式。

步骤4 应用解决其他技术问题的新原理。

※

1969年，煤炭部在全苏联展开竞赛，为地下火灾的救援人员开发一套冷却服。这个问题非常困难，乍一看甚至会觉得那是无法解决的。

我们来看看如何用ARIZ-61来解决这个问题的。

问 题 4

地下火灾总是伴随着有毒气体的喷发（一氧化碳），因此救援人员必须携带氧气设备。这些设备使用闭环系统：高压下存储的氧气缓慢地进入呼吸包，然后进入面具。呼出的气体，包含没有用过的氧气，经过一个特殊设备过滤，再次回到呼吸包中。

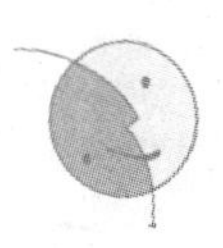

这个闭环系统比开环系统更经济。在开环系统中，呼出的气体排到体外，一些没有用过的氧气被浪费了，犹如潜水装置上的水中呼吸器。尽管如此，这个闭环系统也不理想。氧气装置很重，超过 12 kg。不过，更主要的缺点是没有高温保护，营救期间，在燃烧的矿井里，气温会迅速上升到 100℃以上。

在从事繁重的体力劳动时，人体每小时消耗 400 kcal(1 cal＝4.1868 J)能量。在我们的问题中，这些卡路里无处可去，因为外界的温度比人体的温度更高。大量排汗也没有用，在地下火灾中，空气湿度阻止了排汗，导致热汗只能顺着身体流下。除了这 400 kcal，外部还有大量热往人体内流（在 100℃，每小时超过 300 kcal）。因此，两个小时的工作就需要降低 1400 kcal 的能量！

冷却设备的主要问题在于它必须很轻。救援人员只能携带不超过 28 kg 的负载，否则无法工作。氧气装置要用掉 28 kg 总重量中的12 kg，工具重 7 kg，那么只剩下 9 kg。如果整个装置只包括冷却物质（设备本身也有重量），存储的冷却能量不够两小时的营救工作。这些在公开竞赛的问题中说得很清楚。冰、干冰、氟利昂、液态气体——没有一种物质符合这样严格的重量要求。

我们以冰为例，这是一种很有效的冷却介质。融化 1 kg 的冰需要 80 kcal热能，把水从融化的冰加热到 35℃另外需要 35 kcal。这样，1 kg 的冰能从人体排热 115 kcal 热量。我们需要排走 1400 kcal，因此需要 12 kg 的冰。考虑到服装和冷却装置（冷却一定要是均匀分布和受控的）的重量，最后的重量超过了 15～20 kg。表 3 详细介绍了这个问题的解决过程。

表 3　问题 4 的解决过程

分析阶段		
步　骤	逻辑阶段	思维过程
1	从广泛意义上想象这个问题	开发一个冷却装备
2	设想最终理想解	最大的冷却容量
3	什么妨碍达到这个目标?	需要的冷却物质重量太大
4	为什么?	因为装置的重量有限，救援人员允许携带 28 kg 负载，其中只有 9 kg能用于冷却装置
5	什么条件下才不会妨碍呢?	如果冷却装置分到的重量，不是 9 kg，而是 15～20 kg?
结论：工具和氧气设备的重量必须减少。		

续表 3

实施阶段		
步　骤	逻辑阶段	思维过程
1	尝试改变物体本身，特别是分割的可能性	这里物体本身是氧气装置和工具，它们的重量必须减少。这很困难，因为在氧气装置和工具的多年改进中，设计师为减轻每一克重量而费尽心思。在这方面我们无能为力
2	尝试改变环境	矿井环境之外就是空气。如果空气能够被净化，就可以去掉氧气装置。不过在火灾中净化矿井的空气是不可能的
3	尝试改变相邻物体	工具和氧气装置的相邻物体，是救援人员负载中的第三个组件——冷却装置。我们能否把冷却装置设计成能同时产生氧气？我们既不能用冰，也不能用干冰，我们也许可以使用液态氧（LOX）。尽管液态氧比液态氨的冷却能力小一些，但是我们可以携带 15 kg 的液态氧
结论：不再使用两个设备——一个用于氧气，一个用于冷却——我们只需要一个使用液态氧的设备。液态氧在受热下气化，吸热产生冷却作用。液态氧加热到正常温度后，可用于呼吸。全部装置重 21 kg。		
综合阶段		
步　骤	逻辑阶段	思维过程
1	采用新形状	新原理应用液态氧，于是有了充足的氧气。在这之前，氧气不够，需要使用闭环系统来保留一些氧气——呼出的氧气通过一个柠檬过滤器，用于再次呼吸。现在我们能去掉这个复杂又庞大的闭环设备。新装置比每个单独的装置都要简单和便宜

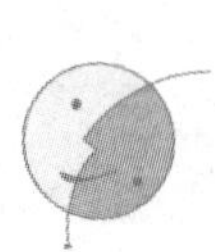

续表 3

综合阶段		
步骤	逻辑阶段	思维过程
2	改变其他物体	唯一的其他物体就是一套工具，它不太可能完成额外的功能
3	改变使用的方法论	我们想想这个装置在应用时能有什么不同。氧气很快气化，这意味着装置重量会变化：21 kg 中氧气占 15 kg，到工作快结束时，装置只有 6 kg 了。工人的疲劳程度取决于平均重量，这意味着开始的时候可以让设备超载——携带更多的液态氧
4	应用本例发现的原理来解决其他问题	把两个设备合成一个设备来使用的原理，可以应用在哪些方面呢？我记得在焊接技术中有一个问题，使用便携的汽油罐和一个氧气装置

结论：复杂的冷却设备使用液态氧，开环供应氧气，通过开始时的过载来增加容量。

我和工程师夏皮洛[①]开发了两个冷却呼吸装置概念，分别在竞赛中得了第一名和第二名。整合冷却和呼吸设备的基本原理，在苏联和世界上第一次提出来，成为现代气热保护服的基础。

“单个气热保护服，”作者证书第 111144 号中写道，“由全密封的套头连体服、头盔、连接环、呼吸袋和面具组成。一罐液态氧放在保护服里面。这个设备与众不同，它使用冷却系统中用过的气体来呼吸，这样就不需要特殊的呼吸器。”

气热保护服的设计如图 6 所示。液态氧在氧气袋 1 中，气化的氧气到达注射器 2，注射器装在导管轴 3 上。氧气从注射器中流出后，与保护服内的温暖空气混合，并且冷却保护服。

氧气袋可以存储 15～16 kg 液态氧，提供 2 000～2 200 kcal 的热交

① 英译者注：最先发表的 TRIZ 文章之一，《发明创造性的心理学》，载于《心理学部件》，1956 年 6 号刊，由阿奇舒勒和夏皮洛（R. Shapiro）合著。

换。保护服初始重量是 20～22 kg，如果初始重量增加到30～35 kg，那么氧气量可以增加 1.5 倍。穿着这样的服装，就不用担心进入红热的矿井里了。

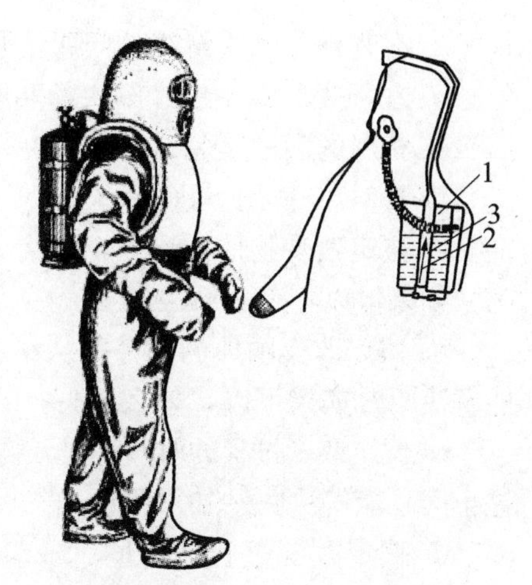

图 6　矿井营救工人用的气热保护服首次在苏联开发出来

现在，我们来了解一下创新算法的 ARIZ-71。

第一阶段——选择问题

步骤 1-1　确定答案的最终目标。

a. 技术目标是什么（物体必须改变的特征是什么）？

b. 在解决问题的过程中，明显不能改变的特征是什么？

c. 答案的经济目标是什么（如果问题解决了，能减少哪方面成本）？

d. 大概可以接受的成本是什么？

e. 必须改善的主要技术或经济特征是什么？

步骤 1-2　尝试“变通方法”：假设这个问题从根本上不能解决，那么解决哪些一般性问题可以达到最终结果？

步骤 1-3　初始问题或变通问题，哪一个解决起来更有意义：

a. 将初始问题与给定行业内的一个趋势（一个进展方向）相比；

b. 将初始问题与领先行业的一个趋势（一个进展方向）相比；

c. 将变通问题与给定行业内的一个趋势（一个进展方向）相比；

d. 将变通问题与行业内的一个领先趋势（一个进展方向）相比；

e. 将初始问题和变通问题进行对比，选择其中一个进行研究。

步骤 1-4　确定量化特征。

步骤 1-5　对这个量化特征引入时间校正。

步骤 1-6　定义让发明起作用的特殊条件要求。

a. 考虑制造这个产品的特殊要求：特别是复杂度的可接受程度；

b. 考虑将来应用的规模。

第二阶段——精确地定义问题

步骤 2-1　用专利信息更精确地定义问题。

a. 在其他专利中解决的问题，与给定的问题有多接近？

b. 在领先行业中已经解决的问题，与给定的问题有多相似？

c. 相反的问题是怎么解决的？

步骤 2-2 使用 *STC* 算子（*S*——尺寸，*T*——时间，*C*——成本）。

a. 假定改变物体的尺寸，从给定值到零（$S \to 0$），这个问题能解决吗？如果可以，怎么解决？

b. 假定改变物体的尺寸，从给定值到无穷大（$S \to \infty$），这个问题能解决吗？如果可以，怎么解决？

c. 假定改变过程的时间（或者物体的速度），从给定值到零（$T \to 0$），这个问题能解决吗？如果可以，怎么解决？

d. 假定改变过程的时间（或者物体的速度），从给定值到无穷大（$T \to \infty$），这个问题能解决吗？如果可以，怎么解决？

e. 假定改变物体或过程的成本——可接受的成本，从给定值到零（$C \to 0$），这个问题能解决吗？如果可以，怎么解决？

f. 假定改变物体或过程的成本——可接受的成本，从给定值到无穷大（$C \to \infty$），这个问题能解决吗？如果可以，怎么解决？

步骤 2-3 按照下述格式，用两句话来描述问题的条件（不要使用专用术语，也不要准确表述想要开发的是什么）。

a. “给定一个系统，由什么部件（描述部件）组成。”

例如：“一个管道，有一个阀门。”

b. “部件（陈述部件）在什么条件（陈述条件）下，产生不希望的结果（陈述影响）。”

例如：“带铁矿颗粒的水通过管道运输，铁矿颗粒会磨损阀门。”

步骤 2-4 把步骤 2-3a 中的部件列入下表。

部件类型	部　件
a.（在本问题的条件下）能够改变、重新设计或者重新调整的部件	上述例子：管道，阀门
b.（在本问题的条件下）很难改变的部件	上述例子：水，铁矿颗粒

步骤 2-5 从步骤 2-4a 中选择最容易的部件，改变、重新设计或者调整。

注意：

a. 如果步骤 2-4a 中所有部件改变的难易程度一样，那么从一个不动件开始（通常不动件比较容易改变）；

b. 如果步骤 2-4a 中的一个部件，与不良效果联系在一起（在步骤

2-3b 中指出），最后才考虑这个部件；

c. 如果这个系统只有步骤 2-4b 中的部件，那么从外部环境中选择一个部件。

例如：这里我们选择管道，因为阀门与不良效果“磨损”联系在一起。

第三阶段——分析阶段

步骤 3-1 用下述格式归纳 IFR（最终理想解）：

a. 从步骤 2-5 中选择一个部件；

b. 陈述它的活动；

c. 陈述它如何完成这个活动（回答这个问题时使用：“由它自己”）；

d. 陈述它何时完成这个活动；

e. 陈述在什么条件（限制、要求等）下，它完成这个活动。

例如：a. 管道…… b. 改变它的截面积…… c. 它自己…… d. 在控制流量的时候…… e. 不要磨损管道。

步骤 3-2 画两张图：在 IFR 之前的“初始图”和达到 IFR 后的“理想图”。

注意：画这种图没有特殊要求，只要能反映“初始状态”和“理想状态”的本质即可。而且“理想图”必须反映出 IFR 中书面表达的内容。

检测步骤 3-2：步骤 2-3a 中陈述的所有部件必须出现在图中。如果在步骤2-5中选择了外部环境中的部件，那么外部环境一定要显示在“理想图”中。

步骤 3-3 在“理想图”中，找到步骤 3-1a 指出的部件，并且把那些在规定的条件下不能实施规定功能的部分，重点标出来（用不同的颜色，或者别的方式）。

例如：我们的问题中，管道的内表面就是这样的部件。

步骤 3-4 为什么这个部件（它自己）不能完成规定的活动？

补充问题：

a. 从物体重点标记的地方我们期望得到什么？

例如：为了改变流量，管道的内表面一定要能自己改变横截面。

b. 什么妨碍它自己完成这个活动？

例如：它不能动，因此它不能把自己从管壁中分离出来。

c. 在上述问题 a 和问题 b 之间有什么冲突？

例如：它必须是不动的（作为刚性管道的一个部件），又必须是可动的（作为控制器的部件，要能缩能放）。

步骤 3-5 在什么条件下，这个部件能够完成规定的活动（这个部件应该有什么参数？）

注意：这时不需要考虑能否实现，只要指出这个特征即可，不要关心它如何实现。

例如：在管子的内表面上出现一层物质，使其内表面离管轴更近。在需要的时候这个附加层消失，内表面就远离管轴。

步骤 3-6 为了让这个部件（管子的内表面）得到步骤 3-5 中描述的特征，需要做什么？

补充问题：

a. 在图上，在物体的标记区用箭头画出所需施加的外力，以实现需要的特征；

b. 怎样产生这些外力？（不要考虑与步骤 3-1e 矛盾的方法。）

例如：水（冰）中的矿物质会形成颗粒依附在管道的内表面上，管道里面没有别的物质，这决定了我们的选择。

步骤 3-7 归纳一个能够实现的概念，如果有几个概念，用数字为它们命名，最可能实现的排在前面，如概念 1；记录所有的概念。

例如：用非磁性材料设计管道，在电磁场的作用下，颗粒状的矿物质在管道的内表面上可以"长"出来。

步骤 3-8 画出原理图，实现概念 1。

补充问题：

a. 新设备中工作部件的"聚集"（复合部件）状态是什么？

b. 在一个循环内，设备如何变化？

c. 多次循环后，设备如何变化？

在完成这个概念之后，回到步骤 3-7，考虑其他概念。

第四阶段——概念的初步分析

步骤 4-1 在应用新概念的时候，什么变好了，什么恶化了，记录得到了什么，什么变得更复杂或者更昂贵了？

步骤 4-2 改变提出的设备或者方法，能否防止其恶化？用图表示这个设备或者方法。

步骤 4-3 现在改变了的设备什么恶化了（更复杂，更昂贵）？

步骤 4-4 比较得失。

a. 哪一个更大？

b. 为什么？

如果现在甚至未来得大于失，那么跳到后面的第六阶段。如果失大于得，返回步骤 3-1。在同一页纸上记录初次分析、第二次分析的顺序及其结果。继续步骤 4-5。

步骤 4-5 如果得大于失，那么跳到第六阶段。如果第二次分析没有产生新的结果，返回步骤 2-4 并检查表格。从步骤 2-5 中选择系统的其他部件，重新进行分析。记录第二次分析及其结果。

如果在步骤 4-5 之后没有得到满意的答案，那么进入下一阶段。

第五阶段——实施阶段

步骤 5-1 从矛盾矩阵（参考附录 A2）的列中，选择一定要改善的特征。

步骤 5-2

a. 使用已知的手段（不考虑其他方面的损失），来改善这个特征（来自步骤 5-1）；

b. 如果采用了已知的手段，什么特征变得不可接受了？

步骤 5-3 从矛盾矩阵的行中，选择与步骤 5-2b 中相应的那个特征。

步骤 5-4 在矩阵中，找到用来消除技术矛盾的原理（就在步骤 5-1 的列与步骤 5-3 的行相交的单元格中）。

步骤 5-5 如何使用这些原理（我们会在接下来的章节中讨论这些原理）。

如果问题现在解决了，那么回到第四阶段，然后跳到第六阶段。如果问题没有解决，那么实施下面的步骤。

步骤 5-6 尝试应用物理现象和效应。

步骤 5-7 尝试改变活动的时刻或持续时间。

补充问题：

a. 能否“延长”活动的时间来消除矛盾？

b. 能否“缩短”活动的时间来消除矛盾？

c. 能否在物体开始操作之前，提供一个活动来消除矛盾？

d. 能否在物体开始操作之后，提供一个活动来消除矛盾？

e. 如果过程是连续的，能否把它转变成周期性的？

f. 如果过程是周期性的，能否把它转变成连续的？

步骤 5-8 在自然界里，类似的问题是如何解决的？

补充问题：

a. 自然界的非生命体如何解决这个问题？

b. 古代的动植物如何解决这个问题？

c. 现代的有机物如何解决这个问题？

d. 在考虑特定的新技术和材料时，必须做哪些修正？

步骤 5-9 尝试改变那些与我们研究的物体协同工作的物体。

补充问题：

a. 我们的系统属于哪个超系统？

b. 如果我们改变超系统，这个问题如何解决？

如果问题仍然没有解决，返回步骤 1-3。如果解决了，返回第四阶段，评估已经找到的想法，然后继续第六阶段。

第六阶段——综合阶段

步骤 6-1 确定如何改变我们修改的系统所属的超系统。

步骤 6-2 探索如何用不同的方式应用已经修改的系统。

步骤 6-3 应用新发现的技术想法（或者与之相反的想法），来解决其他技术问题。

※

ARIZ-71 与 ARIZ-61 有什么不同？ 首先，在分析问题以及定义发明家与问题的关系之前，ARIZ-71 增加了两个阶段来研究问题。这使得分析更容易，并且在分析阶段完成时提供了更好的结果。新算法更加详细，把困难的步骤分解成子步骤，以增加方案的可靠性。

其次，实施阶段也做了很多修改。这里用一个标准原理系统和矛盾矩阵来取代分散的原理，这个矛盾矩阵指出了最可能采用的原理来消除发现的任何矛盾。

因此，创新算法的发展沿着两个方向进行：

a. 更广泛地考虑心理因素，使算法更加灵活；

b. 在创新过程的所有阶段中，改善对方案的搜寻过程，使创新算法更加精确。

第二节　逻辑、直觉和技巧的有机结合

运用创新算法，发明家稳步向解决方案前进。算法中的某些步骤非常有逻辑性；某些步骤没有逻辑性，通过激发直觉，帮助发明家往正确的方向前进；还有些步骤，只对具有丰富创新实践经验的发明家才起作用。

创新算法（以下均指 ARIZ-71）的最初两个阶段，是选择问题和重新定义问题的条件。多数情况下，当发明家拿到问题时，问题的原始描述是不准确的，有时甚至是不正确的。例如，有人告诉发明家说："我们要找一种方法，可以提供如此这般的功能。"也许，从根本上消除这种功能才是更好的描述。通常，变通概念比直接描述更容易产生效果。在创新过程的第一阶段，发明家确定概念方案的最终目标，尝试能否应用变通的方案，并且重新定义任务的条件（即包括直接的，也包括变通的）。第五阶段非常重要：发明家有意增加对任务的要求。例如，根据问题的陈述，必须将精度控制在±0.5 μm。接下来建议将精度提高到±0.1 μm，因为在将创新成果市场化的过程中，这些要求有可能需要提高。

对发明家创新过程的调查和直接观察表明，大多数情况下，发明家还没有仔细分析问题的条件，就试图去解决问题。在一次次不成功的努力之后，发明家又回到问题本身，弄清楚一个细节，然后立即进行另一次尝试。这个过程被重复了很多次，而发明家还是没有完全弄清楚问题的条件，多数情况下只好放弃进一步的努力。

创新算法考虑了这种普遍存在的误区。在运用创新算法时，发明家首先要全面地分析问题，然后一步一步地剥去不具体的外层，聚焦问题的本质。

因此，创新算法的第一阶段介绍逻辑行动链。这里可以清晰地看见创新过程中逻辑的作用。

原始的问题陈述好比一大块煤：你可以尝试很多次用它来生火，但火燃不起来。逻辑把大块煤打成小块，小煤块就容易点燃。在煤分成块的期间，煤堆还有可能自燃。

创新算法的第二阶段就像一系列逻辑行动。发明家继续沿用这种具体的程序：一个个具体的问题被提出来，要求一个个具体地解答。这样，以前发展出来的解决问题的结构和严格的思维过程就保留了下来。但是，ARIZ 不是机器使用的程序，而是为人而开发的，因此必须同时考虑人类思考的过程和人类心理的特殊性。

在茵菲尔德（L. Infeld）的自传中，他讨论了卡皮查（P. Kapiza）给兰朵（L. Landau）和茵菲尔德提出的一个问题：

> 把金属煎锅连在狗尾巴上。狗跑的时候，煎锅撞地会发出声响。这里的问题是：狗必须以多大的速度跑，才听不到煎锅发出的噪声？我和兰朵花了很长时间也想不出答案。最后，卡皮扎对我们深表同情，就告诉了我们答案。当然，这是个非常奇怪的答案。[①]

我们没有想到是这样的答案：速度等于零。

这里是什么妨碍了我们解决如此简单的问题？问题描述中提到了“狗的速度”，在我们的想象中，速度一定和运动联系在一起。在考虑这个问题时，我们下意识地只考虑与运动相关的那些变量。当然，谁都知道速度可以等于零。可是，这不是典型的情况，而且与“速度”这个词相关联的思维惯性让我们的思路走了弯路。如果问题不是用速度来描述的，例如，狗必须怎么做才能听不到声音？答案就显而易见了。

发明家想象任何物体（机器、过程或者物质）时，常常用具体的词汇来描述。这些词汇有习以为常的边界，发明注定就是要扩展这些边界。例如，当我们想象用降落伞空降货物时，我们能清晰地看见降落伞的圆顶在上、货物吊在圆顶的下面。突然，一个发明诞生了。把每一样东西都倒过来：货物放在降落伞的上面，圆顶朝下往下降。[②] 传统词汇的边界被拓宽了：现在我们知道降落伞既可以“正常”使用也可以“倒过来”。

原始术语阻碍了发明家的想象。关于创新方法的研讨会表明，解决问题成功与否，主要取决于把系统从原始心理意象中“释放”出来的技能高低。创新算法的第二阶段描述的，正是这个“释放”程序。

一项调查分析表明，一些有经验的发明家在解决问题之前，有意识地不研究专利信息。发明家断言，对专利信息的研究抑制了“自由思考

---

① 茵菲尔德，《写给一个物理学家自传的话》载于《新世界》，1965 年 9 号刊。

② 第 66269 号专利证书，降落伞顶上安装的光线发射设备。降落伞的伞顶起反射镜的作用，把光线向上反射汇聚成光束。

过程”。我们不能忽视这种意见，因为在创新过程中，个人的特质起一定的作用。不过，ARIZ 认为在任何情况下，专利信息不会冻结想象力，而只会激发想象力（步骤 2-1）。

运用创新算法，发明家不会把搜寻局限在与他的问题相关的专利信息上。他搜寻那些类似的，但更加“精巧”的发明。比如，研究的问题是降低建筑设备的噪声，那么有必要了解整个航空业降低噪声的有关专利，而寻找“对立”的专利，即增加噪声，也不失为聪明之举。

STC 算子（步骤 2-2）是“释放”原始意象的延续。心理惯性不仅产生于描述物体的术语，也产生于对物体时间和空间的习惯性想象：它的**尺寸**，作用的**时间**。或许在问题中直接描述，或许隐含其中。提到汽车，我们立刻想到一定尺寸的机器，介于 1～20 m 之间。提到钻一口油井，我们就想到这个过程要持续一段时间，几个月，甚至几年。

物体的心理意象还有另外一个指标：**成本**。提到电视，我们立即想到的就是一台售价几百到几千美元的设备。

***STC* 算子是一个序列化的心理试验，它帮助人们克服对物体的传统意象**。运用 *STC* 算子时，要思考问题的连续变化。这些变化通过三个参数来实现：尺寸（*S*）、时间（*T*）和成本（*C*）。

让我们来看看如何把 *STC* 算子用于一个简单问题：“寻找一种方法来控制果浆运输管道的横截面积”。请看表 4。

表 4　果浆输送管横截面积的控制方案

步骤	过程	改变物体或者过程	改变后的问题如何解决	方案中采用的原则
2-2a	$S \to 0$	$D_{管} < 1$ m	挤压管壁来控制横截面（管壁薄而有柔性）	管壁的变形
2-2b	$S \to \infty$	$D_{管} > 1\ 000$ m	这个管道像一条河。必须建造一道堤，或者等待自然的控制，比如冰冻或者融化等	“起阀门作用的”坝会磨损。最好的办法是改变流体的聚集状态
2-2c	$T \to 0$	0.00 1 s 内关断果浆流	这需要快速的动作（比如电磁场）	用电磁部件取代机械部件
2-2d	$T \to \infty$	100 天内关断果浆流	机械阀门会磨损（当阀门的横截面减小时，通过阀门的果酱流速增加）。磨损的阀门区域需要修复	颗粒数量不断增加的阀门

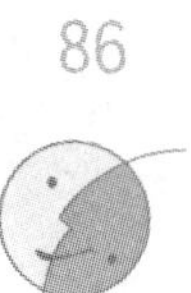

续表 4

步骤	过程	改变物体或者过程	改变后的问题如何解决	方案中采用的原则
2-2e	$C \to 0$	关断果浆的成本等于 0	果浆把自己关上	自调节
2-2f	$C \to \infty$	成本高于 $1 000 000	在果浆流中引进一些非常贵重但容易控制的东西。例如：用液态金属而不是水，通过电磁场来控制	可控的附加物

STC 算子不能给出一个精确的、不含糊的答案。它的目的是产生几个“指向答案方向”的想法，帮助克服分析问题时的心理障碍。

让我们再看一个例子。假设我们的任务是找到一种方法来检测冰箱的泄漏，请看表 5。

表 5　检测冰箱泄漏管接头的方案

步骤	过程	改变物体或者过程	改变后的问题如何解决	方案中采用的原则
2-2a	$S \to 0$	芯的长度小于 1 mm	泄漏的液体很少。要使这些液体更便于检测，往里面添加一些东西	微小的附加物易于检测
2-2b	$S \to \infty$	芯的长度大于 100 km	距离检测：定位器、无线电检波器、热敏检测器。传统的观测方法	用传统的红外线定位、无线电波定位
2-2c	$T \to 0$	检测时间小于 0.001 s	排除机械和化学的检测方法，剩下的是利用电磁场和光的方法	电磁场和光辐射
2-2d	$T \to \infty$	检测时间大于 10 年	从管接头渗出的液体和线圈物质反应。很容易通过线圈外表的改变来检测泄漏	磁芯物质是渗漏液体的指示器
2-2e	$C \to 0$	检测成本为 0	可以快速地检测泄漏液体	自检测，自指示器
2-2f	$C \to \infty$	检测成本大于 $1 000 000	给液体加入一种昂贵但容易控制的物质	附加物指示器

运用 *STC* 算子对问题进行虚拟心理试验时，由于想象力、知识以及技能的不同，可能产生不同的答案，换句话说，这取决于每个人的个人能力。只有一件事情不能做，那就是用另外一个问题来替换原始问题。例如，不能把第二个例子中的步骤 2-2f 的任何答案描述为“提高冰箱的加工质量”——虽然预防泄漏比解决泄漏更有意义。在 ARIZ-71 的第一阶段，一定要解决选择的问题。比如，在本问题中，如果选择的问题是找到泄漏的地方，那么就只有这个问题是必须要解决的。

在有些问题中，建议考虑尺寸以外的其他量化参数。例如，在问题“寻找一种方法，按特定的图表把 24 种粉末倒进反应器”中，可以用“数字”作为不同粉末类型的量化参数。那么，步骤 2-2a 是一种粉末，步骤 2-2b 就是几千种甚至几万种粉末。

步骤 2-3 用来克服心理惯性。例如，我们思考如下问题：制造具有相同大小吸孔的立体玻璃过滤器（立方体边长 1 m，每平方厘米面积上有几十个吸孔）。不知不觉，问题的条件决定了一个特定的心理意象：有一个玻璃立方体，必须在立方体上钻孔。在解决问题的过程中，一个立方体和圆孔出现在草图中，正如人们习惯性预期的形状一样。在答案的主要部分，这个基本的心理意象保留了下来：无论如何，要在一个固体或液体玻璃块上钻孔。

我们现在改变一下问题的陈述：“寻找一种制造空气立方块的方法，它包含有玻璃纵向部分。”或者，“寻找一种制造空气立方块的方法，它包含有细玻璃杆或者玻璃丝。”带孔的玻璃立方块和有杆的空气立方块是一样的，因为孔可以叫做空气杆。

由于心理惯性，我们可以想象“带孔的玻璃块”，而想不到“有玻璃杆的空气立方块”，虽然它们完全一样。如果问题用第二种方式描述，就能很容易而且快速地解决：由玻璃丝捆扎而成的立体空气块。

实质上，正如综摄法的发明人戈登所言，在完成由“带孔的玻璃块”向“带玻璃杆的空气立方块”转化过程的同时，就完成了将常见的转换为不常见的这个过程。但是，综摄法没有提供任何方法将常见的转换为不常见的，只提到需要完成这种转换。在 ARIZ-71 中，这个过程就在步骤 2-2 的 *STC* 算子和步骤 2-3 中。通过回答步骤 2-3 的问题，我们把一个不正确的描述转换成一个正确的描述，同时没有额外强调某一个部件（玻璃）。系统化的方法让我们看到所有的部件在大多数情况下都是些非习惯性的部件。

正确实施步骤 2-3，会显著简化解决问题的过程。当执行这一步时，

仔细关注下面两点：

a. 问题陈述中不带特殊术语；

b. 正确地列出系统中所有的部件。

例如，“一个系统包括玻璃立方块和吸孔”就犯了两个错误：

a. 用“洞”来替换“吸孔”比较好；

b. 玻璃立方体——这还是固体的，但是当钻了很多孔后，我们留下的是立体的剩余部分。正确的陈述是：“有一个包含孔和孔间玻璃部分的系统。”

让我们把系统分解成部件。为了解决问题，我们选择一个要改变的部件（步骤 2-4 和步骤 2-5）。选择的主要标准，就是部件的可变程度和可控程度。在问题给定的条件下，改变一个部件越容易，就越有理由选择这个部件作进一步分析。下面的原则虽然不具普遍性，但简单实用：

a. **技术**物体通常属于步骤 2-4a；

b. **自然**物体通常属于步骤 2-4b。

后面将会看到，很多发明会犯错误，就是因为试图改变属于步骤 2-4b的那些部件。

对一个中等复杂度的问题，完成创新算法的前两个阶段花费不到两小时，当然这不包括分析专利材料需要的时间。创新算法中的每一个步骤，都是在研讨会上经过反复检验才确定下来的。从这个意义上讲，只有那些能显著地使解决问题的过程变得更加容易的步骤，才在被选之列。很多技巧和方法有时候非常有用，但它们不是非用不可的。创新算法是给人用的，因此必须简洁：跑太长的距离就没有力气起飞。使用创新算法，情况刚好相反。每一个步骤都会显著改变问题的原始陈述，清晰地显示问题正在被解决，此时使用者的自信心会大大增加，而这就是激发灵感的基础。两小时的有组织的思考，比几个星期或者几个月的没有组织的跳跃式思考，更能让发明家深刻地认识到问题的本质。现在，发明家们可以自信地揭示技术矛盾，并消除这些矛盾了。

美国数学家博亚研究创造心理学，他告诉我们这样的经验：

一只小鸡站在屏风前，屏风后面有食物。小鸡够不到食物，除非它转到屏风后面去。对于小鸡而言，这个问题相当困难。小鸡在屏风这边跑来跑去，浪费了很多时间，也许永远够不到食物。也许在长时间乱跑之后，偶然会转到屏风后边。

博亚辛辣地把那些零乱地解决技术问题的人的行为，比作小鸡的行为：

> 不，我们不能责怪小鸡没有智慧。如果目标不在视线内，你需要偏离目标，然后接着往目标方向前进。要做到这一点，肯定是很困难的。小鸡遇到的问题，和我们遇到的问题有相通之处。①

为了做进一步说明，博亚提出一个简单问题：如何用两只桶，从河里准确地提上来 6 L 水？两只桶的容量一只 4 L，一只 9 L。

显然，通过“估算”来从一个桶里往另外一个桶里倒水是不允许的。必须通过两个桶容量的精确测量解决问题。

在学习寻找答案的方法论之前，我把这个问题提给研讨的学员。结果和博亚的结论没什么差别。不用系统化方法，一般是这样解决这个问题的：“如果我们这么做会怎么样？”在很多次尝试之后，正确的答案好像出现了。其实这个问题很容易解决，你只需要知道用什么方法来解决需要“估算”的问题。

创新问题同样如此。发明家的思维过程有一种特质：解决问题时，发明家想象一台机器，然后在脑子里改变它。发明家在脑子里建立一系列模型并进行实验，此时，把一台现有的机器，或者类似的东西当作基本模型。继续发展这个模型的可能性有限，于是发明家的想象力冻结了。在这样的条件下，很难得到一个原理上创新的解决方案。

如果发明家刚开始就描述最终**理想解**，他会把**理想概念**作为基本模型，而且这个模型已经得到了简化和改进。寻找理想解的心理实验，并不比传统形式的心理实验更费劲。但理想解的心理实验马上就可以指明方向：发明家走的弯路最少，而且达到的效果最好。

让我们来看看两个桶的问题。传统的“试错法”会导致失败，因为它试图从头到尾来搜索答案。现在让我们反过来试一下。

问题的要求是一个桶装 6 L 水。显然，只有大桶做得到。这样，最终理想解就是在大桶里面装 6 L 水。

为了做到这一点，必须先把大桶装满（9 L 容积），然后倒出 3 L 水来。如果第二个桶可以装 3 L 而不是 4 L，问题立刻就解决了。可是第

① 博亚，《如何解决问题》，第 156-157 页。

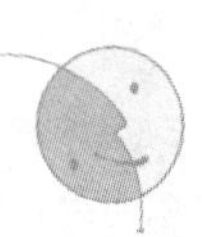

二只桶的容积是 4 L。为了让它装 3 L 必须预先装 1 L 水。然后才有可能从大桶里面倒出 3 L 水来。

因此，原始的问题就简化为另一个更为简单的问题：用两只已有的桶量出 1 L 水。这一点困难也没有，因为 9－(4＋4)＝1。

我们先装满大桶，然后从大桶往小桶倒两次。之后，大桶里面就只剩 1 L 水了。我们把这 1 L 水倒进空的小桶里。

4 L 的桶现在变成了 3 L 的桶，这正是我们所需要的。我们把大桶再一次装满，然后倒出 3 L 水到小桶里，大桶里留下的就刚好是 6 L 了。问题解决了。

从结果往起点一步一步走，我们没有浪费一步就把问题解决了。

正确地描述最终理想解，意味着我们已经踏踏实实地走上了解决问题的正确之路。

有一些发明家正是这么做的。引人注目的是，在调查中发现，重视这个方法的发明家们没有一个提到要揭示问题的技术矛盾。例如，莫斯科的发明家爱米里阿诺夫（U. Emelianov）写道："完成问题的描述后，我就极力想象一个最终理想的目标，然后我思考如何才能实现它。我不记得用过其他任何特殊的方法。"因此，在确定最终理想解"之前"和"之后"，工作也就顺势完成了，潜意识里只用了一个方法。这当然不是偶然的，运用这个方法的高超技巧，弥补了其他方法的无功而返。

很多发明家分开使用这个算法里的一些步骤，更常见的是，发明家会使用两三个他最擅长的步骤；即使最遵循方法论的发明家，也只用五到七个步骤。即使只是稍微了解发明方法，也会增加发明家的创造力，因为它把解决发明性问题的**一系列**步骤整合成一个合理的系统。

※

创新算法的第三阶段从定义最终理想解入手。回答下面这个问题看起来并不难："在理想情况下，我们想得到什么？"可是，创造性教学实践却表明，要让一个人走出现实条件下的局限和约束，并且能够想象一个实际的理想结果，往往是极其困难的。比如我们需要粉刷管子内壁的设备，很容易想到的理想结果通常是一台简便的自动化刷子，可以沿着内壁移动。这里可以看到，理想结果与一个现有的粉刷管子外表面的刷子之间内在的联系。在这个例子中，理想结果一定要表述成与传统表述不同的形式："油漆**自己**进入管子，然后**自己**均匀地覆盖管子的内表面。”之后我们会明白，油漆无法完成我们要求它自己做的每一件事情。然后我们就会从结构或者技术层面上，找到理想概念的部分支持，以便尽量小地偏离理想解。

正确地定义最终理想解，对所有的创新过程都是极其重要的。因此，在方法论的研讨会上，解决实际问题时，问题按照这样的形式描述：

> 想象你手上有一根魔杖。如果使用这根魔杖将会产生什么样的结果（针对解决本问题）？

不可能要求魔杖去制造一台“粉刷设备”，魔杖就是这个“设备”。答案通常是正确的：“让油漆自己进入管子。”渐渐地，不再有必要提醒学生魔杖的存在，而从算法里形成的最终理想解的表述则保留了下来。

有两个原则可以帮助人们精确地定义最终理想解。

原则1：事前猜测最终理想解能否实现的做法不可取。

让我们回忆一下货机升降机的问题。这个问题的最终理想解可能如下：

> 升降机在装货过程中出现，在空中飞行时消失。在另外一个机场卸货时，这个升降机又出现了。

乍眼看来，这是完全不可能实现的。但是任何一项发明都必须穿越一条“不可能”的路。在这个问题中，“不可能”仅仅表明通过已知的手段是不可能的。发明家必须找到一个崭新的概念，然后不可能就变成了可能。

一个安装在飞机上的升降机，当然是不可能消失的。但是在飞行的过程中，升降机的金属架子可以成为机身的一部分。这样在空中，升降机就是飞机本身的一部分，它起有用负载的作用，而作为无用负载的功能消失了。升降机的重量通过降低机身重量来补偿。

原则2：不要考虑如何、或者采用什么手段才能实现最终理想解。

回想一下马克苏托夫是如何想到透镜望远镜这个主意的。马克苏托夫无论如何都要把反射镜镜头盖起来，以防止镜头遭到污染和损坏。于是他从定义最终理想解入手，在他的脑海里，他用光学玻璃把镜头盖了起来。那时候他并没有考虑这个方案如何具体实现，这是至关重要的。制作一套在教室里用的望远镜，意味着它应很便宜。光学玻璃太贵了，这使他不能往这个方向走下去。

让发明家不考虑如何实现的问题，需要一种思维上的英雄气概，只

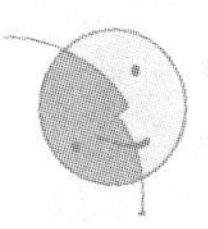

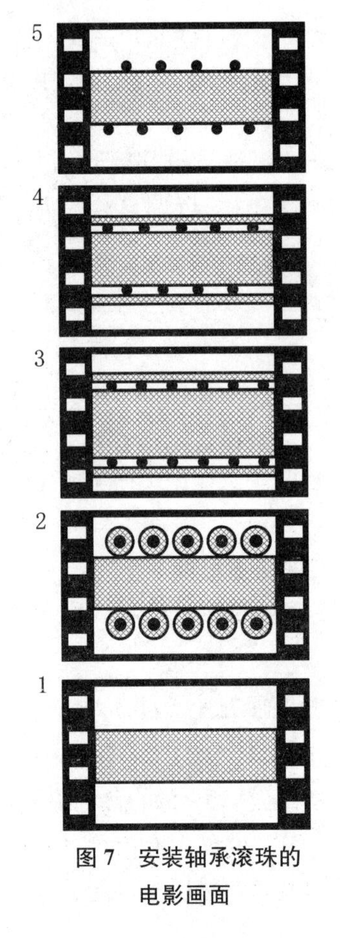

图 7　安装轴承滚珠的电影画面

有这样才有可能找到低成本设计的方向。

在解决不同问题时，决定最终理想解的最好办法，是将问题陈述中的疑问形式，改成肯定的描述。以用磁场组装轴承的问题为例，问题陈述中的疑问句是："如何让滚珠黏附在轴上?"最终理想解可以这样描述："滚珠自己黏附在轴上。"（或者，"外部环境把滚珠黏附在轴上……"）注意，在这里最终理想解的描述，不受滚珠是否会"自己"黏上去，或者如何黏附等问题的影响。

想象一段电影画面，在第一个画面中需要表明产生问题的条件，那么轴和散落的滚珠必须勾画在胶片中。第二个画面是最终理想解，滚珠"自己"黏到轴上。你必须把每一部分都想得很清楚，然后简化模型，如图 7 所示。

人们很容易习惯于两个画面的"图像"。同时，在决定最终理想解时，胶片也使我们避免了很多错误。电影院锻炼了我们战胜不可能的能力，因为在银幕上任何事情都是可能的。对制作电影的过程而言，这是非常清晰的。因此，采用制作电影的各种技巧，来正确地实现陈述问题，是很有意义的。

问题 1 的解决方案

在第一个画面中，环形铁芯上没有绕线。在第二个画面上，同样的铁芯上有绕线。

此时，线是如何绕上去的并不重要，重要的是完成之后的产品看起来怎么样。这里，画面的每一个细节都要想清楚，然后简化概念图像。

带有绕线的铁芯，一般可以表示成第二个画面。这不错，但是可以更好：放大铁芯横截面图，需要实现的目标看得更清楚了。这里需要画第三张图。我们把图像简化，并且和隔离层结合起来，于是出现了第四个画面：去掉**下面的公共隔离层**（因为铁磁体本身具有隔离的特性）。现在看第五个画面：去掉**上面的公共隔离层**，因为公共隔离层以后也能很容易地加上去。

我们得到一个螺旋金属层的环形圈。现在这个问题从根本上简化了：产生一层螺旋金属层比绕一层绝缘线容易得多。

※

当然，从一个画面转到下一个画面需要技巧。这些技巧也并不总是必要的：步骤 3-2 只考虑两个画面："过去是什么"和"将来是什么"。步骤 3-3 在"将来是什么"的画面中，用彩笔把没有按要求完成动作的那部分物体标出来。这在一定程度上替代了其他的画面。

通过步骤 3-1 和步骤 3-2，发明家大胆创造了他们想要的东西。步骤 3-3 强迫他们问这个问题："为什么想要的不可能实现？"

很清楚，当我们试图用现有的方法来实现想要的东西时，同时出现了不想要的结果——如额外的重量、复杂的控制、设备成本增加、设备容量下降，以及可靠性降低，这就是这个问题的技术矛盾。

每一个障碍都是由具体原因造成的，步骤 3-4 定义了这些原因。

障碍的原因几乎总是在我们眼前，找到它们并不困难。这些原因大多数都是很清楚的，但是也没有必要马上就开始寻找。关键是要提供一个能有效地解决问题的过程，没有必要详细了解问题原因的物理本质。假设一个技术矛盾是由材料强度不够引起的，研究这种材料就可以提供新的信息来消除这个障碍。这是科学研究的方法，不是发明方法，这样做可以形成发现，而不是发明。

研究工作需要特殊的设备和大量的时间。如果还有资源的话，选择发明方法更有益。所以在确定技术矛盾的直接原因时，必须只提供一般的描述。

让我们再回想一下用磁场来组装的问题。理想结果是滚珠自己黏到位，障碍是滚珠无法自己黏上去，它要掉下来。这个原因很清楚：滚珠是金属，轴也是金属，金属和金属无法自己黏在一起，这不需要更多的细节来确定障碍的原因。一旦原因确定，下一步就是确定在什么情况下这个障碍会消失。

对于这个磁场组装的问题，如果不用任何其他东西金属就能直接黏在一起，障碍就自动消失了。当问题转换成这种方式后，**不想**用磁场都

难了。

我们再看另一个问题：赛车。

问题3的解决方案

ARIZ-71 步骤 2-3：以下述格式，用两句话来描述问题的条件。a. 系统的组成（状态条件）；b. 部件（状态部件），所处的条件（状态条件），产生的不想要的结果（状态影响）。

步骤 2-3：a. 一个系统由车轮和挡板构成；b. 无法通过挡板观察车轮的位置。

ARIZ-71 步骤 2-4：将步骤 2-3a 的部件写到一个表格里。a. 在本问题的条件下可以改变、重新设计或者重新调整的部件；b. 在本问题的条件下难以改变的部件。

步骤 2-4：

元 件 类 型	元　　件
a. 挡板只有一个要求——保持它特定的形状。这意味着，在这个问题的条件下，挡板是容易改变的	挡板
b. 车轮有很多要求，任意一个要求的改变都和另外的要求相冲突	车轮

ARIZ-71 步骤 2-5：从步骤 2-4a 中选择最容易的部件，更改、重新设计或者调整它。

注意：（1）如果对于步骤 2-4a 中所有部件来说，可能改变的程度都一样，就从一个不能动的部件开始（通常它们比运动件容易改变）；（2）如果步骤 2-4a 中有一个部件和一个不想要的结果连在一起（通常在步骤 2-3b 中标明），最后选它；（3）如果系统中的所有部件都属于步骤2-4b,从外部环境中选择一个部件。

步骤 2-5：挡板。

ARIZ-71 步骤 3-1：采用下面的方式描述最终理想解：a. 从 2-5 中选择一个部件；b. 描述它的动作；c. 描述它如何执行这个动作（回答这个问题时使用："由它自己"）；d. 描述它何时执行这个动作；e. 描述它在什么条件（限制、要求等）下执行这个动作。

步骤 3-1：挡板本身允许观察车轮，而不会恶化车轮的空气动力学性能。

这个问题很简单，不会超过 2 级发明的水平。但是在这里，我们感兴趣的是解决这个问题的过程——用简单问题来解释这个过程就容易得多了。

在步骤 2-3 里，方案要求**挡板本身**实现观测功能；通过步骤 3-1，可以使方案描述具有很高的准确度。挡板本身应该允许光线通过它，因此排除了采用镜子、光纤等方案。**不恶化挡板的空气动力学性能**，意味着挡板的形状和位置不能改变，也不能在挡板上开洞。还剩下一件事，就是把挡板变成透明的。这使我们能够把完全不相容的特征结合在一起：赛车的空气动力学性能提高了，同时驾驶员跟以前一样能够观察前车轮。

方案找到后，它好像是很显然的。的确，这个方案应该早在 1940 年就出现的，人的思维惯性在这里也许起了一定的作用。问题出现的时候，制作透明挡板的材料还没有，而普通玻璃太脆也不好。那个时候人们习惯于用金属挡板盖上车轮，而我们都知道，金属是不透明的。随着时间的推移，条件发生了变化，新的透明塑料开发出来了；不过人的思维惯性还是历久犹存，因此这个问题还是没有解决。还有一个原因是该问题只和赛车有关，所以对于设计普通汽车的工程师们来说，这个问题不在他们的视野范围之内。没有谁会在普通的汽车上使用透明挡板，它们很快就脏了，透明性下降，因此这里不能采用这种方案。一般而言，制造一个设备，或者设备的一部分，遇上解决发明性问题，透明是最有力的原则之一。

※

图 8 显示了 ARIZ 是如何工作的。按照 ARIZ 的要求，解决问题的过程从确立最终理想解开始，这样可以很快就进入最得力方案的区域。进一步的探索就容易了，只需要定义技术矛盾以及使用消除技术矛盾的典型原理就可以了。使用最终理想解作为一个灯塔，发明家很快就会靠近强有力解决方案的区域，然后按照步骤一步一步地分析包含在问题中的技术矛盾。清晰理解了技术矛盾及其内在机制，在有些情况下，解决方案的想法就在这个阶段涌现出来。但总的来说，一个处于婴儿阶段的想法还是非常粗糙的，它还需要利用有利条件进行雕琢、校正并强化。然后，尽可能地去掉方案的缺点，这在 ARIZ-71 的第四阶段完成。

有时候一个想法的缺点太严重，会导致其优点也令人怀疑，再分析

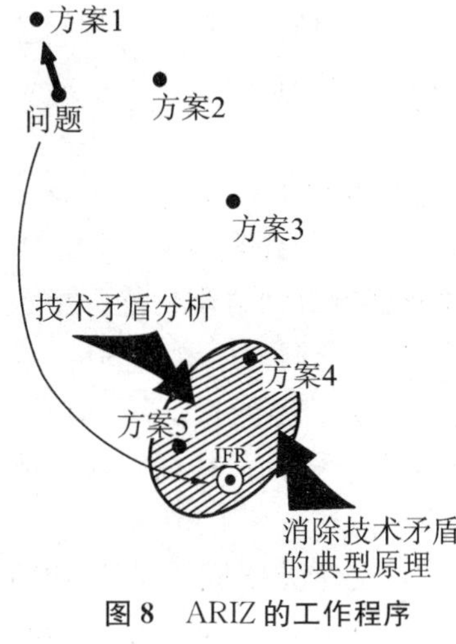

图 8　ARIZ 的工作程序

一遍也没有发现什么新东西。这时建议进入 ARIZ-71 的第五阶段。

发明性问题无穷无尽，但问题所包含的技术矛盾经常重复出现。如果**典型矛盾**存在的话，则消除这些矛盾的**典型原理**也一定存在。的确，对发明的统计调查也揭示了消除技术矛盾的 40 个有效的原理。很多发明都是以这些原理为基础加以运用的，要么是单独使用，要么是合起来使用。当然这不是要贬低创造性的作用，事实上，整个宇宙也是由区区几百种元素组合而成的。

让我们来做一个表格，在列上写出我们想改善的特性（改进、增加、降低，等等），在行上，写出那些如果通过已知常用的方法实现了改变而变得难以接受的特性。

这个矛盾矩阵见附录 A，这是分析了 4 万份发明之后的结果。ARIZ-71 的第五阶段从使用这个表格开始。假设我们要解决先前提到的赛车问题，采用常规的方法是否可以降低由于车轮空气动力学性能不完善而导致的能量损失？是的，我们可以做到：把车轮藏在挡板下。但这样的话，驾驶员就无法观察车轮的位置。因此我们就有了这个矛盾："能量损失和观测条件"或者"观测条件和能量损失"。

我们来看矩阵。"能量损失"在特性表格的第 22 行，但是没有"观测条件"的项目。我们试着用第 33 行："使用方便性"。在行与列交叉处，有个格子写着数字 35、32 和 1。这些数字代表那些推荐的原理，它们中的一些可能就是解决问题的钥匙。

后面我们将详细地分析这些原理。这里我只能说，在矩阵表建议的三个原理中，有一个（原则 32b）建议改变物体的透明性。如果我们的矛盾是"使用方便性和能量损失"或者"能量损失和信息损失"，那么建议"使物体透明"赫然在优选原理之列。

第三节　发明家的工具

我们来详细观察一下矛盾矩阵表，研究其中的发明原理。

开发这张表格真够劳心费力的。要分析持续不断的发明，选择重复出现的解决方案，然后填写到表格中，但这还远远不够，相当多的专利提供的解决方案价值并不高。这样，基于这些专利的表格会推荐一些“弱的”方案，尽管大量的发明，经过分析已能提供“强的”方案。有些原理，即使在5年、10年、20年之前还很强大，但用来解决现在的新问题就不够了。

因此，在构建这个表格的过程中，每个单元格应该代表那些在领先行业中，解决了具体类型的矛盾的最强大、最有前途的原理。诸如“重量与运动时间”、“重量与速度”、“重量与长度”、“重量与可靠性”等矛盾，最适合解决它们的原理可以在航空业的发明中找到，而能够最有效地消除与提高准确性相关矛盾的原理，则要从试验设备的发明所采用的特有原理中寻找。

这个表格由领先行业的新技术所应用的原理构成，能帮助我们为一般的发明问题找到最强大的解决方案。适于解决领先技术问题的表格，一定还包含最近的发明中涌现出来的最新原理。这些原理不会出现在当时为发明家获得专利证书的“成功”发明中，相反，它们会出现在那些不成功的专利申请中。这些不成功的申请，因为被认为是“不可实现”或者“不切实际”而遭到拒绝。

ARIZ-65的表格分析了43种专利类型5 000个专利，以此为基础而建立起来。而ARIZ-71的表格更详细，这个新表格是分析了40 000个发明后得到的。当然，并不是所有单元格都填写了内容，不过，它包含了大约1 500个典型的技术矛盾，为解决每个类型的问题提供了可能会用到的原理。

有必要强调，表格中推荐的每个原理都归纳成了通用条目，在使用时需要量体裁衣，来适应某个具体问题的特性。例如，如果表格推荐原理1（分割），这只意味着解决方案与分割物体相关联。无论如何，表格不能代替发明家必要的“思考”，它只是将发明家的思考引向最有前途的方向。

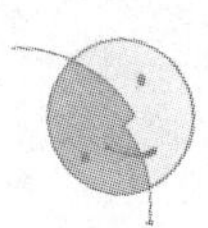

这些典型的原理与发明过程的创造性兼容吗？是的，事实上，现代发明家有时也会在不知不觉中使用这些典型的原理。

20 世纪初，就有人开始构建创新原理表。不过这些原理表不够完善，因为它们是通过偶尔观察得到的，而且来自于不同的数据信息源。我们要整理一张更完善的原理表，并定期更新，这就需要系统地挖掘专利信息，分析成千上万个发明，覆盖大多数专利类别。今天，此项工作正有序地进行，ARIZ 每次修订都会提供一张更精确的原理表。

在发明家虚拟的“创造性工厂”里，创新原理扮演着工具箱的角色。学会正确地使用它，需要一些技巧。比如，对于简单的案例，发明家就不需要搜遍整个原理表，去寻找一个类似的“线索”。这种方法很慢，而且效果也不明显。ARIZ 就不同了：创新原理矩阵能揭示出对于给定问题最有效的解决方案。开始学习 ARIZ 时，发明家首先要按部就班地分析所有的发明原理，之后才是灵活运用矩阵列表。总而言之，发明家不仅要理解发明原理，还要掌握应用这些原理的方法。

这些典型原理的列表仅仅是本放在书案上的专用手册，发明家必须以此为基础，用新技术和专利知识不断地加以补充完善。

※

让我们来看看解决技术矛盾的典型原理，以及一些案例。[1]

1. 分割原理

a. 将物体分割成独立的部分；

b. 使物体分成可组合的部件（易于拆卸和组装）；

c. 增加物体被分割的程度。

美国专利第 2859791 号　一个有 12 个独立部分的轮胎。

对轮胎实施分割是为了增加它的可靠性。不过，这不是应用这个强大原理的唯一理由，分割在现代技术进化趋势中具有领导地位。

作者证书第 168195 号　挖掘机的铲斗有一个半圆形的切边。这个挖掘机的独创性在于，切边做成可移动的部件，这样维修起来更快、更容易。

---

[1] 这里，还有其他的例子中，我倾向于提供最大程度可视化的图示，读者不要被支持一些原理的“小而有趣”的想法所迷惑，最重要的是看它们的本质。

作者证书第184219号 用炸药让矿石持续爆炸的一种方法。这个方法的独创性在于，为了让岩石表层持续爆炸而使用了微型爆炸物，能持续产生小岩石。

2. 抽取（提取，找回，移走）原理

a. 将物体中“干扰”的部分或特性抽取出来；

b. 只抽取物体中需要的部分或特性。

作者证书第153533号 一个防X射线的保护设备。这个设备的独创性在于，它的保护罩——一根垂直杆，就像人的脊梁骨——由能阻止X射线通过的材料制成，防止电离辐射照到病人的头部和肩部区域、脊骨、脊腱、性器官。

这项发明背后的想法很清晰：阻止射线，分离出最有害的部分。直到1962年，该项发明才得到应用——尽管这个简单急需的发明早已完成。

我们通常会把物体看成是由传统部件组合而成的。例如直升机有一个油箱，直升机必须携带燃料箱。不过，直升机做短途飞行时，燃油可以留在地面。电动直升机则用电动马达，而不用汽油发动机。

再如作者证书第257301号，容器与人是分开的。如图9所示。

鸟与飞机相撞，会导致飞机坠毁，造成人身伤害。美国有许多用来吓跑鸟儿的专利，驱赶鸟儿远离机场区域，如使用惊吓乌鸦的机器、播撒化学物质等。最好的发明，是播放受惊鸟儿的叫声。这里，鸟的声音与鸟分离了。这个解决方案非比寻常，是抽取原理的完美应用。

图9 提取原理：营救工作者携带装有冷却设备的背包；现在这些设备放在一个单独的容器里

3. 局部质量原理

a. 将物体或外部环境（动作）的同类结构转变成异类结构；

b. 物体的不同部分实现不同的功能；

c. 物体的每个部分应放在最利于其运行的条件下。

作者证书第256708号 一种抑制煤矿灰尘的方法。这个方法的不同之处在于，它同时使用雾水和

喷水来抑制尘埃。喷水薄膜环绕锥形细雾，通过空气对流，把尘雾移出尘埃形成区，阻止尘雾扩散。

作者证书第280328号 烘干稻谷颗粒的方法。它的不同之处在于，将谷粒按尺寸筛选，分开烘干，减少颗粒爆裂。

局部质量原理体现在机器发展进化的许多案例中，机器被分割成大量的部件，把这些部件置于最适宜工作的条件下。

最初，蒸汽引擎有一个圆柱形活塞缸，活塞缸同时执行蒸汽锅和冷凝器的功能。引擎的工作循环是这样的：水倒入活塞缸，用炭火加热；水烧开后，蒸汽举起活塞；然后移走炭火，将冷却水洒在活塞缸的外表面上，冷却圆柱体；当蒸汽冷凝的时候，大气压推动活塞回落。

发明家们后来把蒸汽锅从活塞缸中分离出来，这就极大地减少了油耗。先前外部的蒸汽到活塞缸内部冷凝，造成大量热损失。因此不得不实施下一步：把冷凝器从活塞缸中分离出来。詹姆斯·瓦特提出并实施了这项构思。

下面是他的原话，描述他是怎么做的：

> 分析这个问题之后，我得出结论，要得到一个完美的蒸汽引擎，需要有这样一个活塞缸，这个活塞缸的温度和进入它的蒸汽一样高。不过，为了形成真空，蒸汽必须被压缩，其温度不能超过30℃。
>
> 一天中午，我到格拉斯哥附近散步。那天阳光明媚，我走过一个干洗店，边走边想着我的机器。快到杰德的房子时，一个思路出现在我的脑子里：蒸汽是能膨胀的，它可以填充真空。如果把圆柱体和一个真空池连接起来，蒸汽会进入真空池，活塞缸就不再需要冷却了。我还没有走到杰德的房子，一切已经在我的脑子里完成了。

4. 非对称原理

a. 用非对称的形式代替对称形式；

b. 如果物体已经是非对称的，那么增加其非对称的程度。

机器诞生的时候是对称的，这是它们的传统结构形式。因此，只要打破对称性，就能轻而易举地解决许多与对称相关的困难问题。

例1：带有非对称夹子的钳子，能够垂直地抓住长的物体。

例2：汽车的前灯要在两种不同的条件下工作。一个需要远程光束，另一个需要近程光束，以免造成迎面车辆的驾驶员视线模糊。两者要求不同，但是多年以来，这些灯都安装成一个样，直到最近才有了安装非对称前灯的想法。现在车上安装两套光束，低光束和高光束，并各有不同的调节器。

美国专利第3435875号 非对称轮胎的外部由硬材料制成，这样才能承受地面的撞击力。

作者证书第242325号 铁矿电弧熔炉，边上有一个加料窗。这个熔炉的不同之处在于，它有一个非对称的凹形加料口，这样就加宽了加料口的内壁宽度，并可以持续熔炼。（如图10）

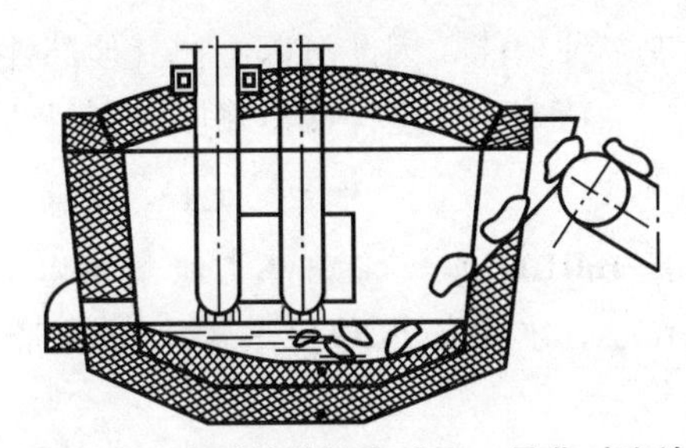

图10 非对称原理：电弧熔炉的电动机，是非对称放置的，这样就为加料口留出自由空间，也能够持续加载铁矿石

5. 合并原理

a. 合并空间上同类的物体，或者预定要相邻操作的物体；

b. 合并时间上的同类或相邻的操作。

作者证书第235547号 一个转动式挖掘机由一个转子和一个起重臂组成。这个挖掘机的独创性在于，它有一个加热冰冻地面的设备，喷嘴安在转子边缘的两面，能减少切割力。（如图11）

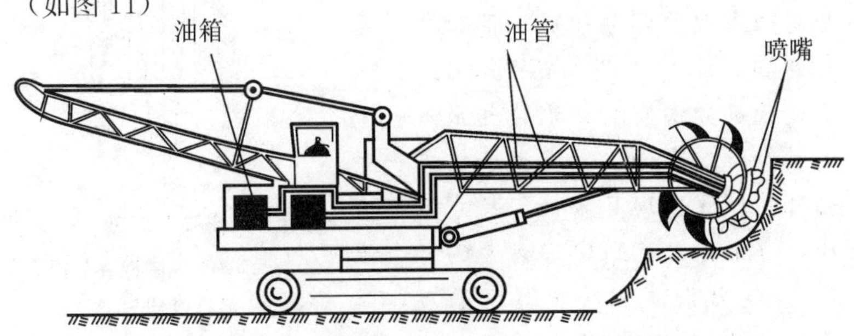

图11 合并原理：为了解冻冰冻的地面，需要中断挖掘机的工作；现在热喷嘴安装在转子上

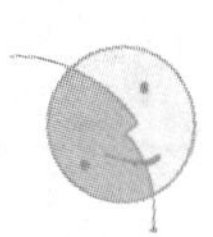

图 12　另一个合并原理的应用

作者证书第 134155 号　一种水下救生设备，借助头盔把陷在沉船气舱中的人带出水面。这种设备与众不同，它有两个或三个头盔，用软管和管接头连接到潜水服的阀门上，阀门可以调节头盔的供气。这个发明改善了救生工作的效率。（如图 12）

6. 普遍性原理

一个物体能实现多种功能，因此可以去掉其他部件。在日本，有人考虑在油轮上建立一个精炼厂，这样在运输原油到目的地期间，就可以精炼原油。

作者证书第 160100 号　将烟叶类材料用水运到烘干机。它的不同之处在于，水被加热到 80～85℃，在清洗烟叶的同时保持烟叶的色泽。

作者证书第 264466 号　在圆柱形薄片上，制作计算机的存储部件，然后安装在绝缘层上。这个发明与众不同，薄片作为数据总线来记录数据和读取信息，简化了存储部件。

7. 嵌套（俄罗斯套娃）原理

a. 将一个物体放到另一个物体中，这个物体再放到第三个物体中，依此类推；

b. 一个物体穿过另一个物体的空腔。

作者证书第 186781 号　超声波集中器由半波长部分组成，部分之间互相连接。这个发明的不同之处在于，半波长部分由空的锥形体组成，一个套一个，就像俄罗斯套娃一样（一种传统的俄罗斯玩具娃娃，尺寸依次减小，每个可以放到比它略大的一个里面）。这就能减少集中器的长度，改善稳定性。（如图 13）

图 13　“套娃”原理：一个紧凑的集中器，1 和 2 都是空的锥形体

作者证书第110596号 在一个容器中存储和运输不同等级的油。这个方法的不同之处在于，将高黏度的油放到低黏度的油里面，这样能减少高黏度油的热损失。

作者证书第272705号 土壤施肥的设备有一个桶，桶的两边有螺杆传送器配送剂量。这个发明的不同之处在于，每个传送器由两个可调螺杆组成，这样能控制施肥面的宽度。（如图14）

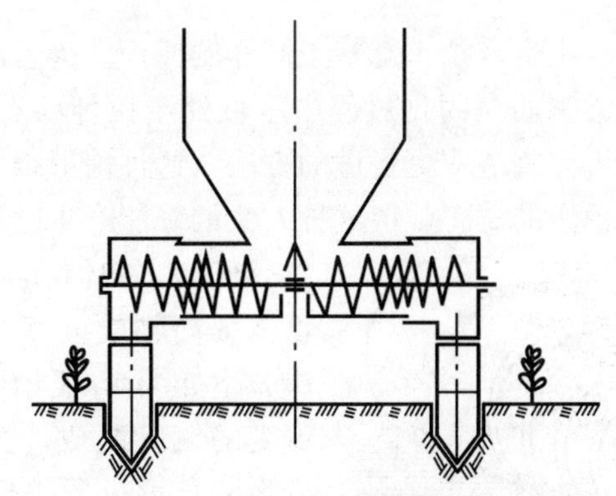

图14 另一个“套娃”：剂量线的宽度可以通过旋转一部分进入另一部分来调整

8. 配重原理

a. 通过与其他物体结合产生升力，来补偿物体的重量；

b. 由受外部环境影响的气动力，或者水动力来补偿物体的重量。

作者证书第187700号 把爆破设备降到井下再升上来的方法。这个方法的独创性在于，重力使设备降到井下，而设备里面的火箭发动机又将设备推上来。这样能减少成本，简化爆破工作。

在开发超大功率涡轮发电机时，出现了一个严重问题：如何减少转子对轴承造成的压力。人们发现，在发电机上安装一个大功率的电磁铁，可以补偿一些压力。

有时任务刚好相反，例如补偿重量的不足。在设计一个矿场的电力火车时，出现了一个技术矛盾。要增加引擎的牵引力，就要增加重量，也就增加了火车的净重，减少了它的载重量。列宁格勒矿业学院的工程师团队，开发并成功制作了一个简单的设备，解决了这个技术矛盾。工程师们在前驱动轮上安装了大功率的电磁铁，火车的载重量可以增加一倍半；由电磁铁产生的强大磁场，使车轮紧扣轨道，增加了摩擦力（有

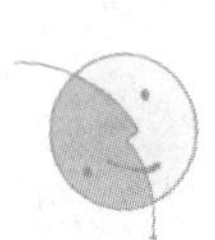

效的推动力)。这样，火车的净重减小了，而载重量却增加了。

9. 预先反作用原理

预先给物体施加反作用，以补偿过量的或者不想要的压力。

> **作者证书第84355号** 一块用来制作涡轮叶片的赤热金属圆形毛坯，放在一个旋转台上。毛坯冷却后会缩短（压缩）。不过离心力（当毛坯还有弹性时）压住毛坯，产生预应力。当部件完全冷却后，它就有压缩力。

所有预压混凝土生产技术都基于同样的原理。为了改善混凝土横梁的张力特性，横梁钢筋在固化过程中一直处于拉伸状态，具有张紧力。建筑业使用了比机器制造业更先进的方法，这种情形很少见。现在，机器制造业很少用预压的概念，但这种方法的确能产生巨大的效果。

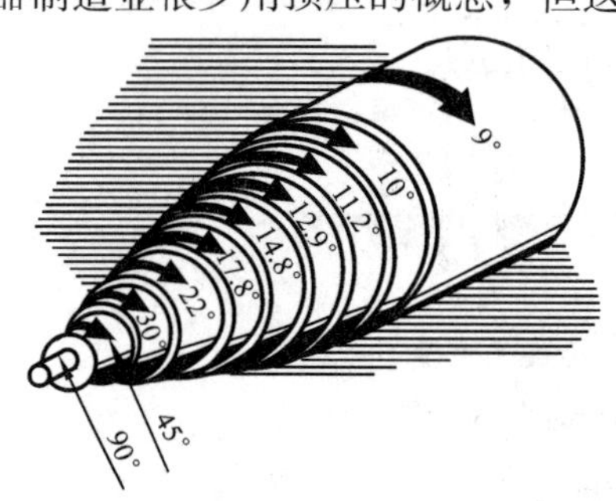

图15 预先反作用原理：复合轴的管子，按照与轴旋转的相反方向扭转

例如，如何在不增大直径的条件下提高轴的强度？这个问题的解决方案如图15所示的复合轴。轴由嵌套的钢管制成，按照工作条件下变形的角度，预先反向扭转。初始扭矩消除预变形，只有在这之后，轴才开始在它“正常”的方向上变形。这根轴的重量，只有传统实心轴的一半。

10. 预处理原理

a. 事先对物体的全部或部分实施必要的改变；

b. 事先把物体放在最方便的位置，以便能立即投入使用。

> **作者证书第61056号** 多种果树都是将茎种植在土壤里，树茎会因为缺少营养而不能生根。发明者建议，种植之前，先把树茎浸在装有营养液的盆里，可以让树茎存储一些养分。

> **作者证书第162919号** 用手锯去除石膏绷带。这个方法的不同之处在于，先把一根锯片放到塑料管子里面，然后在上石膏绷带的时候，就将这个管子放进去。这就可以从里往外切开石膏绷带，而不会伤到病人的皮肤。这个方法能防止外伤，也更容易去掉石膏绷带。

在油漆木料时用到一个类似此原理的概念。砍树之前，先浇上带颜色的水，色素会慢慢渗透到整个树的细胞中。

11. 预先应急措施原理

预先准备好相应的应急措施，以提高物体的可靠性。

作者证书第 264626 号 用添加剂减少化合物的有毒作用。这个方法的独创性在于，添加剂在生产过程中就与基本的毒素混合在一起，减小了化学物质及其产品在人体内的毒性。

作者证书第 297361 号 种植森林隔离带，阻止森林大火蔓延。这个方法的不同之处在于，把化学物质或生物肥料洒到土壤里，让植物吸收，减缓燃烧。这样能提高植物隔离带的防火效果。

美国专利第 2879821 号 把一个刚性的金属盘放进轮胎里，没有气压时也能继续行驶。

预先应急措施原理，不仅仅用于改善系统的可靠性。这里有个例子。在美国图书馆里，书本经常会丢失。发明家特里克尔斯（Emanuel Trikills）建议在每本书的封面里藏一根小金属条，书在登记和递给读者之前，由图书管理员在消磁机上消磁；如果有人试图不登记就把书带走，那么金属条会触发藏在门柱里的警报器。

瑞士的阿尔卑斯山急救站，使用类似的方法来快速搜寻被雪崩掩埋的人。现在每个滑雪者都会带一个小磁铁，如果滑雪者被埋在雪里，即使深达十英尺，也很容易被急救队检测到。

12. 等势原理

改变工作条件，而不需要升降物体。

作者证书第 264679 号 在运输模具的区域安装滚筒传送带，传送带的高度和模具的高度一样。

作者证书第 110661 号 集装箱不直接装进货车，而是由液压缸稍加提升，放到一个支撑平台上，这样不用起重机就能把很高的集装箱放到货车上。

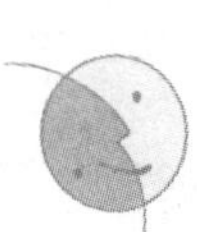

13. 反过来做原理

a. 不直接实施问题指出的动作，而是实施一个相反的动作（例如用冷却代替加热）；

b. 使物体或外部环境移动的部分静止，或者使静止的部分移动；

c. 把物体上下颠倒。

作者证书第 184649 号 在研磨环境中清洗金属部件。这个方法的不同之处在于，它让部件振动，而不是让容器振动。

作者证书第 109942 号 这个发明解决了浇铸大型薄壁件的问题。问题是：必须从不超过铸件 15 cm 的高处，把金属熔液倒进一个铸模中（像“浇水”一样），否则金属会燃烧而且会充满气泡。如果浇铸高度有两三米，先倒入的金属会凝固，没有时间升到铸模的上部。这里，发明家提供了一个简单而精巧的解决方案。在整个浇铸过程中，金属熔液通过两根几乎通到铸模底部的管子倒进去。铸模边填充边向下移动，这样熔化的金属，就会在指定的地方凝固。（如图 16）

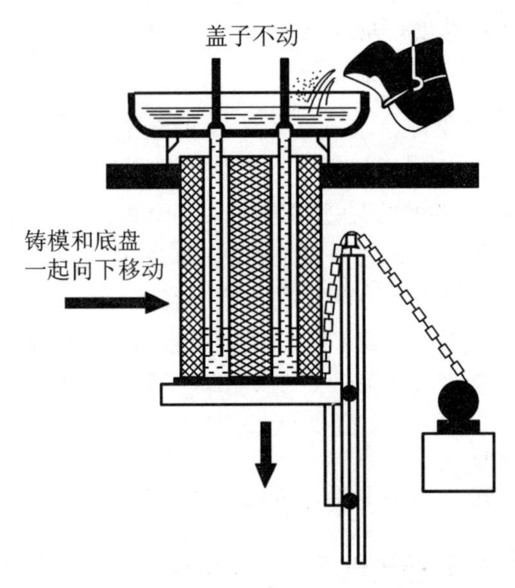

图 16 反过来做原理：与传统的浇铸方法相反，铸型移动，而倒金属熔液的高度保持不变

在传统的浇铸过程中，金属熔液必须在铸模里面移动。新方法中，铸模移动而金属熔液静止。这里，每件东西都倒过来了，使我们能够兼容不相容的东西——金属熔液自底向上地凝固，顺利地填充铸模，就像“浇水”一样。

14. 曲面化原理

a. 用曲线部件代替直线部件，用球面代替平面，用球体代替立方体；

b. 采用滚筒、球体、螺旋体；

c. 利用离心力，用旋转运动代替直线运动。

德国专利第1085073号 把管道焊接成栅格的设备，采用球形电极。

作者证书第262045号 采矿机器有一个工作部件是碎石电极。这些自由转动的锥形电极安装在绝缘轴上，能够提高粉碎坚硬石头的效率。

作者证书第260874号 把金属线从磨损的橡胶轮胎中抽出来。把轮胎浸泡在碳氢化合物里，用高压喷水器处理，切割轮胎，机械地分离金属线。这个方法与众不同的是，在处理轮胎时，轮胎以一定的速度旋转，弱化橡胶颗粒之间的黏结，这样就能提高生产率。

15. 动态性原理

a. 改变物体或外部环境的特性，以便在操作的每个阶段，都能提供最佳性能；

b. 如果物体不能移动，让它移动，让物体各部分都可以相互移动；

c. 把物体分成几个部分，它们能够改变彼此的相对位置。

作者证书第317390号 橡胶泳蹼。这个发明的不同之处在于，泳蹼沿纵向空间充满了不可压缩的惰性气体，必要时，其静态压力可以在海岸上或者水下调整。这就能控制泳蹼的硬度，适于不同类型的游泳：远程游泳，或者快速游泳。

作者证书第161247号 船使用圆柱形船体。这个发明的不同之处在于，船体由两个半圆柱组成，它们之间用一个铰链连接，铰链也能打开，这样能够减少船满载时的吃水深度。

作者证书第174748号 车辆框架由用铰链连接的两部分组成，框架部分的相对位置可以用液压缸调整。这样的设计增加了车辆穿越岩石地带的能力。

作者证书第162580号 一种制造空心电缆的方法，电缆内有空洞，这些空洞是将电线编织在一起时形成的。空洞预先填满了一种物质，以后这种物质可以从制成的电缆中去掉。这个方法的不同之处在于，它用蜡制作空洞的填充物。每根电缆制成之后，蜡被融化，倒出电缆。这就简化了电缆的生产工艺。

16. 部分或超额行动原理

如果得到规定效果的100%很难，那么就完成得多一些或少一些。

作者证书第181897号 使用一种化学物质（如银碘）来控制雨云形成结晶冰雹的方法。这个方法的独创性在于，它只让那些有大水滴的云产生结晶。这样就在简化结晶方式的同时，极大地减少了化学物质的消耗。

作者证书第262333号 一个金属粉末的计量系统，由一个竖管和剂量器组成。这个系统的不同之处在于，它内部有一个漏斗和通道，电磁泵把过量的粉末送到竖管中。这为粉末进入剂量器提供了稳定的流量。（如图17）

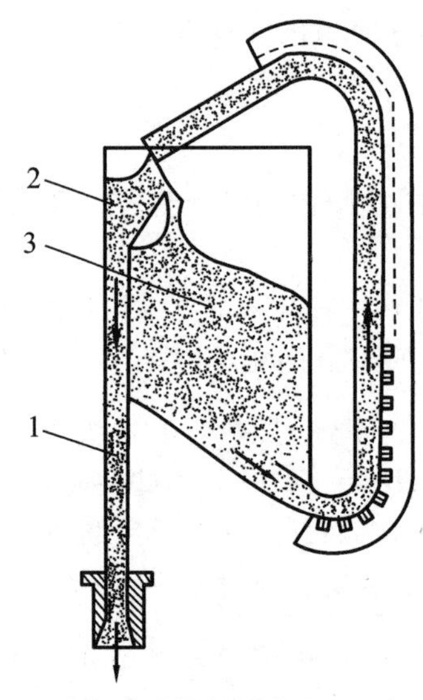

图17 部分或超额行动原理：为了均匀地让粉末通过管子1，粉末（包括超额部分）加进漏斗2，多余的粉末又流回竖井3，保证漏斗有稳定的水平面

17. 转变到新维度原理

a. 把物体的动作、布局从一维变成二维，二维变成三维，依此类推；

b. 利用物体不同级别的组合；

c. 将物体倾斜或侧放；

d. 使用给定表面的“另一面”；

e. 将光线投射到邻近的区域，或者到物体的反面。

作者证书第150938号 通过预先选定电子空穴对的传输方式和阻抗接触方式，来设计一种半导体二极管。这种接触并没有增加半导体基座的周长，但是，这种接触从平面二维转换为三维，就能在不改变二极管尺寸的情况下，增加半导体基座的面积，也就增加了电子空穴流的输出功率。

著名的苏联发明家基塞勒夫（Kiselev），在他的《设计师的质疑》中，解释了他是如何改进油井钻头的：

油井钻头的滚珠轴承有一定的承载能力。增加滚珠的数量，可以改善其工作条件、防止磨损。这正是我的思考方向：用不同的方案来放置滚珠。在选好一定数量的滚珠和滚轮之后，留给钻头的尺寸就小了，这是一个障碍。突然，我看到了解决方案：我可以把所需数量的滚珠排成两排，让它们各自尽量靠近，就像火车上的双层卧铺一样。我现在可以开怀大笑了，最近几个月来，我一直寻求的解决方案，竟然如此简单。

作者证书第 180555 号　矿车自动换车的方法。这个发明的不同之处在于，它用一个空车换一个有负载的车，空车可以翻转 90°，提起来后放在有负载车的上面，这样就省掉了一套侧轨系统。

作者证书第 259449 号　一个磁化石墨的缺陷检测器。这个发明的不同之处在于，它有一个类似博比乌斯环的双面磁带，这样能增加磁带的寿命。

作者证书第 244783 号　一个种植蔬菜的四季温室。这个发明的不同之处在于，它在房子的北面放了一个旋转的凹镜，这样能改善植物的光照条件。

18. 机械振动原理

a. 使用振动；
b. 如果振动已经存在，那么增加其频率直至超音频；
c. 使用共振频率；
d. 使用压电振动代替机械振动；
e. 使用超声波振动和电磁场的结合。

作者证书第 220380 号　利用电极的低频振动，采用振动弧焊来焊接助焊剂里面的部件。这个发明的特点是，在电极的低频振动上叠加一个高频的超声振动（例如 20 kHz），这样能提高电镀层金属的质量。

作者证书第 307896 号　改变切割锯的几何形状，能锯开原木而不产生锯屑。这种方法的不同之处在于，让锯子以接近木头的固有频率振动，会减少切割锯穿过木头所需要施加的力。

美国专利第 3239283 号　摩擦力将大大降低高精度测试仪器的灵敏度，它阻止针、摆锤和轴承上其他活动部件自由运动。为了避免这种现象，我们要使轴承振动——结果是，仪器设备中的一些部件也彼此相对振动。如果采用电动马达作为振动源，就会使设备变大，同时增加重量。美国发明家约翰·布洛斯（John Bross）和威廉·罗本多芬（William Laubendorfen）开发

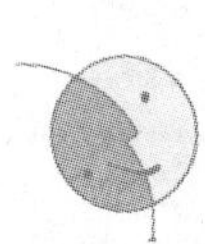

了一种轴承，里面有一个压电环，环的所有表面都覆盖上导电的金属箔。当交流电通过金属箔的时候，金属箔就会产生振动。

作者证书第244272号 用磁场沉淀空气中灰尘的方法，这个方法的不同之处在于，同时使用声场和磁场来处理空气的灰尘。

19. 周期性动作原理

a. 用周期性的动作（脉动）代替连续的动作；

b. 如果动作已经是周期性的，则改变其频率；

c. 利用脉动之间的停顿来执行额外的动作。

作者证书第267772号 众所周知，可以增加一个光源来观测弧焊过程。不过用这种方法，虽然对弧焊中的固态和液态物质的观察变得容易了，但对等离子气体的观察却变得恶化了——出现了一个明显的技术矛盾。本专利概念的不同之处在于，增加的那个光源的亮度能周期性地从零变到超过焊接弧的亮度。这就能同时观测焊弧本身，也能看到电极与焊条金属焊接的全过程。

作者证书第302622号 热电偶的测试方法，包括两个步骤：加热热电偶和测试电动势（EMF）是否出现。新方法的不同之处在于，用周期性的脉冲电流加热热电偶，而在脉冲之间的间隙测试电动势是否出现，这样能减少测试时间。

20. 有效动作的连续性原理

a. 连续实施动作不要中断，物体的所有部分应该一直处于满负荷工作状态；

b. 去除所有空闲的、中间的动作；

c. 用循环的动作代替“来来回回”的动作。

作者证书第126440号 一种用两套管道钻多个井的方法。在同时钻两个或三个井时，用多桶转子，这些桶彼此独立地工作。另外，两套钻井管道也在井里交替上下，以更换磨损的钻头。更换钻头的过程与钻另一口井的过程自动结合在一起。

作者证书第268926号 一种用油轮运输原糖的方法。这个概念的不同之处在于，它用油轮运输原糖，一旦油或者其他液态货物从油轮上卸下来，就用一种特殊方法来清洗油轮，然后装进原糖。这样能消除空闲的运行时间，减少运输成本。

21. 快速通过原理

非常快速地实施有害的或者危险的操作。

作者证书第241484号　一种用气体高速加热金属毛坯的方法，其不同之处是，采用一个速度不低于200 m/s的蒸气流，使它在和金属毛坯接触的整个过程中保持稳定。这样能增加生产率、减少脱碳。

作者证书第112889号　卸原木时，使用一种特殊的船，运输原木的船能倾斜一个很小的角度。为了把全部原木都倒到水里，原木船必须倾斜一个很大的角度，这样很不安全。新方法是，使船以一定的频率振动，然后突然施加一个外力，使船倾斜一个较小的角度，就可以将所有原木倒入水中。

联邦德国专利第1134821号　一种切割直径大的薄壁塑料管的设备。这个专利非常独特的是，切割刀速度很快，管子来不及变形。

22. 变害为利原理

a. 利用有害的因素（特别是环境中的）获得积极的效果；

b. 通过与另一个有害因素结合，来消除一个有害因素；

c. 增加有害因素到一定程度，使之不再有害。

苏联院士沃罗格丁（P. Vologdin）在他的文章《科学家之路》（《列宁格勒年鉴》，1953年第5号刊）中写到，在20世纪20年代早期，他设定了一个目标，要用高频电流来加热金属。实验显示，这样做只能加热金属表面，很难让高频电流进入到金属内部。后来实验被取消了。后来，沃罗格丁后悔再也没有用过这个负面效应——否则工业界早就采用这种高频方法来处理钢板了。

电火花金属加工工艺是另一个伟大的发明，但是命运不同。B. P. 拉泽仁科（B. P. Lazarenko）和I. N. 拉泽仁科（I. N. Lazarenko）当时正在解决金属的电腐蚀问题。电流“吃掉”了继电器接触面的金属，人们对此无能为力。硬质金属、超硬金属也试过，效果都不好。研究人员又把接触的金属放到液体介质中，腐蚀更严重了。有一天，发明家意识到，这个负面效应也许可以作为一种优势来应用，从此他们转到了一个完全不同的研究方向。1943年4月3日，他们收到了金属件的电火花工艺加工方法的作者证书。

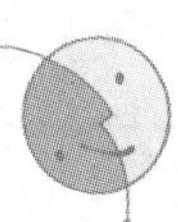

作者证书第 142511 号 颌式破碎机两个部件之间的可移动铰链（如图 18A）。这里的移动性是通过球形的铸铁柱塞实现的。柱塞颈是设计中最薄弱的环节，经常发生断裂。当然，我们可以做一些改进来减少断裂的发生。如果我们事先就“折断”这个柱塞会怎么样？这样柱塞就变成了圆柱形的衬套，很难断裂了。(如图 18B)

作者证书第 152492 号 为保护地下电缆不会因地面冻结而损坏，建议在电缆的每一边，挖出窄窄的扩充沟。(如图 19)

这是个简单的原理：让我们接受一些难以接受的东西——就让它发生吧。不过，发明家在思考过程中经常会遇上心理障碍。

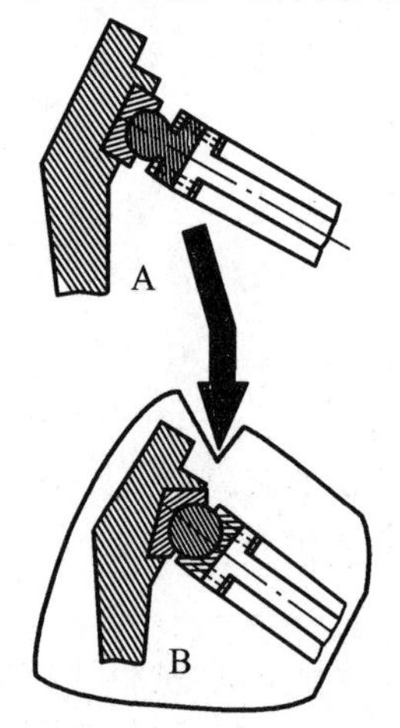

图 18 变害为利的例子

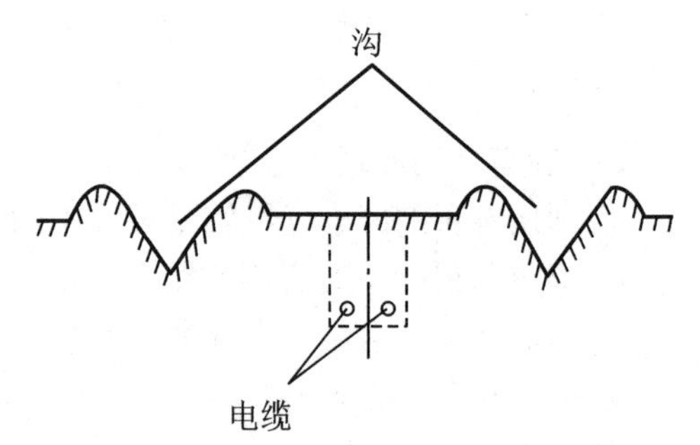

图 19 人工制造的“裂缝”——电壕沟能防止电缆线因霜冻的裂缝而破裂

23. 反馈原理

a. 引入反馈；

b. 如果已经有反馈，那么改变它。

作者证书第 283997 号 风在水冷却塔中会产生涡旋区域，这些区域会降低水冷却的深度。为了提高塔中不同部分的冷却效率，安装了温度传感器，它能够自动发出信号并控制进出塔的水量。

作者证书第 167229 号 一种自动启动传送带的方法，其不同之处在于，它测量传送带主马达在工作期间，与传送带承载重量相对应的功耗。在传送带关机时记录数据，当传送带重新开机时，就把与传送带承载材料重量成反比的信号，发送到启动马达上。

24. 中介物原理

a. 使用中间物体来传递或者执行一个动作；

b. 临时把初始物体和另一个容易移走的物体结合。

作者证书第 177436 号 一种向液态金属供电的方法。这个发明的不同之处在于，它把冷却电极放到一种液态金属媒介中，提供电流。这种金属媒介与主金属相比，熔点更低，沸点、密度更高。这样能减少电能的损失。

作者证书第 178005 号 一种用抑制空气腐蚀的挥发性物质来覆盖被保护表面的方法。这个发明的不同之处在于，它把充满了这种抑制剂的热空气，吹进内部形状复杂的物体中。这样，这些物体的内表面就能被均匀覆盖。

25. 自服务原理

a. 物体在实施辅助和维修操作时，必须能自我服务；

b. 利用废弃的材料和能量。

作者证书第 261207 号 整个子弹（小球）发射装置的内部被防磨材料制成的内衬所覆盖。这个装置的不同之处在于，内衬带有磁性，能够在子弹（小球）射向它的表面时提供一层金属保护膜。因此，在子弹发射装置的腔壁上，形成了一个不断补充的金属保护层。

作者证书第 307584 号 一种用预制件建造灌溉系统的方法。这个发明的不同之处在于，先建好的那一段水渠的两端，用隔板临时封上，然后往这段水渠里面灌水，就可以运输下一段水渠的预制件。每一段注满水就能运输后段的预制件，这样能简化灌溉水渠系统的建造过程。

作者证书第 108625 号 一种冷却半导体二极管的方法。这个发明的不同之处在于，它有一个半导体的热敏部件，它的工作电流直接通过二极管，这样能改善热交换的条件。

26. 复制原理

a. 用简化的、便宜的复制品来替代易碎的或不方便操作的物体；

b. 如果已经使用了可见光的复制品，那么使用红外光或紫外光的

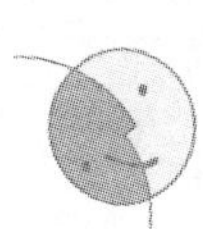

复制品；

c. 用光学图像替代物体（或物体系统），然后缩小或放大它。

作者证书第 86560 号 地质勘测的可视化教学辅助手段，是将图绘地质区域投影到平面上。这个发明的不同之处在于，使用这个图像和一个转速计，来测量图片上特定两个点之间的距离，这两个点就是缩微勘测棒被放的地点。这样就能从映射的图像上直接实施地质勘测。

有时需要测量或者控制物理上不能兼容的两个物体。在此情况下，可以采用可视化复制品。例如，用 X 光胶片来解决三维测量的问题。一般的 X 光胶片不能确定人体表面到病灶的距离，立体图片可以制成三维图像。即便如此，也只能用肉眼测量，因为人的身体内并没有尺子。所以，就需要我们"兼容物理上不能兼容的"物体——X 光射线下的人体和一把刻度尺。

一位来自新西伯利亚的发明家阿克森诺夫（A. I. Aksenov），通过使用光学叠加（混合）的方法解决了这个问题。阿克森诺夫的方法是把一个晶格化的立体图像叠加到 X 光图像上，从这些有立体感的叠加图像上，医生能够看到病人的身体内部，而这个晶格化的立体图像就起到三维尺度的作用。

在许多情况下，不用接触实际物体，而是使用它们的光学复制品，效果通常都比较好。例如加拿大的克鲁特帕珀（Kruter Pulp）公司使用一种特殊的照相机，来测量火车装载和运输的原木。某公司的报告显示，这样用图片测量原木，比手工测量要快 50～60 倍，而偏差不超过 2%。

还有一个有趣的例子：

作者证书第 180829 号 一种测量球形部件内表面的新方法。把一种低反射性的液体倒入部件内，增加某个液面高度的同时，就进行一次彩色照相，并叠加一个胶片。胶卷冲洗放大后，将胶片图像的中心环与设计图纸环进行对比。通过对比照片上的线条和图纸上的线条，能精确测量到任何差异。

27. 一次性用品原理

用廉价物品替代昂贵物品，在某些属性上作出妥协（例如寿命）。

卫生原则要求注射器和针头至少要消毒 45 min，而许多情况下需要尽快注射。全联盟医疗设施研究院开发出一种一次性的注射器。它由一个细塑料管制成，管子一端是用盖子保护的针头，管子在工厂里就注满了药物并密封好。这种注射器能在几秒钟内准备好以便使用——只需要去掉盖子就行。注射时，从管里挤出药物，然后就扔掉注射器。

这种专利有很多：一次性的温度计、垃圾袋、牙刷，等等。

28. 替代机械系统原理

a. 用光、声、热、嗅觉系统替代机械系统；

b. 用电、磁或电磁场来与物体交互作用；

c. 用移动场替代静止场，用随时间而变化的场替代固定场，用结构化的场替代随机场；

d. 使用场，并结合铁磁性颗粒。

作者证书第163559号 一种检测岩石钻孔工具（如钻头）磨损的方法。这个方法的不同之处在于，它在钻头内部放入一小管有强烈异味的化学物质（如乙硫醇），作为磨损指示器。这样能简化检测过程。

作者证书第154459号 无磨损的螺纹离合器（如图20）。这个离合器包括一根螺杆1，线圈2绕在螺纹上，螺母3、线圈4、螺杆和螺帽之间有空隙，螺母与机器或装置的一个可移动部件刚性连接。电流通过线圈2和4的时候，线圈周围就形成磁场，这些磁场通过螺杆和螺母而形成短路。当螺杆和螺母的线圈碰在一起时，磁场强度达到最大值。当螺杆转动时，在螺杆线圈和螺母之间形成弧形磁场，产生磁力，试图恢复线圈之间的原始位置关系，这种磁力把螺母连同机器的移动部件推向前。

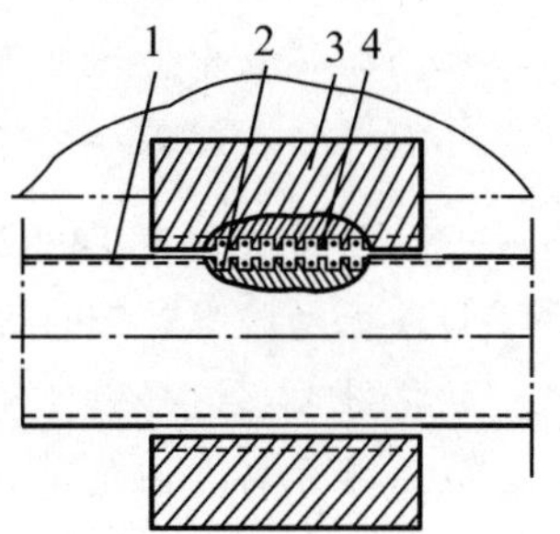

图20 在螺杆联轴节中，螺帽由于电磁场的交互作用而得以无磨损地移动

螺杆和螺母之间有缝隙，这延长了离合器的寿命，也就达到了不磨损的效果。

工厂里要精加工一件微型产品，抛光一个直径只有0.5 mm的孔内壁。为了完成这项工作，制造了一个直径只有0.2 mm的微型抛光工具。工具的表面覆盖有钻石粉末，工具的气动马达以每秒1 000转的速度带动钻头旋转，同时钻头绕着孔的圆周移动，每分钟150次。工人无法用裸眼看到抛光的内部区域，因此无法检测工具与产品的接触情况。

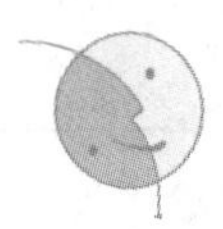

抛光过程要么被延长，要么结束得太早，出现这任何一种情况，工件都会被退回。

因此决定要设计一种特殊的自动化机器——不过与之相反，通过创造性方法得出了一个简单的解决方案：工件与机器分开，电池的正极连到工件上，负极连到机器上。这个电路中再加入一个放大器和扬声器。现在只要工具接触到工件，扬声器就“叫起来”。只要通过声音的音调就可以识别抛光过程发生的时间以及抛光的进展如何。[①]

作者证书第 261372 号 一种在系统中使用可移动的催化剂来实现催化过程的方法。这个方法的不同之处在于，它使用的催化剂有磁性，同时使用移动磁场。这就能扩大催化剂的应用范围。

作者证书第 144500 号 一种加强表面热交换器管状部件内部热交换的方法。这个方法的不同之处在于，它引入磁性颗粒到循环液中。这些颗粒通过管状部件内壁上的旋转磁场与循环液混合，能破坏边界层，并产生紊流，提高热交换的效率。

法国专利第 1499276 号 为了清洗物体，先把物体放到滚筒或振动腔里处理，之后，需要把物体与研磨颗粒分开。如果物体很大，这样做不难。如果物体有磁性，那么也可以用磁场分离器分离。但是，如果物体没有磁性，尺寸又和研磨颗粒差不多，怎么办呢？根据这个发明原理，这个问题可以通过给研磨材料引入磁性来解决，如对研磨颗粒和磁性颗粒的混合物进行挤压或者烘烤，或者往研磨颗粒的小孔里注入磁性颗粒。

29. 气动或液压结构原理

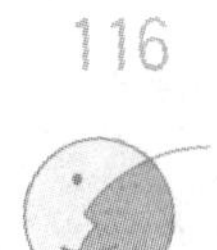

用气态或液态部件来代替固体部件。可以用空气或水，也可以用气垫或水垫，使这些部件膨胀。

作者证书第 243809 号 这个发明的目的是提高废气对流，并增加排放的高度（如图 21）。将烟囱制造成中空的锥形螺旋 1，上面还有喷嘴 2，螺旋与中空的支架 3 连接在一起，支架下端与压缩机 4 相连。压缩机工作时，空气被泵入支架，通过螺旋上的喷嘴一路排出，形成“气墙”。

① 《技术——青年》杂志，1965 年第 6 号刊，第 6 页。

作者证书第 312630 号 一种采用喷雾来粉刷大型物体，之后用通风系统去掉溶剂和油漆雾埃的方法。它的不同之处在于，它在物体周围产生一个比物体还要高的上升气帘，气帘的上部通过一个真空通风系统形成漩涡。这种方法能减少油漆物体所需的工作空间。

这个发明去掉了与先前案例同样的技术矛盾，因此解决方案从本质上说是一样的：不用刚性金属墙，而是用气墙。

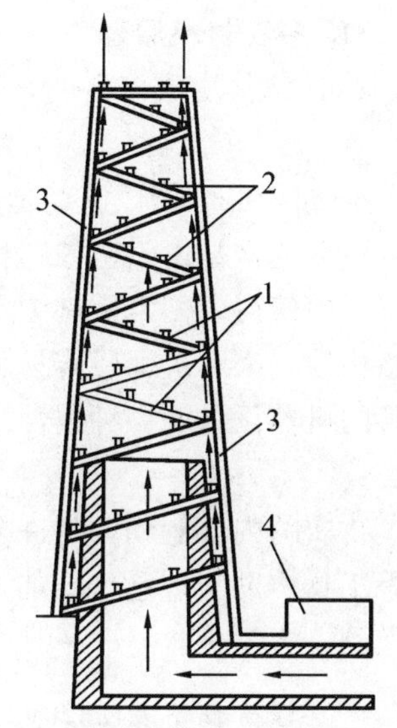

图 21 不用大型烟囱，而是采用一种优雅的结构：带有喷嘴的空螺旋，通过这个压缩空气形成一堵“墙”

作者证书第 264675 号 球形水池的支撑架和底座。这个支撑架的不同之处在于，它的底座做成船的形状，里面充满液体。这个底座有一个凹形弹性盖，盖子的形状是由于水池的球形体产生的压力形成的。

作者证书第 243177 号 这个发明和前一个发明是一样的：一个把打桩机基座压力传递到地基的设备。这个发明的不同之处在于，它的地基是一个充满液体、封闭的平坦容器，这能让压力均匀分布。

看看究竟有多少作者证书是依据这个原理产生的，这很有趣。如果 A 需要均匀地对 B 产生压力，那么就在 A 和 B 之间放一个液体枕。

30. 柔性膜或薄膜原理

a. 用柔性膜或薄膜代替常用的结构；

b. 用柔性膜或薄膜将物体与它的外部环境分隔开。

为了减少树叶的水分损失，美国研究人员往树叶上喷洒聚乙烯“雨”，树叶上就形成一个非常薄的塑料膜。穿着塑料大衣的植物能够正常生长，因为聚乙烯能让氧气和二氧化碳更好地通过，而水分却不容易蒸发。

作者证书第 312826 号 一种液体系统对液体系统的萃取方法，系统的一个液层穿过另一个液层表面的气膜。这种方法能实现大量萃取。

31. 多孔材料原理

a. 让物体变成多孔的，或者使用辅助的多孔部件（如插入、覆盖等）；

b. 如果一个物体已经是多孔的，那么事先往孔里填充某种物质。

机器通常是由没有渗透性的固体材料制成的，在使用多孔材料时，思维惯性使得人们常常试图引入特殊的设备和系统，保留所有无渗透性的结构件，来解决那些容易解决的问题。其实，渗透性本身是组织非常完善的机器设备的一种属性，就像所有的生命器官一样——从单细胞到人类。

物质的内部运动，是许多机器的重要功能。“粗糙的”机器用管道、泵等工具协助实现这个功能，“精细的”机器用可渗透的膜和分子力就能做到。

作者证书第 262092 号 一种保护容器壁的内表面，避免容器中坚硬的、黏性的产品颗粒沉积的方法。这个方法的不同之处在于，用一种不会沉淀的高压液体，透过容器壁进入空腔，容器壁由多孔材料制成，这种液体的压力高于容器内部的压力。这种方法在减少各种能量消耗的同时，还提高了保护效率。

作者证书第 283264 号 一种将防火材料作为添加剂引入液态金属的方法。这种方法的不同之处在于，它推荐使用一种多孔的防火材料，在放入液态金属之前，其中注满添加剂。这能改善添加剂的添加过程。

作者证书第 187135 号 电动马达的蒸汽冷却系统。这个系统的不同之处在于，它的活动部件和其他部件，是用多孔金属制成的。例如，一个多孔的粉状钢件，用冷却剂填充，这种冷却剂在机器工作期间挥发，因此能产生短期、高效均匀的冷却效果。这就不再需要给机器提供冷却油路。

32. 改变颜色原理

a. 改变物体或其环境的颜色；

b. 改变物体或其环境的透明度；

c. 对于难以看到的物体或过程，使用颜色添加剂来观测；

d. 如果已经使用了这样的添加剂，那么使用发光追踪或原子追踪。

水帘被用在锻压和铸造车间、冶金工厂，或者其他需要保护工人不受热的地方。它能很好地保护工人免受不可见热辐射（红外光）的伤害。不过，熔化的钢液散发出的强光仍然能够自由通过薄薄的液体膜。为了保护工人免受这种光线的伤害，工人保护协会抛光研究所的一个员工，建议使用彩色水帘。因为是透明的，它将完全阻隔热辐射，同时也能一定程度上削弱可见辐射的强度。①

作者证书第165645号 一种染料被添加到照片的定像液中。这种染料可以还原，被照片纸吸收时并不会给基纸或明胶染上颜色，必须通过进一步的漂洗将其从明胶层上去掉，漂洗的速度等于或略小于清洗硫代硫酸钠的速度。照片纸一变色，就表明对颜料起定像作用的氯酸钠完全清洗掉了。

33. 同质性原理

与主物体相互作用的物体，应该由主物体的同种材料（或具有相似属性的材料）制成。

联邦德国专利第957599号 采用声音或超声波，通过金属液里面的扬声器，来处理金属液的铸槽。这种处理方法的独创性在于，扬声器与金属液接触的部分，是用同样的金属或其合金制成的。这个接触部分会被金属液部分熔化，但是扬声器的其他部分是冷的，并且保持固态。

作者证书第234800号 一种润滑冷却的铜轴承的方法。这个方法的不同之处在于，润滑材料是由轴套的同种材料制成的，这样就能在更高的温度下改善润滑效果。

作者证书第180340号 一种去除含有熔化金属微粒灰尘，以便净化气体的方法。它的不同之处在于，进来的气体通过一种介质而产生气泡，这种介质是用这些金属颗粒熔化在一起形成的，这样能提高过滤的效率。

作者证书第259298号 一种焊接金属的方法，其焊边之间的缝隙中填充了一种介质，因此焊边能被预热。这种介质的挥发性成分中包括被焊接的金属材料，这样能够改善焊接工艺。

34. 抛弃和再生部件原理

a. 物体的部件在完成其功能，或者变得没用之后，就被扔掉（丢

① 《发明家和创新者》，1970年第5号刊，16页。

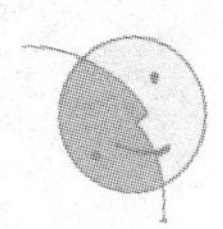

弃、溶解、挥发等），或者在工作过程中已经改变；

b. 物体已经用掉的部件，应该在工作期间恢复。

美国专利第3174550号 紧急着陆时飞机燃油变成泡沫，这种泡沫中含有特殊的化学物质，可阻止燃油燃烧。

美国专利第3160950号 为了防止在火箭第一次点火时损坏灵敏设备，这些设备包裹在泡沫里面；在完成了吸收振动的任务后，这些泡沫会在太空中挥发掉。

不难看出，这个概念是动态化原理进化的下一步——一个物体在运动中改变，只是改变更加剧烈。飞机在飞行中改变其机翼的几何形状，就是动态化原理的一个例子。火箭抛弃它用过的舱体，是抛弃原理的一个例子。这两个原理是创新的“双胞胎”。

作者证书第222322号 一种制造微型弹簧的方法。这种方法的不同之处在于，它有一个用弹性材料制成的轴心支架，之后这个弹簧轴心浸入能溶解这种弹性材料的物质中去，就去掉了支架，这样能提高产量。

作者证书第235979号 一种制造橡胶隔离球的方法。这种方法的不同之处在于，它用细石灰石掺水后晾干制成一个核。在橡胶硫化之后，将液体注入球内部使硬核解体，这样就形成了所需尺寸的空球。

作者证书第159783号 一种生产中空型材的方法，其不同之处在于，它抽出一个三明治一样的钢铁混合物，中间填充的是菱镁矿粉末一样的防火材料，而这些填料以后要去掉。这样就能制造出不同尺寸和形状的型材轮廓。

我们可以列出成百上千个这样的例子。很难想象，发明家在寻找一个想法时浪费了多少时间，因为他每次都从“零”开始。但是，这个例子包含了一个典型原则：把物体A放到轴心B上，B以后能够通过溶解、挥发、融化、化学反应等方法去除。

抛弃原理是再生原理的反面。

作者证书第182492号 一种在制造导电材料的电腐蚀工艺中，补偿电极工具磨损的方法。这种方法的不同之处在于，它能在工作期间，持续在电极的工作表面喷上一层金属，这样能延长电极的寿命。

作者证书第 212672 号　在传送混有研磨材料的液态酸性物质时，管道内壁很快会被磨损。安装内壁保护层很复杂，也很费劲，并且会导致管道直径增加。这个新概念就是定期把石灰砂浆加到液态混合物中，在管道的内表面形成一个保护层。这样能一直保护内表面，而其截面积并没有显著减小，因为内保护层一直受到研磨酸性混合物的磨损。

35. 改变特性原理

a. 改变系统的物理状态；
b. 改变浓度或密度；
c. 改变柔韧程度；
d. 改变温度或体积。

作者证书第 265068 号　一种可以使气体和黏性液体大量融合的方法。这个方法的不同之处在于，它把黏性液体放入设备之前先将其气化，这样能强化这个大量融合的过程。

作者证书第 222781 号　自由流动原料（如矿物肥料和有毒化学物）的测量设备，有一根螺杆，安装在有出口的壳体里。这个设备的不同之处在于，它的螺纹是由内外两层螺旋形的弹簧，并在中间加一层弹性材料构成的，这样就能控制螺纹的螺距。(如图 22)

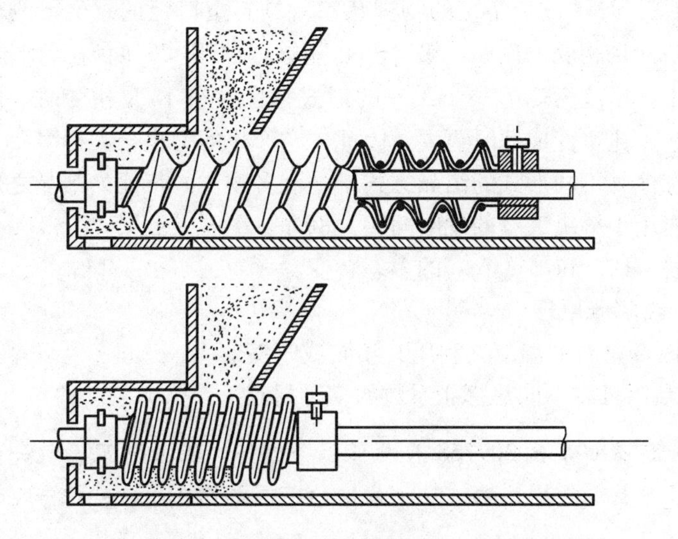

图 22　在自由流动材料的配置装置中，螺杆是由弹性材料制成的，还有螺旋弹簧来调整螺杆的位置

36. 状态转变原理

利用状态转变时的现象（例如体积变化、热量的吸收或释放等）。

作者证书第190855号 一种增大棱纹管的方法。管子两端被塞紧，里面填充加压水。这个方法的不同之处在于，它将管子里的水冷冻起来，这样能在提高加工速度的同时，降低成本。

此时就出现一个问题：原理36与原理35a（属性转变）或原理15（动态化）有什么区别？原理35a建议使用物体的物理状态B而不是A，因为正是状态B的特殊属性才能实现所需要的结果。而原理15的本质是状态A或者B的特征都可以利用。

在应用原理36来解决问题时，我们利用从A状态转到B状态的过程中出现的现象，或者相反的过程。例如，如果我们用冰而不是水来填充一根管子，管子不会发生任何变化。我们所需要的效果，是通过把水变成冰造成体积增大而达到的。

作者证书第225851号 使液体冷却剂在闭环中循环，以冷却不同物体的方法。这个方法的不同之处在于，冷却剂的部分变成固态，用冷却剂的固液混合物来冷却物体，这样就可以减少冷却剂的用量和降低能耗。

“相变”比“改变系统的物理状态”具有更广泛的意义。改变物质的晶体结构是相变。例如，锡（Sn）能够以白锡（密度为7.31 g/cm^3）或者灰锡（密度为5.75 g/cm^3）的形式存在。在18℃相变时，体积剧烈增加——比水变成冰时更大，因此，它产生的力也会大得多。

多态性（不同形式的结晶方式）是许多物质的特征。结晶之后出现的现象能用于解决大量的发明问题。例如，美国专利第3156974号，就用到了铋（Bi）和铈（Ce）的多态转变。[1]

37. 热膨胀原理

a. 改变材料的温度，利用其膨胀或收缩效应；

b. 利用具有不同热膨胀系数的多种材料。

作者证书第309758号 低温条件下，在管子里面放一个芯子来拖管子的方法。这个方法的不同之处在于，先把一个预

① 《发明家和创新者》，1966年第4号刊，第25页。

热的芯子（如50～100℃）插入冷的管子中。这样，不需要把管子卷起来就可以拖走，之后当管子与芯子的温度相等时，管子发生变形，于是管子和芯子之间出现缝隙，这样芯子就很容易从管子中取出来。

作者证书第312642号 用于热压缩行业，由同心套管组成的多层组件的原料，是由不同的材料制成的。这个概念的不同之处在于，它的每个套管的热膨胀系数都线性地比前一种套管的高，这样就能生产出有预压层的多层部件。这个原理显示了如何从宏观的“粗糙运动”，转变为微观的“精细运动”。热膨胀能产生很大的推力和压力，能够实现对物体运动的精确控制。

作者证书第242127号 一个使物体产生微小运动的设备（就像产生结晶的设备固定器）。这个设备的不同之处在于，它有两根探棒——按照设定的程序对两根探棒交替地电加热和电冷却，这样能使物体在所要求的方向上产生微小的运动。

38. 加速氧化原理

从氧化的一个级别，转变到下一个更高的级别：

a. 从环境的空气到氧化的空气；

b. 从氧化的空气到纯氧；

c. 从纯氧到电离的氧气；

d. 从电离的氧气到臭氧化的氧气；

e. 从臭氧化的氧气到臭氧；

f. 从臭氧到单氧。

这个原理的主要目的是强化加工工艺。这里我们可以提供几个例子：

a. 一种强化散粉材料烧结工艺的方法，是把富含氧气的气体吹进烧结材料；

b. 一种切割不锈钢的方法，是使用纯氧及其等离子气作为切割气体；

c. 一种加剧铁矿石凝聚的过程，是在氧化剂和气体燃料被引入到带电层之前，就将它们电离。

39. 惰性环境原理

a. 用惰性环境代替通常环境；

b. 往物体中增加中性物质或添加剂；

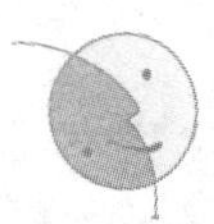

c. 在真空中实施过程。

这个原理正好跟前一个原理相反。

40. 复合材料原理

用复合材料代替同性质的材料。

美国专利第3553820号 熔点高、重量轻、强度大的部件及其铝基，用覆盖着碳纤维的钽（Ta）来加固。它们有很高的弹性系数，可用于制造飞机和轮船。

作者证书第147225号 一种书写方法，把细微的磁性颗粒加到墨水中，就能用磁场来控制新墨水。

复合材料可以具备那些原本不属于单个成分的特性。例如多孔材料，就像原理31提到的，代表一种硬物质与空气的复合，而单独的硬物质或者空气，都不具有多孔复合材料的那些特性。

复合材料是自然界的“发明”，得到了广泛应用。木头由纤维素和木质素组合而成：纤维素具有很高的强度，不宜折断，但是它容易弯曲；木质素把纤维牢牢固定在一起，使木头具有很高的硬度。

易燃材料（如木质聚合物）和高熔点材料（如钢铁）纤维复合在一起，会产生很有趣的复合物：它容易熔化，但是变硬后却具有很高的强度。焊料和纤维颗粒慢慢地开始扩散，结果高熔点的合金就产生了。

另一种复合材料——把硅颗粒悬浮在油中，这种悬浮液放到电场中就能变硬。[1]

※

在多拉塔（E. Dolota）和克里姆金（I. Kliamkin）[2] 所写的文章《普通的爱迪生》中，引用了莫斯科“讽刺剧院”演员勒普科（Lepko）的一段话。“常备的段子，”他说，“并不妨碍创造性的发挥，相反，它们是艺术家创新的工具。”这里关键是段子的数量，蹩脚的演员只有三四个段子，以至于大家都说他在每一个剧目中重复自己。而一位伟大的天才演员，拥有五十套，甚至一百套段子。

---

① 关于复合材料的更多信息，请看《当代材料》，米尔（Mir），1970年，第116-132页。

② 《共青团员》，1972年第1号刊，第52到58页。

典型的创新原理知识——发明创造的“常备段子”，能极大地提高个人的创新效率。

我们以一个具体问题为例。在火枪开火时，射出的弹子需要形成一个窄的圆锥形，而不能分散开。增加弹子集中程度的传统方式，是增加枪管的长度。这里就出现了一个技术矛盾：改善散射锥的形状（使之更小），就要恶化了枪管的长度（它更长了）。我们怎么办？

如果马上猜出答案很难的话，那么让我们首先去掉术语“枪管”和“弹子”：有些颗粒在管子里面运动。只要管子足够长，管壁引导着颗粒的运动方向，那么一切都没有问题。不过，不可能制造一根足够长的管子。这种情况下我们如何控制颗粒的运动方向？

这个问题中的技术矛盾，与建造很高的烟囱是一样的。因此，可以利用作者证书第243809号中同样的原理（原理29）来解决：用气动结构代替刚性结构。在这个问题中，我们让颗粒沿着“气体墙”内壁而不是刚性管壁运动，这也正是日本专利第44-20959解决问题的方法。在短的枪管上钻一些排烟孔。枪管外面加一根套管，套管和枪管的两端刚好重合。开火的时候，迸出的烟雾穿过枪管和套管之间的缝隙，形成一个套着弹子簇的环。

还有一个问题：我们如何制造（或者拉丝）镍铬合金管，如果它的壁厚只有0.01 mm，公差是0.003 mm？对于没有这些发明原理知识的发明家来说，这是个3级的创新问题。如果一个人已经学了这些原理，那它就变成了一个难度低于1级的简单问题。**原理34：**在轴心B上制造物体A，之后B将会通过溶解、挥发、熔化，或者化学反应去掉。这里有一个例子，作者证书第182661号：“一种制造薄壁镍铬合金管的方法，其不同之处在于，这种合金是通过一根铝芯拉成的，此后这根铝芯通过碱性腐蚀去掉。”

为了解决技术矛盾，当代的发明家一定要全面了解这些发明原理。否则，创新就不可能成为一种有组织的科学活动。

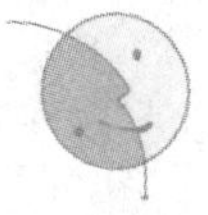

第四节　算法是如何工作的

在以下的章节里我们将继续学习ARIZ-71，同时，我们用具体的例子来检验这个算法。

问 题 5

破冰船一般采用楔形原理，在冰上开辟通道。因此，破冰船的速度和破冰的厚度，取决于破冰船的功率。破冰船的进化方向是增加引擎的功率。当代的远洋轮排量是1.5马力/t（1马力=735.499 W），破冰船的排量要比它大6倍。沿破冰船纵向安装的引擎、燃烧室以及相关的服务系统占破冰船的70%，由于破冰船的两端是锥形，破冰船完全被“引擎系统”占满。这样，冷却引擎就是冷却整条船，这是一项复杂的任务。

> 在严酷的冰冻环境下，冷却系统的功能经常失效，至今还未找到解决这个问题的有效方法。按照美国破冰船的经验，有些情况，并非是冰的厚度，而是外供冷却水的中断，限制了破冰船的前进。①

引擎舱过于庞大，留给大型货物的空间就不够了。因此，破冰船的后面通常会跟随着一支船队，有三四只运输船。

> 北冰洋冰冻的状况，决定了冰期的开始和持续的时间，也决定了轮船能否在冻港中航行。破冰船，无论是像100多年前那样，安装一台蒸汽引擎，还是采用现代最好的核反应堆，其工作原理几乎没有改变过。破冰船往前一冲，冲上挡道的冰面，船身重量把冰压碎。然后再往前一冲，又往前栽几米。引擎轰鸣，船体劈开冰块。普通的船队跟在破冰船后面等它开路。可是冰越来越厚，1 m、2 m、2.5 m……现在破冰船被卡死了：船被冰块从一边推到另一边，它的前端开始摇摆，极力想从冰的禁锢中挣脱出来。抽水泵把几百吨的水从船头的水箱抽到船尾的水箱，从左边又抽到右边。破冰船也前后左右地摇晃，把冰块一点一点凿开。破冰船后面的路对普通商船而言太难了，因为其中的浮冰足以毁坏船体，所以它们必须很艰难地避开这些浮冰。港口区域，包括停泊区，有时甚至整个港口，完全被碎冰弄得乱七八糟。每天，破冰船都在增加碎冰，结果累积的冰块冻结在一起，形成的冰场比原来还厚两三倍。现

① B.S. 尤尔温，《破冰船的动力系统》，载于《造船》，1967年，第182页。

在，即使破冰船自己也没有能力破这么厚的冰了。

这种情况经常在阿汗格尔斯克（Arhangelsk）和列宁格勒（Leningrad）的港口发生。船长的梦想就是，破冰船能够穿过任何厚度的冰块；更重要的是，在它的后面留下一条干净的通道，而不是乱七八糟的碎冰。①

有几种不同的方法可以很容易地穿过冰块。长期以来，人们常用炸药来破冰。这个方法的缺点是炸药消耗量大、生产效率低，并且极度危险。

另外一种方法，是在小河破冰船上安装振动设备。

> 在船的前甲板上铆死一些特殊的振动机器，这些机器的轴连接着几吨重的圆板。当这个机器开始工作时，破冰船跟着开始摇晃（尤其是船头）。这时想在船上站稳非常困难，甚至看看这艘船都令人恐惧，好像这个振动设备要把船头撕裂一般，船就像发高烧一样，不停地打战。最后冰块经不起敲打，投降了。②

使用炸药或者振动，并没有产生显著的改进效果。

我们要找到一种方法，保证船能穿过 3 m 厚的冰前进。这种方法必须经济，而且可以用现有的技术实现。

我们稍后解释这个问题。现在，我们引入一些限制条件：

a. 这个问题的条件是，货物只能通过水路运输，不能用其他方式取代（比如，不能用空运和铁路运输）；

b. 禁止用潜水艇代替船。潜水艇可以潜入水下很深，英国建造的水下油轮可以潜入水下 18 m。我们的船必须在开阔的海面上装卸货物。对于排量在 5 000～20 000 t 的船，必须解决破冰问题，在开阔的海面上，船速应该能达到 18～20 kn。

问题 5 的解决方案

第一阶段——选择问题

步骤 1-1　决定解决方案的最终目标如下。

---

① E. 马斯林，《大炮与冰》，载于《知识就是力量》，1968 年第 5 号刊。

② Z. 凯纳夫斯基，《冰耕》，载于《知识就是力量》，1969 年，第 8 号刊。

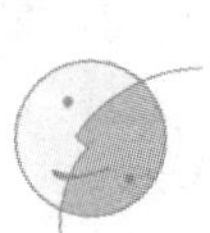

a. 技术目标是什么（物体的什么特性必须改变）？

我们需要提高破冰船和船队通过冰道的速度。

b. 解决问题的过程中，物体的什么特性显然是不能改变的？

提高引擎的功率是不可能的，因为所有可能的办法都已经试过了。

c. 可以接受的成本是什么？

成本必须比使用最好的破冰船低。

d. 必须要改进的主要技术/经济特性是什么？

目标就是降低运输货物（t/km）的成本。

步骤 1-2　尝试“变通方法”：假设原则上我们无法解决这个问题，我们能否解决其他更一般的问题，最终达到同样的结果？

变通的方向是“去掉破冰船”。破冰船就是一台在冰中开路的机器，如果运输船不需要通道就可以在冰中穿行，那么就完全不需要破冰船。

步骤 1-3　决定哪个问题，原问题还是变通问题，解决起来最有意义：在冰中开路应该由破冰船完成，还是完全不用破冰船？

a. 把原问题和本行业的趋势（进化方向）进行比较。

b. 把原问题和领先行业的趋势（进化方向）进行比较。

水运业的一个明显趋势是“独立实施”（从拖船到自驱动船）。

c. 把变通问题和本行业的趋势（进化方向）进行比较。

d. 把变通问题和领先行业的趋势（进化方向）进行比较。

“自己完成”的趋势在农机制造业中也可以看到（使用分离的自驱动机器，而不是拖车）。航空业也一样，比如，滑翔机只有被拖着才能上天，所以用滑翔机来载客是不现实的。

e. 比较原问题和变通问题，选择研究哪一个。

变通问题看起来更复杂一些，在某种意义上说是不现实的，甚至是不着边际的。比如在这里，我们希望运输船比破冰船在冰中前进得更快。但是分析表明人们偏爱变通方案，这里我们也选择这个变通方案进行研究。

步骤 1-4　决定所需的量化特性：我们假定通过冰的速度是 6 kn（比现有的破冰船快 3 倍），冰的厚度为 3 m。

步骤 1-5　引进量化特性的比例修正量：速度等于 8 kn，冰厚3.5 m（实际上，这是极大值）。

步骤 1-6　定义本发明起作用的具体条件要求：我们的发明要在极地条件下可靠地工作。因此，我们要求移动部件和突出部件尽可能少，因为它们会和冰冻结在一起，或者被冰损坏。

第二阶段——更准确地定义问题

步骤 2-1　运用专利信息更准确地定义问题。

a. 其他专利中已经解决的问题，和这个问题有多接近？

分析专利信息，很快就能发现一个非常有趣的事实：没有任何一项专利与我们的变通方向相关。几百年来，破冰船沿着原始设计的框架进化，即使最近最有创意的发明也没有超出这个范围。

列宁格勒南北极地科学研究所的发明家们，提出用圆形切片或者脉冲水枪来破冰。①

美国专利第 3130701 号建议从下往上破冰：向特殊的水箱里泵水，来降低船头，使船头扎到冰下，然后，将水抽出的同时，往船底的充气袋里充气，使船升起来，实现破冰。

联邦德国专利第 1175103 号建议，在船的前端安装许多“凿子形状的钢板制成的前倾弯角，扎进冰块”。

最近有人建议：“把切刀一样的工件装在船的两边，其高度可调；在船体的后面安装一个支架，支架的末端有块平板，用来移走碎冰。”这不是一艘船，而是在冰中开路的特殊机器。

从破冰船下面移走碎冰、清理通道的设备，很多都获得了作者证书和专利证书。还有人建议制造一艘特殊的扫冰船，船上的设备可以向后推冰，把碎冰块推到冰区下面。这个“破冰船/船队”系统已经远离了理想机器，破冰船既要“承载自身”，又增加了一艘专门用来清理通道的船。毫无疑问，这使基本系统离理想机器更远了。

因此，根据专利分析，直接解决问题会走向过度专业化的死胡同。我们选择变通方向是个正确的决定。

b. 类似的问题在领先行业里是如何解决的？

我们可以尝试解决一个类似的问题：如何穿过一个固体介质。与这个问题最接近的行业是采矿业（钻孔采矿、移走煤炭和矿石等），固体的冰就像矿井中的岩石。我们看看采矿业的机器设备是如何在固态的岩石介质中穿行的。

在矿场，工程师们使用水枪和液压设备已有一段时间了。人们试验不同的机电方法来粉碎煤层、矿石和岩石，如使用高频电流、电液效应等加热方法。遗憾的是，这些方法对我们的问题都不管用，因为为了让

① 《苏联的科技社会》，1968 年 11 号刊，第 24、25 页。

轮船达到要求的速度，单位时间需要压碎的冰太多了。

c. 相反的问题是如何解决的？

相反的问题是使冰更坚硬而不是捣碎它，其解决方法是给冰穿上“盔甲”，显然这个方案不能接受。用这个“有相反迹象”的方案，意味着给冰添加一些东西来降低它的强度。这个方法也无法接受，因为这需要分解太多的物质。

步骤 2-2　使用 *STC*（尺寸、时间、成本）算子。

为了应用 *STC* 算子，我们把轮船的宽度当作其主要尺寸（长度的变化没有影响）。

a. 想象物体的尺寸从给定的值变为零（$S \to 0$），现在问题能解决吗？如果能，如何解决？

轮船的宽度趋于零，假定它等于 1 mm。这船不就变成一块刀片了吗？

b. 想象物体的尺寸从给定的值变为无穷大（$S \to \infty$），现在问题能解决吗？如果能，又如何解决？

我们现在来增加宽度：10 m，100 m，1 000 m，10 000 m……随着宽度增加，让这个庞然大物穿过冰的难度也增加了。我们能不能把它侧过来？

c. 想象把过程的时间（或者物体的速度）从给定的值减小到零（$S \to 0$）。现在这个问题能解决吗？如果能，如何解决？

轮船的速度降为零。在这种情况下，我们可以慢慢地融化冰块，而燃料的消耗也趋近于零。

d. 想象把过程的时间（或者物体的速度）从给定的值增加到无穷大（$S \to \infty$）。现在这个问题能解决吗？如果能，如何解决？

速度增加到 50 kn、100 kn……轮船就像装了水下翅膀一样快速前进。任何破冰的方法都不可用：这需要太多的能量。这要求我们想出一些东西，可以穿过冰块又不消耗能量，怎么实现？

e. 想象把物体或者过程的成本（可以接受的成本），从给定的值降到零（$C \to 0$）。现在这个问题能解决吗？如果能，如何解决？

假定我们努力把费用降到零，就再次得到同样的结论：我们无法破冰（因为要破冰，就得付出代价）。

f. 想象把物体或者过程的成本（可以接受的成本），从给定的值变为无穷大（$C \to \infty$）。现在这个问题能解决吗？如果能，如何解决？

如果费用没有限制，问题就会很容易解决：用激光破冰。

步骤 2-3　按照下面的格式用两句话描述问题的条件（不用专业术语，也不要明确说明一定要想出、发现或者开发什么东西）。

a. 给定的系统，由什么部件（描述其部件）组成。

b. 部件（描述部件）在什么条件（描述条件）下，产生不希望的结果（描述结果）。

让我们用两句话来描述问题，去掉专业术语，如破冰船、切冰机、碎冰机（这些让我们首先想到用于毁坏的技术）：给定系统由船和冰组成；船不能高速穿过冰。（这里也可以不用“船”这个词，但它已经很通用，所以不会限制我们的想象。）

步骤 2-4　把步骤 2-3a 的部件列成表。

部件类型	部　件
a. 在本问题的条件下，可以改变、重新设计或者重新调整的部件	船
b. 在本问题的条件下，难以改变的部件	冰

船是一个技术物体，可以按我们的愿望改变形式。冰则是自然物体，很难改变。因此，船为“a”，冰为“b”。

步骤 2-5　从步骤 2-4a 中选择最容易改变、重新设计或者调整的部件。

我们未来要分析的物体就是“船”。

结论出乎意料：破冰的传统方法都是碎冰、切冰、炸冰等，而船从未改变过。我们习惯于把船看成定形的东西，把冰看成容易改变的东西。事实上正相反，融化 1 m^3 的冰需要 80 000 kcal（1 cal＝4.184 J）的热量，这还没考虑任何热损耗。无论什么方法，用现代的激光技术，或者简单地用柴火加热，要破碎 1 m^3 的冰都需要大量的能量，而把船弄碎要容易得多。毕竟，船可以制造成易破碎的，这完全取决于我们。

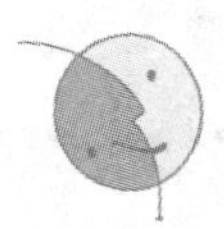

我们得到一个非常大胆的结论。也许曾经有人接近过这个想法，但心理障碍使他望而却步。

第三阶段——分析阶段

步骤 3-1　用下面的形式描述最终理想解：

a. 从步骤 2-5 中选择一个部件；

b. 描述它的动作；

c. 描述它如何实施这个动作（回答这个问题时，总是用“它自己”这个词）；

d. 描述它什么时候实施这个动作；

e. 描述它在什么条件下（限制、要求等）实施这个动作。

让我们来描述这个最终理想解（IFR）：船自己高速穿过冰块，消耗的能量正常，就像在无冰的水域中一样。

步骤 3-2　画两张图："初始图"（IFR 之前的情形）和"理想图"（实现 IFR 后的情形）。如图 23 所示。

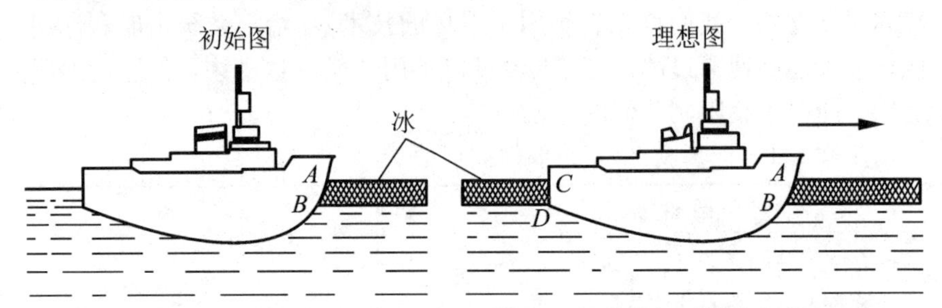

图 23　初始图，船遇到冰，停下来；理想图，同样的船以某种方式穿过冰

步骤 3-3　在"理想图"中，找到步骤 3-1a 指出的部件，用不同颜色的笔，或其他方法标示出在规定的条件下不能实施规定功能的部分。

船体前方的 AB 部分不能实现需要的动作，因为它直接顶着冰。我们可以换一种说法：船体 AB 和 CD 之间的部分不能实施所需的动作。

步骤 3-4　为什么这个部件（自己）不能实施规定的动作？

a. 我们希望标示出的那部分物体做什么？

我们希望船的这一部分不要和冰相挤压。

b. 是什么妨碍了它自己实施这个动作？

船的这部分是固体，具有刚度并且坚硬，这就是它和冰挤压的原因。

c. 上面"a"和"b"之间的冲突是什么？

这部分应该存在，以保持船体的完整性；它应该又不存在，因为会挤压冰块。

步骤 3-5　在什么条件下这一部分可以完成规定的动作？（这一部分应该具有什么参数？）

由于这部分是必需的，所以要保留；可是因为它与冰相冲突，因此必须减到最小程度。

步骤 3-6　我们应该怎样让这个部件具有步骤 3-5 描述的特性？

冰的厚度和船的宽度决定了这部分的尺寸。我们无法减小冰的厚度，却可以减小船的宽度。船不一定非要做成平直的（如图 24a 所示）。现在考虑和冰相互作用的这部分，把它做成扁平的（如图 24b 所示）。

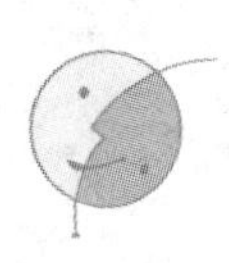

步骤 3-7　归纳一个可以实现的概念。如果有几个概念，就用数字排列起来，把最有希望的排第一，写下所有这些概念：这是一种不稳定的形状，要使这样扁平的船保持稳定，需要有两个面连接船体的上部和下部。

步骤 3-8　画出实现第一个概念的原理图：请看图 24c。

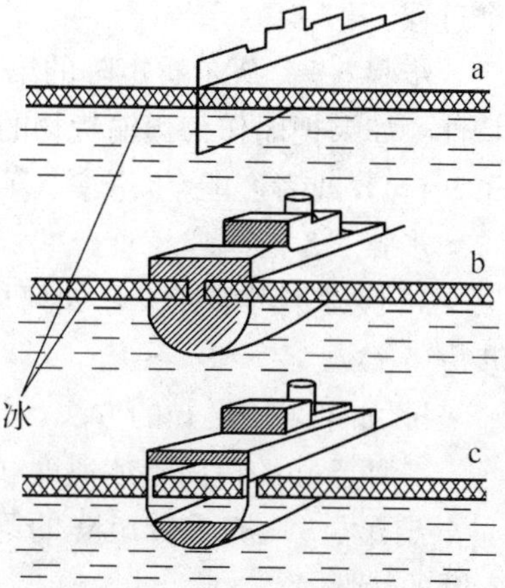

图 24　破冰带越小，耗能越少

第四阶段——初步分析选定的概念

步骤 4-1　在实施新想法或者概念时，什么变得更好了，什么变得更坏了？写下实现了什么，什么变得更复杂或者更昂贵。

像刀一样薄的船壁宽度比普通船宽度小 20～25 倍，因此，它穿过冰所消耗的能量显著降低。总的来说，引擎的马力显著降低，船的设计也简化了。一些小问题倒是比较难解决——例如在冰冻条件下航行时，船的上下两部分之间的相对运动。

步骤 4-2　修改所提出的设备或者方法，是否有可能防止要变坏的部分发生？画图表示被修改的设备或者方法。

如果船的下部只用来装货的话，就不存在这类问题。

步骤 4-3　现在什么会变坏（更复杂，更昂贵）？

只要船在无冰的水域里容易航行，这个想法就没有任何缺点。有趣的是，近年来在传统造船业中有一种趋势，把船放在水面上而把引擎部分放到水下。

步骤 4-4　比较得失：

a. 哪个更大？

b. 为什么？

现代破冰船已经完全耗尽了可以开发的资源，用功率更大的引擎代替已经使用的引擎是不可能的。这个新概念提出尽可能少破冰，有百利而无一害。同时，我们也不能忽视在这个概念转换过程中的心理惯性问题，以及由“专家”加给我们的“尽可能多破冰”的传统概念（用船体、圆盘切冰机、水枪，等等）。

第五阶段——实施阶段

尽管我们已经找到了解决方案的概念，还是要用矛盾矩阵来引导这个过程。

步骤 5-1　从矛盾矩阵的第 1 列（参考附录 A）中选择必须改进的特性：如果把船作为运输货物的机器，我们需要提高船的速度（矩阵的第 9 行），或者产能/生产率（第 39 行）。

步骤 5-2

a. 假设不考虑损失，如何用任何已知的方法来改进这个特性（从步骤 5-1）？

b. 如果采用已知的方法，什么特性会恶化？

一种已知的提高穿冰速度（生产率）的方法，是增加引擎的功率。

步骤 5-3　从矛盾矩阵的第 1 行（见附录 A）中选择对应于步骤 5-2b的特性。

我们选择第 21 列。

步骤 5-4　在矛盾矩阵里，找到消除技术矛盾的发明原理：找到步骤 5-1 的列和步骤 5-3 的行相交的方格。

第一个矛盾是 9-21（原理 19、35、38 和 2），下一个矛盾是 39-21（原理 35、20 和 10）。

步骤 5-5　研究如何运用这些原理。

原理 35a：按照新发现的概念改变系统的物理状态。

我们可以不经过分析，就直接使用矛盾矩阵。但是，在这个案例中答案却出乎意料："把船变成液态或者气态。"在步骤 3-3 之后，即使我们没有找到解决方案的概念，也知道矛盾矩阵所推荐的原理必须应用到物体的哪一部分。我们没有必要把船造成液态或者气态的，只要改变与冰在同一平面上的船体的物理状态就足够了。

第六阶段——综合阶段

步骤 6-1　决定如何改变我们修改了的系统所属的超系统。

船原本是"破冰船和跟随它的运输船"系统的一部分。现在，运输船可以自己穿冰航行，不需要破冰船。也可以这样说：破冰船能够自己载货，不需要额外的引擎功率。

步骤 6-2　探索如何用不同的方式来应用修改了的系统。

用窄刃来破冰，就可以采用以前认为不经济的其他破冰方法（例如，用机电方法）。

步骤 6-3　采用这个新发现的技术想法（或者与其相反的方法），解决其他技术问题。

这就是我们新发现想法的实质：船靠窄刃而不是船头来破冰前进。这种方法也可以用到土地挖掘作业中。

第五节　几个练习问题

我们采用**变通**概念解决了破冰船的问题，在其解决方案的第一阶段，最初的目标发生了变化。现在我们来看看问题2的洒水灌溉系统问题，分析一个最初目标不变的案例。

我们跳过使用变通概念的步骤，首先从步骤2-3开始，前面的步骤用一些简要的专利信息来代替。

问题2的解决方案

自驱动洒水系统的主要进化趋势，是增加其翼展。[①] 为了减少展翼的悬臂负载，需要带轮子的车架来支撑。例如，联邦德国专利第1068940号（如图25a）就是这样做的。在英国专利第778716号中，分段的展翼由铰链连接（如图25b），这就是分割原理。不幸的是，有了支架还是要把展翼做成刚性的，因此展翼很重。ARE专利第2698号用到**自驱动**的支撑物，也不是偶然的；这样又回到原地，设计也复杂了。

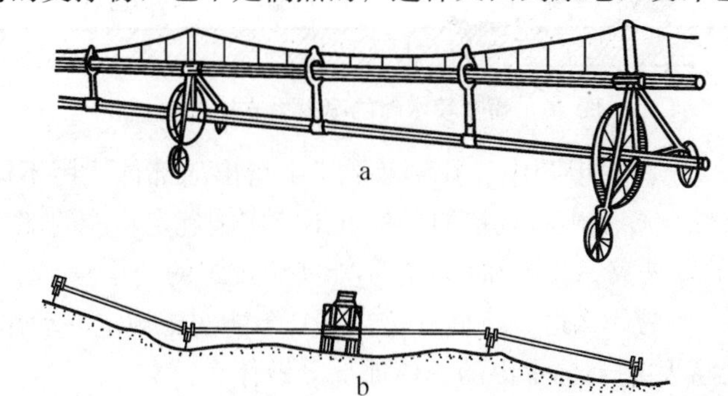

图25　自驱动式农业水利灌溉系统的主要进化趋势是增加其翼展

a. 联邦德国专利第1068940号中的机器；

b. 英国专利第778716号中由柔性铰链连接的展翼

① 更详细的内容请参考卡米辛（A. Karmishin）的《洒水灌溉装置》，M. Publishing CCRIFI，1965年。

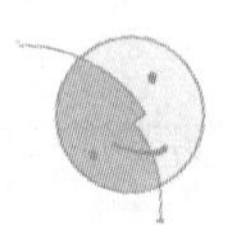

我们来试着找找更好的解决方案。

步骤 2-3　按照下述格式，用两句话来描述问题的条件（不要用专业术语，也不要明确说明一定要想出、发现或者开发什么东西）：有一个系统，包括车架、展翼和装在展翼上的洒水器；增加翼展，系统会变得太重。

步骤 2-4　把步骤 2-3a 的部件列入一个表。

部件类型	部　件
a. 在本问题的条件下，能改变、重新设计或者重新调整的部件	展翼
b. 在本问题的条件下，很难改变的部件	车架和洒水器

原则上，所有的部件都可以改变：车架、展翼和洒水器。不过，如果我们想要解决主要问题（增加翼展）的话，车架和洒水器必须保持不变。

步骤 2-5　从步骤 2-4a 中选择最容易改变、重新设计或调整的部件：展翼。

步骤 3-1　描述 IFR（最终理想解）：开始灌溉时，展翼一定要自己在田地上方悬起（翼展达到 200～300 m）。

步骤 3-2　画两张图："初始图"（IFR 之前的情形）和"理想图"（达到 IFR 的情形）。如图 26 所示。

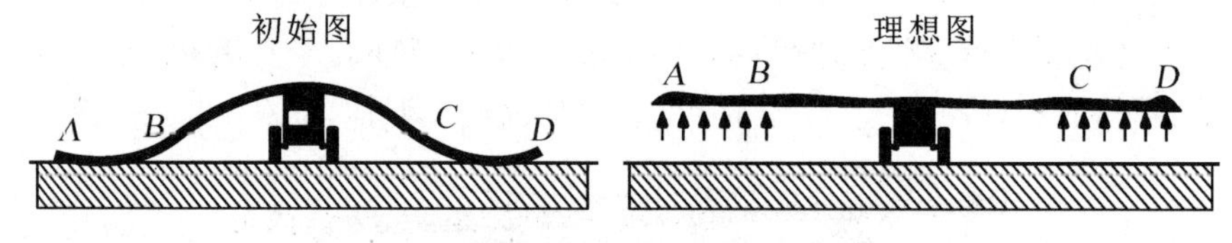

图 26　喷嘴喷水时的喷射力支撑展翼

步骤 3-3　在理想图中，找到步骤 3-1 指出的部件，用不同颜色的笔或其他方法，标示出在规定的条件下不能实施规定功能的部分。

"额外的"展翼 *AB* 段和 *CD* 段不能实施规定的动作。

步骤 3-4　为什么这个部件（它自己）不能实施规定的动作？

a. 我们希望用笔标示出的物体那部分做什么？

我们想看到 *AB* 段和 *CD* 段自己在田地上方悬起。

b. 什么妨碍它自己实施这个动作？

它们的重量妨碍它自己实施这个动作。

c. 在上述 a 和 b 之间有什么冲突？

AB 段和 *CD* 段一定会有重量（这是其构造的一部分），同时，它们

不应该有重量。

步骤 3-5　在什么条件下，这部分能够完成规定的动作？（这部分应该拥有什么参数？）

如果我们最大限度地减少 *AB* 段和 *CD* 段的重量，那么它们能够在空气中悬起（和破冰船问题一样，我们减少与冰交互作用的船体宽度），或者反向平衡一部分展翼的重量。

步骤 3-6　为了让这个部件具备在步骤 3-5 中描述的特性，需要做什么？

可以用充气的展翼结构来减轻它的重量，这个想法在问题条件中进行了分析。还剩下什么？平衡展翼。需要对展翼的 *AB* 和 *CD* 部分施加一个力，大小等于它们的重量，并且方向相反。它可以是气动力（因为我们有展翼）、液压力，等等。

步骤 3-7　归纳一个能够实现的概念。如果有几个概念，用数字排列它们，把最有希望的列为第一个。写下所有这些概念。

在我们的例子中，空气的浮力相对来说比较小。用喷嘴的冲击力产生液压力，让展翼悬起，这个构思更合适。在展翼的尾端产生 50 lb（1 lb＝0.4536 kg）的水压，就足以支撑展翼了。计算显示，重量很轻的液压结构既能支撑自己，也能驱动自己。这样，即使水的冲击力不够，也至少能减少一部分展翼的重量，这比刚开始的情况要好一些。在系统闲置时展翼会落下来，而在灌溉时，这些力把展翼两端升起来。

※

即使有了这个算法，发明家还是需要思考。同样的问题可以在不同的级别上解决，这取决于发明家的个性。

我们来看下一个例子。

问　题　6

过去在采矿作业时，通常两分钟内有十次爆破，操作员有足够的时间手动关闭电雷管触合器。采矿作业采用了新方法之后，需要在 0.6 s 的时间内，顺次闭合 40 个触合器。同时，每一次爆破之间的时间间隔也不同。例如，第二次爆破必须在第一次爆破的 0.01 s 后发生，第三次爆破在第二次的 0.02 s 之后，依此类推。而在下个序列里，第二次爆破

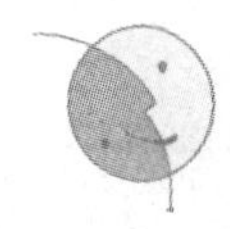

必须发生在第一次爆破的0.03 s之后，依此类推。这个描述闭合触合器的顺序表，实施的精度必须达到±0.001 s。

需要开发一种简单、可靠和准确的方法来关闭触合器。

问题6的解决方案

步骤2-3　按照下述格式，用两句话来描述问题的条件（不要用专业术语，也不要明确说明一定要想出、发现或者开发什么东西）：

a. 给定的系统由什么部件（描述它的部件）组成。

这个系统包括40对接线端和40个触合器，或者一个滑动的触合器（滑动器）。

b. 部件（陈述部件）在什么条件（陈述条件）下，产生了不想要的结果（陈述结果）。

很难按照顺序表精确地闭合接线端。（电雷管不属于我们的系统，我们必须闭合接线端，此后信号到哪里去无所谓。）

步骤2-4　把步骤2-3a的部件列入一个表。

部件类型	部　　件
a. 在本问题的条件下，能改变、重新设计或者重新调整的部件	滑动器
b. 在本问题的条件下，很难改变的部件	接线端

在这个问题中，接线端是我们需要闭合的电线两端。我们不能改变电线，反而需要一些导电体来传导电流。但是滑动器是另外一回事，我们可以任意改变它。如果两个部件（接线端和滑动器）都是“b”，那么外部环境就是一个物体。在步骤3-3中，我们会选中物体的一部分：接线端之间的空间。进一步的解决方案碰巧就是选择滑动器。

步骤2-5　从步骤2-4a中选择最容易改变、重新设计或者调整的部件：滑动器。

步骤3-1　描述IFR（最终理想解）：滑动器**自己**按照时间表，正确地闭合接线端。

步骤3-2　画两张图：“初始图”（IFR之前的情形）和“理想图”（达到IFR的情形）。如图27所示。

步骤3-3　在理想图中，找到步骤3-1指出的部件，用不同颜色的笔或其他方法，标示出在规定的条件下不能实施规定的功能的部分：滑动器的可移动部分不能实施规定的动作。

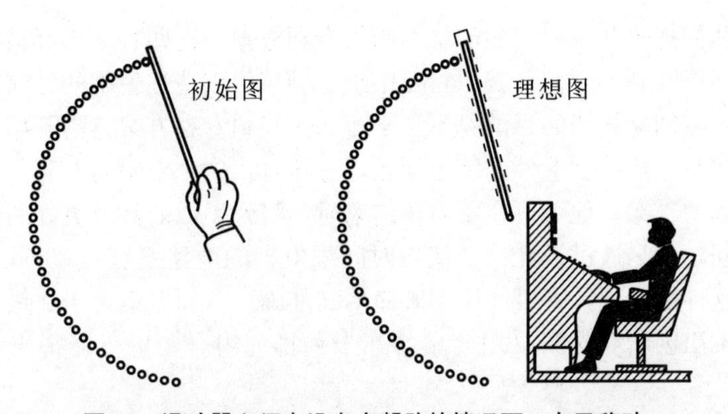

图 27　滑动器必须在没有人帮助的情况下，自己移动

步骤 3-4　为什么这个部件（它自己）不能实施需要的动作？

a. 我们希望用笔标示出的物体那部分做什么？

我们需要滑动器自己移动，如图 27 所示。

b. 什么妨碍它自己实施这个动作？

滑动器没有作用力，无法移动。

步骤 3-5　在什么条件下，这部分能够完成需要的动作？（这部分应该拥有什么参数？）

如果滑动器具有所需的力，就会自己移动。

步骤 3-6　为了让这个部件具备步骤 3-5 中描述的特性，需要做什么？

如果这个力是自己出现的，那就意味着一定存在自然力（例如重力）。

步骤 3-7　归纳一个能够实现的概念。如果有几个概念，用数字排列它们，把最有希望的放在第一个。写下所有这些概念。

自然力作用下最简单的动作就是**下落**，所以滑动器应该在重力作用下下落，这样就能按照顺序表来移动。

步骤 3-8　提供实现第一个概念的原理图。

在管子中产生真空，重物下落时闭合接线端。如果管子里有许多接线端，那么很容易达到任何一张顺序表的要求。

我们把这个解决方案和第 189597 号作者证书比较一下：一个设置规定的时间间隔的设备。这个设备的不同之处在于，有一个带重物的杆，重物下落时会闭合连接到电雷管的终端触合器。这样就能在设置爆破之间的时间间隔时，提高精确度。

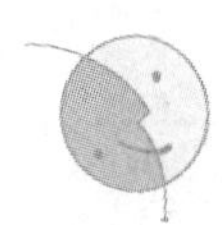

我们把这些练习问题的答案叫做**专利方案**，这些答案已经被授予作者证书或专利，它们反映了行业中给定领域内创造性思维的当前水平。

学习创新算法的目的，不是学习如何找到专利方案。刚开始学习创新算法时，解决创造性的练习问题，意味着找到一个距离专利方案并不太遥远的答案。他可以在学习快结束时，得到类似的甚至更好的答案。

问题 6 只通过设计一个使用时间继电器的电路系统，就可以解决。不过这种情况下，不可能做到既简单又准确。专利方案处于 2 级创新水平。不用创新算法，只用变量的几十种排列组合，也可能得出相同的答案。

我们现在把这个问题复杂化一些，这样就有机会让创新算法发挥其全部威力。

问　题　7

我们用问题 6 在步骤 3-8 得出的答案作为模型：有一个真空玻璃管，一个钢球在管子中下落时闭合接线端。这个模型的缺陷是它不是自由落体。事实上，球在接触到每个接线端时会在一定程度上减慢速度。

我们怎么办呢?

如果我们用 40 个不同长度的管子，就能消除摩擦力（每个接线端都在管子的底部）。不过这个设备现在变得非常复杂。如果我们用微型线圈代替接线端，用磁铁代替小球，磁铁和磁力线之间的摩擦力仍然存在——另外，这个系统在引入放大器后变得更加复杂。引入光触合器?我们又一次把这个系统复杂化了，也不好。

这个设备必须保持简单，但是与其原型相比，其准确性必须提高。

这是一个练习问题，因此它不能改变：最初的条件（接线端和落体触合器）必须保留。

问题 7 的解决方案

步骤 2-3　按照下述格式，用两句话来描述问题的条件（不要用专业术语，也不要明确说明一定要想出、发现或者开发什么东西）。

a. 给定的系统由（描述它的部件）组成。

这个系统包括真空管、接线端和触合器。

b. 部件（陈述部件）在什么条件（陈述条件）下，产生一些不想要的结果（陈述结果）。

触合器在下落时连接所有的接线端。

步骤 2-4　把步骤 2-3a 的部件列入一个表。

部件类型	部　件
a. 在本问题的条件下，能改变、重新设计或者重新调整的部件	触合器和接线端
b. 在本问题的条件下，很难改变的部件	管子

现在我们考虑一下触合器和接线端之间的摩擦力，两个部件一样都可以是“a”。管子也能改变，不过其改动的程度较少，它用做真空容器。

步骤 2-5　从步骤 2-4a 中选择最容易改变、重新设计或者调整的部件。

触合器（我们可以选择触合器，也可以选择接线端，在这个例子中并不重要，因为我们所要考虑的是摩擦件之间的相互作用）。

步骤 3-1　描述 **IFR（最终理想解）**。

在下落时，触合器闭合接线端，而且不会产生摩擦力。为了闭合接线端就需要接触，也就意味着摩擦。IFR 就是：在没有任何摩擦力的情况下得到摩擦。这是个异想天开的想法，不是吗？

这里出现了一个严重的心理障碍，能否继续解决这个问题主要取决于发明家的个性——主要是勇敢和有条理的思考过程。这就需要有能力不被障碍所阻——既不会退却，也不会绕道而行。

步骤 3-2　画两张图：“初始图”（IFR 之前的情形）和“理想图”（达到 IFR 的情形）。

因此，球必须没有摩擦地通过接线端！这里可能会出现液态球的想法。不过这不是个好主意，因为液体会蒸发，那么真空就消失了，也破坏了自由落体。

步骤 3-3　在理想图中，找到步骤 3-1a 指出的部件，用不同颜色的笔或其他方法，标示出在规定的条件下不能实施规定的功能的部分。

球最宽的部位（称之为“腰”）不能实施规定的动作。

步骤 3-4　为什么这个部件（它自己）不能实施规定的动作？

a. 我们希望用笔标示出的物体那部分做什么？

我们需要球无摩擦地移动，例如，球应该不接触接线端。

b. 什么妨碍它自己实施这个动作？

为了闭合接线端，球的“腰”必须压住接线端。

c. 在上述 a 和 b 之间有什么冲突？

对于“a”来说，球必须是可移动的；对于“b”来说，球必须是不动的。

步骤 3-5　在什么条件下，这部分能够完成规定的动作？（这部分应该拥有什么参数？）

球必须在运动的同时静止。

此前是“没有摩擦的摩擦”，现在是“没有运动的运动”。就像黎明前的黑暗，在发现一个新想法之前也是一样的：思路撞上障碍，看起来只会让问题变得更困难。我们把这个叫做**黎明前效应**。你还记得马克苏托夫怎么想到他的新望远镜吗？新望远镜的设计必须更复杂，他过去常常在这一点上踌躇不前（前途更渺茫了，他不想去思考这一点）。但是在火车上，他开始异想天开——不考虑任何使设计变得复杂的情况。他继续思考，直到突然明白复杂化是有条件的。

步骤 3-6　为了让这个部件具备步骤 3-5 中描述的特性，需要做什么？

必须把球分割开。让球的一部分（它的“腰”）在到达第一个接线端的时候停下来——另一部分（球的其他部分）继续自由下落。

步骤 3-7　归纳一个能够实现的概念。如果有几个概念，用数字排列它们，把最有希望的放在第一个。写下所有这些概念。

步骤 3-8　画出实现第一个概念的原理图。

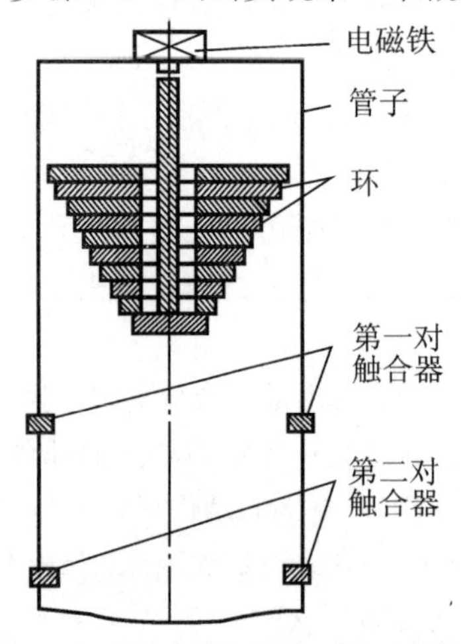

图 28　每对触合器只抓住“自己的”环

我们把触合器分割，如图 28 所示。上面的环到达第一对接线端，就停下并闭合第一个电路。触合器的其他部分会继续自由下落：第一个环停下来不会影响到其他环，因为在自由落体时上面的环并不接触下面的环。也没有侧面移动，因为没有产生侧面移动的力。第二对接线端比第一对接线端，离管子的轴心更近，它会抓住触合器的第二个环，而其他环会继续自由落下。我们现在可以想象一下这个管子的结构。

假设这个管子有3 m长（这与我们的原型类似），我们把管子的最前端1 m长部分作为触合器的跑道（不安装接线端）。触合器会在0.2 s内通过剩下的2 m，在这个时间间隔内，接线端之间的平均距离是200 cm/40 =5 cm。显然接线端的数量还可以增加。把电路连接到不同的接线端，我们能提供规定的任何操作序列。触合器的平均速度是10 m/s，这意味着0.001 s代表1 cm的管子距离，也可以说是设备的精度。如果管子的直径是80 mm,那么终端触合器每次平均向管子中心靠近2 mm。只要简单地翻转一下设备就能重新设置时间表。最下端的环支撑着其他环，只要放开，所有的环就开始下落。

这样我们就创造了没有摩擦的摩擦。新发现的概念，比具体问题的解决方案广泛得多。从本质上说，我们发现了一个不用摩擦力进行运动的方法。如果不用创新算法，而是用试错法来解决这类问题，就不会这么容易。你可以向你的朋友们提出问题7来证明这一点。记住，他们不能改变问题：必须改进原系统（下落的重物和接线端）。还有一点，问题的条件必须用书面方式提供，而不是口头上的。他一定要首先阅读问题6的专利方案，然后来读问题7的条件。

通过这几个问题的讨论，读者能够得出这样的结论：创新算法的典型特征是倾向于用最小的代价得到最想要的效果。在问题5中我们尽量少破冰，谁一定要破冰？破冰带来的是低效、有缺陷、艰难的航行。在问题2中，灌溉系统的展翼是自己悬起的。在问题7中，简单地分割触合器就可以消除摩擦力。

一般来讲，在考虑工程问题时，要达到一定的效果就要付出相应的代价，人们对这一点都有思想准备。“需要把一根管子放到井里，”工程师想，“很好，我们要安装一个起重机来把管子放下去。”起重机就是为解决这个问题而“付出的代价”。

发明家想的就不一样：“需要放下去一根管子。很好，我们必须让管子自己放到井里去。”

我们已经习惯于为技术问题的解决方案付出代价，如制造机器要用金属，需要设计复杂的电子线路，以及要消耗大量的能量。创新算法的习惯是付费只用一个硬币——创造性思考。问题自己高声喊道：“我很简单，**很容易解决**——只要用一个现有的设备就能搞定。”不过发明家要找的是一个不需要任何机器、设备或装置的解决方案。当然，最后还是需要使用一定的东西，但是它绝对是新的，而且更有效。

我们来看看创新算法在另一个问题上的应用。

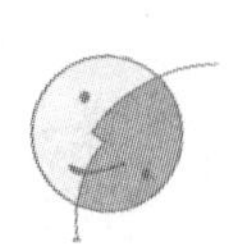

问　题　8

一个实验室计划做一系列过滤系统的测试，这些过滤器是为内燃机特别设计的。在测试中，必须把黏土和其他自由流动元素的颗粒与空气、沙子、灰尘一起，引到过滤系统的入口。每次测试都有一定的元素引入顺序表，有时候只需要引入一种元素（例如只有沙子）；下一次又需要同时引入 24 种元素。每种元素必须按照它自己的顺序图引入，不能同时添加所有的元素或者均匀的混合物。混合物中每种元素的重量也会在 0.01～0.03 kg 之间变化。每次测试中引入元素的时间是 10 s，之后就要拆下过滤系统进行检测。

我们需要一种引入自由流动材料的方法。基本的要求是：系统重新设置和调整要简单、准确，并且容易操作（我们需要测试成百上千种不同类型的混合物）。

我们向阿塞拜疆发明创新学院的新生提出了这个问题，没有时间限制，大多数学生花了半小时到两个小时就解决了问题。所有的学生（90 个人）都是从普通的设计角度来思考的：采用不同剂量的仪器来引入粉末。有些人建议用计算机来自动化配料过程。

一种答案是：仪器上连接着 24 根管子，有个网格旋转装置放在每个管子的前面，网格上孔的数量等于给定粉末在剂量表中的数量，孔的直径制成每秒钟能引入一定量的粉末。网格旋转的速度可以调节，这样每秒钟都有新孔到达管子前面。

这样，我们有 24 个配料设备，每个设备都有一个隔膜，它每秒钟都会变化。这个机器很笨重，不可靠（孔和管子都会阻塞），而且难以重新设置。

在六周之后，我们再次向同样的学生提出同一个问题。现在他们只花了一半的时间就解决了，而且一半的学生达到了专利方案的水平。

问题 8 的解决方案

步骤 2-2　使用 *STC* 算子（*S*——尺寸，*T*——时间，*C*——成本）。

a. 想象一下把物体的尺寸从给定的值减小到零（$S \to 0$），这个问题能解决吗？如果可以，怎么解决？

如果引入的粉末种类减少到一个，那么传统的配料设备就可以完成这个工作。

b. 想象一下把物体的尺寸从给定的值增加到无穷大（$S\to\infty$），这个问题能解决吗？如果可以，怎么解决？

假设要增加粉末添加剂的种类到 100 倍。现在我们需要 2400 个配料设备，机器变得太庞大了。必须只用一个配料设备，同时它应该很简单。不过，应该可以用这个简单的设备，独立地把 2400 种添加剂引入到系统中。

c. 想象一下把过程的时间（或者物体的速度），从给定的值减小到零（$T\to 0$），这个问题能解决吗？如果可以，怎么解决？

配料时间越少，设备工作的情况越差。如果只有 0.03 s 而不是 30 s，就没有时间来准备这些粉末。结论是：一定要事先配料。这样做的主要好处是，我们可以从容地用任何一种称重设备来称量粉末，因此可以称得很准确。如果粉末事先称好（例如，每单位称量好的粉末能在 1 s 之内提供），就不再需要配料设备。因此两个规定的动作配料和引入粉末，只有第二个留待测试中完成。

d. 想象一下把过程的时间（或者物体的速度），从给定的值改变为无穷大（$T\to\infty$），这个问题能解决吗？如果可以，怎么解决？

假定引入粉末可以用一年的时间，那么粉末可以一粒一粒地慢慢加进来。即使在这种情况下，事先称量粉末也有意义——比如说根据每周的需要来称量。

e. 想象一下把物体或过程的成本（可接受的成本）从给定的值减小到零（$C\to 0$），这个问题能解决吗？如果可以，怎么解决？

如果设备的成本趋于零，那么就没有设备或者几乎没有设备。事实上，我们不需要配料设备：用一种非常简单的方法事先称量好粉末。这意味着可以去掉配料设备。

f. 想象一下把物体或过程的成本（可接受的成本）从给定的值增加到无穷大（$C\to\infty$），这个问题能解决吗？如果可以，怎么解决？

如果资金不是问题，我们可以尝试改变这个系统的主要元素——粉末。让每个粉末和磁性颗粒相结合，这样控制粉末配给过程就简单多了。不过，还不清楚事后如何把这些粉末和磁性颗粒分离开。

STC 算子带给我们什么？一个非常有用的想法：事先称量粉末的剂量。另一个非常有用的想法：金属颗粒可以携带和控制粉末。

我们继续研究。

步骤 2-3　按照下述格式，用两句话来描述问题的条件（不要用专

业术语，也不要明确说明一定要想出、发现或者开发什么东西）。

a. 给定的系统由（描述它的元素）组成。

这个系统包括过滤器和 24 种添加剂。

b. 部件（陈述部件）在什么条件（陈述条件）下，产生一些不想要的结果（陈述结果）。

很难按照一个特定的时间表，把这些添加剂引入到过滤器中。

步骤 2-4　把步骤 2-3a 的部件列入一个表。

部件类型	部　件
a. 在本问题的条件下，能改变、重新设计或者重新调整的部件	无
b. 在本问题的条件下，很难改变的部件	过滤器，粉末

不能改变过滤器，我们只是在研究它们；也不能改变粉末——不能违背试验条件。

步骤 2-5　从步骤 2-4a 中选择最容易改变、重新设计或者调整的部件。

外部环境。

步骤 3-1　描述 IFR（最终理想解）。

外部环境**自己**按照顺序表，准确、简单地引入粉末。这在本质上包括了两个动作：配料（按照顺序表）和引入。但是步骤 2-2 也提出事先称好剂量。因此，我们可以这样陈述 IFR：外部环境**自己**能简单而准确地引入事先称好剂量的粉末。

步骤 3-2　画两张图："初始图"（IFR 之前的情形）和"理想图"（达到 IFR 的情形）。

为了简化问题，我们只考虑一种粉末的情况，因为一种的情况对 24 种粉末都适用。为此，我们事先称量粉末的重量，如图 29 所示。在图 29 的初始图中，此时外部环境还没有把称量好的粉末引入到系统的漏斗中。不过，在理想图中，我们希望外部环境能自己引入粉末。

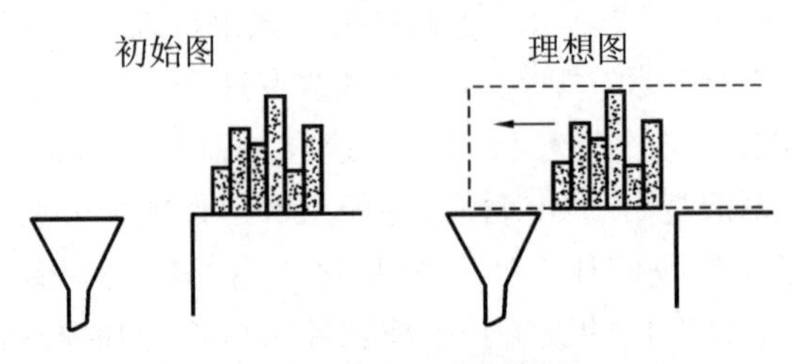

图 29　事先称量好粉末

步骤 3-3　在“理想图”中，找到步骤 3-1 指出的部件，用不同颜色的笔或其他方法，标示出在规定的条件下不能实施规定的功能的部分。

外部环境（从称量好的粉末所处的位置直到漏斗）的部分，不能完成规定的动作。

步骤 3-4　为什么这个部件（它自己）不能实施需要的动作?

a. 我们希望用笔标示出的物体那部分做什么?

外部环境的这部分自己送上称量好的粉末。

b. 什么妨碍它自己实施这个动作?

把环境的这部分做成带状并不难，我们可以把事先称量好的粉末放在带子上。但是带子在漏斗上方的什么地方消失呢?

c. 在上述 a 和 b 之间有什么冲突?

这里有个矛盾，尽管不太严重：带子既要存在又要不存在。不过这些要求与不同的时间段相关。带子把粉末运送到漏斗期间需要存在，粉末送到之后带子必须消失。在步骤 2-2f，用磁性颗粒与粉末结合，然后又分开的情形与此类似。

步骤 3-5　在什么条件下，这部分能够完成规定的动作?（这部分应该拥有什么参数?）

带子必须在漏斗上方消失。

步骤 3-6　为了让这个部件具备步骤 3-5 中描述的特性，需要做什么?

带子要么消失，要么改变方向。

步骤 3-7　归纳一个能够实现的概念。如果有几个概念，用数字排列它们，把最有希望的放在第一个。写下所有这些概念。

把这个带子做成传统的传送带，这样需要 24 条传送带。240 条怎么样? 这不是个好主意。当需要长时间运输材料时，传统的连续循环的传送带就很好。在这个案例中，所有的粉末都是事先称量好的，因此不需要返回传送带的下部。这样，按照步骤 3-6，既然传送带不需要改变方向，那么它可以在漏斗上方消失。这与理想机器非常接近：机器的这部分在完成其功能后必须消失。

步骤 3-8　画出实现第一个概念的原理图。

带子在哪里消失，如何消失? 可以把带子扔到一边；不过这可能需要一个特殊的设备。理想的概念是带子完全自己消失——融化、蒸发，等等。

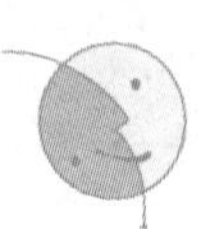

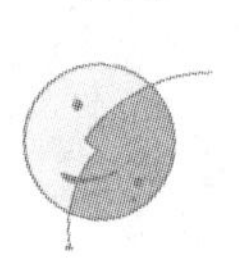

步骤 4-1　在应用新想法或者概念的时候，什么变好了，什么恶化了，得到了什么，什么变得更复杂或者更贵了，把它写下来。

我们做到了设计准确（事先精确称量剂量）和简单化（所有的带子消失）；而且，只在最初的概念中增加了把粉末放到带子上这个步骤。

步骤 4-2　改变建议的设备或者方法，是否可能防止那恶化的部分？画图显示改变的设备或方法。

把粉末放到带子上并不难：在带子上涂抹胶水，再洒一层粉末。不过传送带需要按顺序表来运送粉末，按照顺序表在传送带的相应位置涂抹胶水即可，按照表格来切断带子也很简单。带子应该用切割、涂胶水和销毁起来都容易的材料制成，这种材料可以是普通的纸张，或者由苯制成的纸。

步骤 4-3　现在还有什么恶化（更复杂、更昂贵）了？

很难找出这个概念的缺陷。现在提供盛着粉末的纸就容易多了，按照顺序表来切割这些纸更加容易。一张纸或者几张纸像三明治一样包起来，由一个简单的设备引入。在漏斗上方燃烧苯纸也没有问题。

步骤 4-4　比较得失。

我们已经找到了一个简单的概念，很容易实施和测试。它的优点很明显。

> **作者证书第 305363 号**　在内燃机的磨损测试中，一种连续称量自由流动材料（例如磨料）剂量（用单位体积的重量）的方法。这个方法的不同之处在于，磨料事先均匀地按层放在柔性带上，这带子由易燃性材料制成，它以一定的速度移动到高温区，把研磨剂送到测试区后就燃烧了，这样能提高配料过程的准确性。

当然，现实生活中的步骤可能没有这么详细。这里有一个例子，是阿塞拜疆石油和化工学院的高年级学生米托凡诺夫（V. Mitrofanov）给出的解决方案。

步骤 2-3　系统：内燃机和添加剂。

步骤 2-4

a. 无；

b. 内燃机，添加剂。

步骤 2-5　外部环境。

步骤 3-1　外部环境按照规定的时间和方式引入添加剂。

步骤 3-2 “初始图”显示添加剂的紊乱流，而“理想图”显示有序流。

步骤 3-3 用笔标示出喷洒了添加剂的区域。

步骤 3-4 外部环境不能称量东西，也不知道时间，等等。

步骤 3-5 如果环境不知道怎么做……我们可否事先做些准备?

从这一套陈述中，米托凡诺夫立即得到了与专利方案一致的答案，这只花了 20 min。

工程师苏尔坦诺夫（R. Sultanov）是按照另一种路径得到这个答案的：

步骤 3-4 环境不能称量粉末，并在精确的时间点把它加进来。

步骤 3-5 如果环境具有运输能力（例如，它能够每秒钟引入一个装满了规定剂量粉末的容器），也许可以解决这个问题。容器是任意一个名字，我们也可以考虑薄壳、带子等。在送货之后，带子消失了。

对创新算法问题的答案描述是很个性化的。不过，对于所有强大的解决方案而言（在控制级别，甚至更高层次），总体思考过程的风格特点鲜明：

a. 有方向的思考。不存在无序的跳跃，或者不停地辗转反复。

b. 始终导向 **IFR**。希望用最少的设备得到结果。

c. 轻易克服心理障碍的能力。“容器”这个术语会把我们推向“袋子”概念的方向。而苏尔坦诺夫就立即强调“容器”只是一个有条件的名字——薄片，可以是带子也可以是容器。

d. 具有应用发明原理消除技术矛盾的良好技能。此时至少可以得到使用这个或那个原理的建议（这里应用了预处理、抛弃和再生部件原理，以及动态性原理）。

※

这里有几个练习问题，包括了解决问题需要的所有信息，它们不需要任何专业知识。因为是练习问题，用非常一般的术语找到一个概念方案就足够了。

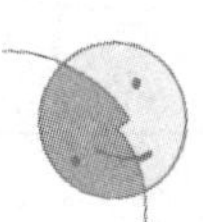

不要试图用变量的排列组合来寻找解决方案。如果用习惯的方法猜测解决方案："如果我这样做会怎么样？那样做又会怎么样？"那是在浪费时间！即使你很幸运找到了一个解决方案，你的创造性也不会提高。即使最简单的问题我们也建议用创新算法系统来解决，它能帮助你养成发明的习惯。

解决问题的目的不是为了找到一个正确答案，而是为了探索寻找答案的过程。我们认为，最重要的是建立一个通向所有问题答案的阶梯。它具有两个特殊的性质：第一，在逻辑上这个阶梯没有中断；第二，这个阶梯发生某种峰回路转。回想一下问题7的解决方案，我们在IFR陈述中得出需要"没有摩擦的摩擦"这样的结论。常识只会让我们远离这样想法，然而我们坚持要找到"没有摩擦的摩擦"和"没有运动的运动"。

问　题　9

用气泵往鱼塘里注入空气，就可以在相对小的空间里饲养大量的鱼。用这个原理来加强湖泊、池塘的工业化养鱼。这个想法已经存在很久了，问题是这个过程很不经济：只有一小部分空气有机会溶解到水里，大多数空气又回到大气中。对于家庭养鱼来说，这个问题并不重要，一个小电泵就能提供充足的空气。但是对于湖水和池塘而言，规模就完全不同了，它们需要建造大功率的空气泵，安装复杂的管道系统。

这个问题需要一种不同的方法，简单、经济，当然对鱼来说要安全，因此，不要使用产生氧的化学物质。

这个问题很简单，试着不用矛盾矩阵去寻找解决方案。

问　题　10

木头、布用于抛光光学玻璃，最近也用塑料和树脂。在抛光工具和玻璃的接触区域，引入抛光粉的乳液。

不过这些传统方法还很不完善。抛光速度非常低，因为工具高速旋转产生的高温使树脂、布、木头和塑料很快就失去了必要的研磨性。

如何提高抛光速度呢？

可能你立即会想到引入一种冷却液：用抛光粉和冷却液组合成乳液，而不是单纯的乳液。这种方法已经存在，但效果不佳。假设像小

"轴枕"一样的抛光工具**紧紧挤压着**玻璃高速旋转。如何引入冷却抛光乳液？从侧面？但是热量是在轴枕下面产生的——就是此时抛光工具挤压的区域。在轴枕上钻孔？这就有矛盾了：孔越多，冷却乳液分布得越好，但同时抛光工具的效果越差（因为它主要是由孔组成的）。换句话说，有孔的抛光器不是最好的想法。

这是个简单的问题，这一次请用矛盾矩阵来解决它。

问 题 11

坚固的密闭容器和结实的保险箱，用于在高温、化学腐蚀性环境下测试材料的强度。每个测试样品上都连着一个重物，之后容器装满腐蚀性的物质，然后把它密封起来，并开启连接在容器壁上的加热部件。重物的质量在 0.02～2 kg 之间。

这个实验的难点是确定样品破裂的时刻。尽管它不需要非常精确，但是希望在几秒钟内确定这个时刻，因为测试会持续几天。另外一个复杂的地方是难以保证传感器的可靠性。传感器放在装着腐蚀性介质的容器内，需要它在容器外产生信号。检测重物落下响声的仪器也不能接受——太复杂了，而且不可靠。

假定容器的尺寸是 0.4 m×0.3 m×0.3 m，壁厚 10 mm。需要找到一个简单可靠的方法来记录样品破裂的时刻。记住，不允许在容器壁上凿孔。

从 ARIZ-71 的步骤 2-3 开始分析问题。

问 题 12

有一个气动传送带，形状就像个倾斜的管道。管道底部的空气压力，把小产品从管道下端移到上端。这个案例中，番茄就是用这样的管道运输的。管子延伸到大楼的楼层之间，并在几个地方改变方向。这个系统的缺点是，番茄会彼此摩擦、碰撞，最终坏掉。

需要一个气动传送系统，按照预先设置好的程序运输番茄（或其他产品），绝对保证产品运输速度低于某特定速度，并且番茄之间保持安全距离。不能去掉气动传送系统，因为这可能会需要我们目前没有的新设备。

从 ARIZ-71 的步骤 2-3 开始解决问题。

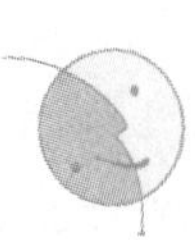

问　题　13

高频电路中用延迟线来改变输出信号的时间。延迟线类似三明治结构，由几层低阻和高阻材料组成（例如，玻璃和钢铁，木制合金和铜）。这些复合层的厚度必须在0.1～0.01 mm之间，制造精度很高。

已知的生产方法（压缩、滚轧等）既昂贵，生产率又低，废品也多。有些成对材料甚至无法制成层状复合物。成对的层状材料通常在熔化温度上有很大差异（玻璃是800℃，而钢铁是1 500℃；木制合金是70℃，而铜是1 083℃）。把一块红热的铜板放在木制合金上，它很容易就熔化了。

需要一个制造延迟线的全新概念。

这个问题比前面的问题更复杂：寻找解决方案的阻碍比较高。从ARIZ-71的步骤2-2开始分析问题。

问　题　14

一个石油管道常常不只输送一种石油产品，因此需要设计一个交替"顺序的"输送系统，用同一个管道来输送不同的原油，一个接一个，这就是所谓的"邻接"系统。这个方法有个很重要的优势：不需要建造平行的几个管道，只要一个就够了。不过交替的输送系统当时还没有得到广泛应用。

其原因是，在输送完一种油之后再输送另一种油，会在两种产品的接触区产生混合物。因此出现了一个复杂的技术问题，例如，如何准确判断纯汽油到哪里结束，而开始输送柴油？柴油到哪里结束，而纯汽油又开始输送了？如何及时地从混合物中分离纯产品，并且避免污染此前已经装在油箱里的油料？

1960年之前，几乎所有的主要管道都是用手工操作的。在每一次泵吸周期中，控制站的工人们在各种天气条件下，日夜不停地坐在阴暗的检修孔里，分析油料样品。这种做法非常原始：直接从管道中提取一瓶样品，根据瓶中浮标的水平位置来判断产品的密度。不过，在轻燃料中密度差异并不显著，因此几乎不可能确定油料混合物的边界。结果，在500 m长的管道中，一个泵吸周期内就会毁掉800～1 200 t纯油。

关于这个问题有几种概念。一种是用油密度仪，这种设备安装在管

道颈上，根据浮动的程度用密度来确定油的类型。还有人用 γ 射线密度仪，这个设备是根据放射性同位素的 γ 辐射原理，用放射性的密度来判断产品的类型。也有用超声波设备来区分流体的类别。

如图 30 所示。两种不同的邻接石油产品 A 和 B，通过管道运输，在它们的接触区形成了混合物 A+B。如果可以准确判断Ⅰ和Ⅱ的边界，那么损失就不会超过混合物的量。不过控制油面分离边界的准确性很低，混合物一定比理论上可能的混合物开始得早（线Ⅲ）、结束得晚（线Ⅳ）。通过改进控制混合物的方法，线Ⅲ可以更接近线Ⅰ，线Ⅳ更接近线Ⅱ。现在损失减少了，可是混合物 A+B 还存在。最好采用变通方法：在 A 和 B 之间用某种分离物，避免形成混合物 A+B。

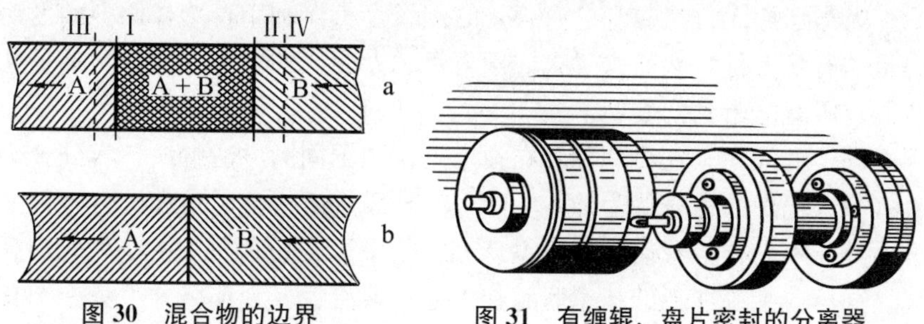

图 30　混合物的边界　　图 31　有缠辊、盘片密封的分离器

有一些已知的分离器（如图 31 所示），有缠辊、圆盘和刷状密封件。不过，这些“尖齿”有很大的缺陷：不能防止形成混合物——油还是会渗透过密封件；“尖齿”在管道内堆积起来，在有些地方不能通过。整个管道有几个中间泵站，显然，固体的刚性分离器不能通过这些泵站。

沿着管道安装柔性的隔离物，既昂贵、复杂，又不可靠。

有人建议采用液态分离物，像水和轻石油（石脑油的溶剂）。乍一看，这好像是个很好的主意。为了防止混合过程，只要少量的液体分离物就足够了——管道容积的 1.5%。这儿有个问题，水、轻石油或者其他液体分离物，会在运输过程中和石油混合在一起。当然，在完成运输后扔掉水也没有损失，但是如何把油从水里面分离出来？

结论就是液体和固体的分离物都有严重的缺陷。气体分离物也不好：气体升到管道上方，就不起分离的作用了。

从 ARIZ-71 的步骤 2-3 开始分析这个问题。

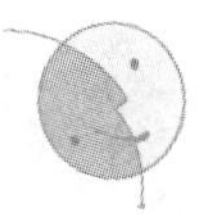

第六节　古生代的“专利品”

全世界注册的专利加起来大约有 1 300 万份。我们假定 5 分钟内可以阅读完一个专利描述，按照这样的速度，通晓全世界的专利要花上将近 125 年。

但是，还有另外一种“专利库”，它保存了如此多的发明，以至于人类在其整个生命期间都不可能完全了解它，这就是“自然专利库”。

人类运用大自然专利已有很长时间了。直接利用自然界原型的发明数量约有几万件，然而这只是应用自然“发明”的极小一部分，都是些我们一眼就能看到的发明。

同样的问题，在自然界和在技术上，用不同的方法解决，直到今天大多数人仍然是这样认为的。实际上，技术解决方案时常和大自然的一样而并非不一样。我们不知不觉从大自然中得到的东西，往往和应用高温、高压或者高能耗的技术联系在一起，或者说，和那些“大势能”相关。“大势能”远比几个昆虫的微不足道的适应性更加令人印象深刻。

长期以来，人们认为复制大自然不是技术发展的主流。这就是为什么在解决新的技术问题时，发明家们通常不愿意采用大自然已有的解决方案。

哪个方向更可取：传统的技术方向，还是“所有有生命的机器”发展的方向？

举个例子，我们比较一下飞机的机翼和鸟的翅膀。当代的机翼是人类最伟大的技术成就之一，但是按照每单位能量输入所能提升的重量来计算，任何飞机都无法和鸟相比。如果当代的机翼拍打起来，发动机每产生 1 马力（1 马力＝735.499 W）的功率应该能提升 120～130 kg 的货物。迄今为止，最完美的机翼也只能达到这个数量的十分之一。

大自然独特而巨大的优越性，是设计控制和测量设备的灵感源泉。蚱蜢的听力结构能够捕获振幅只有氢原子直径一半的振动。难怪，最早系统地研究和应用大自然原理的人，是设计精密仪器的工程师们。这就诞生了仿生学，一门借用大自然的方法来解决工程问题的科学。

仿生学最初仅仅停留在为感觉器官建立模型上。现在，它解决的问题相当广泛。仿生学解决很多技术领域的问题，而且只采用一种通用的方法，即应用自然的原型。

实际上，ARIZ-71 的操作阶段，可以这样来描述：有必要从仿生学的角度来解决发明性问题。从理论上说很简单：发明家只需借用一个已有的方案。在实践中，借用之前需要先从自然界找到一个合适的原型。看起来，这种方法无可非议，但不是总能用到实践中。

成百上千的练习和现实生活中的工业问题，都已经在创造性方法的研讨会上解决了，但没有一次是使用大自然的原型！确实，在问题解决之后，人们不太可能为新想法识别出一个自然的类比。这就令人更加坚信现有的解决方案是正确的，别的什么也不做了。

为什么会这样？

似乎仿生学一出现，就应该立即在所有技术领域产生一系列惊人的发明。但实际上，只有控制论在应用仿生学上产生了一些令人瞩目的成果，在这个领域里，仿生学成为研究人员可靠的指南针。而在其他技术领域，自然原型的应用仅仅是“模仿自然模型”，还不是“仿生学”的范畴。

我们要做的就是阅读几本关于仿生学的书和文章，找到一些数量有限的例子：模仿蝙蝠的超声波检测，苍蝇一样嗡嗡叫的陀螺仪，鲸鱼形状的轮船，仿海豚皮肤的设计以降低水的阻力，以及人造水母式耳朵用来报警逼近的风暴。

值得注意的是，人们通常已经创造了一项发明，之后才发现它的自然原型。例如，早在 1938 年，克拉梅（Kramer）就提出了减少表面阻力方法的原理，而到了 1955 年，又是这个克拉梅发现海豚也在用“同样的思路”。

设想在一个专利图书馆里，无数不同的专利按照一种你不知道的顺序摆在架子上。这样的“专利图书馆”就存在于大自然里，任何试图解决新技术问题的发明家都可以“想象”得到。

现在尚没有一种可靠的方法来挑选自然原型，因此看起来，在大多数情况下，发明家自己找到解决方案，比寻找一个“自然专利”更容易。

而且，ARIZ-71 的操作阶段包括了仿生学的步骤。有两种方法帮助我们熟悉巨大的自然专利库：

a. 搜索古代动物原型。古老的“自然专利”更简单有效；

b. 检查“自然专利”发展的一般趋势，虽然找到一个现成的方案很难，但是自然进化的趋势和技术进化的趋势总有相通之处。

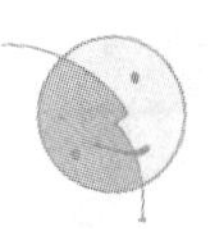

我们来详细讨论一下。

古希腊创造了那个时代最辉煌的发明：用于攻破城门的冲头，看起来就像公羊的额头。历史表明，这样的冲头能够完全承受冲击负载。

那些名不见经传的古希腊“仿生学工程师”们，在创造这样一个公羊头时，也许基于如下理由：“撞击时冲梁不能裂开和撞平。我们到哪儿去找这样的东西呢？在牧场里，公羊们用额头撞击，一点儿事也没有。这就是人们能想到的最好的原型了……”

迄今为止，我们一直使用这种方法来挑选生物原型：尽可能找到最好的“原始模型”。如果我们反过来，让生物学家向工程师指出一个十分完美的生物原型，这管用吗？一点儿用也没有，因为这样的原型通常都太复杂，我们很难检查它们的设计细节，有时根本不可能复制它们。

这正是试图复制海豚皮肤时发生的情况。在这个“自然专利”中，有很多至今还很神秘的东西。逐渐地，人们明白海豚具有精巧而复杂的皮肤减阻系统。神经末梢穿过皮肤感知压力的变化，把相应的信号传送到中枢神经系统，后者对皮肤减阻过程进行控制。在实践中模仿如此复杂的原型，既不经济也不可能。

在选择最完美的自然原型时，我们都使用最新的自然专利库。这就难怪自然界的技术进化看来不可理解，因为我们是倒着阅读它的！

同时，在解决绝大多数的问题时，不需要使用完美无缺因而过于复杂的原型。更值得使用的原型，是那些自然界中相对不完美，但是更简单的“专利”，比如古生物学研究的那些古代动物。

古仿生学极大地扩展了“自然专利库”。例如，在现存的动物中，没有比雷龙和巨犀①更大的动物了。古仿生学的最大优势，就是向发明家提供了简单得多（因此也更容易仿造）的原型。

我们可以考虑一个例子：在一个度假胜地，发明家依格拉缇耶夫（A. M. Ignatiev）在逗一只小猫，小猫抓伤了他。发明家于是神思泉涌：为什么猫的爪子、啄木鸟的喙、麻雀和野兔的牙齿永远尖利？他得出结论：因为牙齿是多层结构的，所以它可以自动锐化。其坚硬的核心层被一些软层包围，工作时硬层承受较大的压力，软层承受的压力较小，而且最初的锐化角度不变。依格拉缇耶夫把这条原则用在自动锐化切割机上。

发明家总在找寻最完美的原型，这种情况相当普遍。这就是为什么

---

① 中文译者注，这是一种体形巨大的恐龙。

他用的“自然专利”非常复杂，而自动磨砺切割机只得到有限的应用。

与一些恐龙相比，依格拉缇耶夫用的啮齿动物原型效果相当差。大型恐龙重达几十吨，可以生活150～200年。不难想象在他们的一生中，要磨碎多少食物。

特别有趣的是蜥脚类动物的牙齿，蜥脚类动物是一种“有蹄的恐龙”。蜥脚动物的每排牙齿由三组牙齿构成，一组叠一组。三冠式钻头还没有制造出来，但双冠式钻头（称为主刃冠状钻头）已经在测试中了。采用这种冠式钻头，可以把钻孔速度提高几乎一倍。

蜥脚类动物这个“专利”的另一个突出特性是，它的切割组织不断生长并自我更换。这个原理格外有趣。直到现在，发明家在改进钻孔工具时，遵循着共同的技术路径：“钻齿变钝时，就快速拔出钻头并替换它。”

关于如何“快速拔出钻头”就有几百项发明。从仿生学的观点看，应该有其他方法：让牙齿更耐用并自我打磨。蜥脚类动物还有一个更有趣的方案：把牙齿排成几排，每排安装在一个软的牙座上，当第一排齿磨损后，钻头转几圈就会破坏软牙座。钻头下陷，第二排齿顶上来和地面接触，于是新齿就长出来了。

最近，苏联发明家布什特得（J. Bushtedt）、阿提阿辛（A. Atiaekin）、拉奇恩（L. Lachian）和立特维诺夫（N. Litvinov）因为一个双冠钻机被授予第161008号作者证书。这项发明的原理精确地重现了古蜥蜴的“专利”：“一个二阶冠状钻机由一个钻体和两排钻头组成。这项发明与众不同的是，下排钻头的下面有一个软物质制成的吸振垫，作为临时支撑。当带上负载工作时，这可以防止上排钻头损坏。”

现代动物和恐龙相比，体形显然不同。它们不如恐龙那么贪吃，只有一排牙齿，这排牙齿在它们一生中不断地生长，只有大象具有古蜥脚动物“专有”的可更换牙齿。

箭尾蜥蜴现在仅存于北美洲东海岸和亚洲。这种动物曾经是恐龙及其“近亲”三叶虫的现代版，三叶虫早在古生代已经灭绝。尽管外界条件不断改变，这种蜥蜴一直生存至今，2亿年来几乎没有很大的变化。

这种蜥蜴的眼睛特别有趣。在它甲壳的每边有两只大复眼，前面还有两只小眼睛。每只眼睛具有多个独立的透镜，这些眼睛特别敏感。这使科学家们长期困惑不解，因为这种动物一生中大部分时间都埋在沙子里。

通过对这种蜥蜴眼睛长时间的研究，美国科学家哈特兰恩

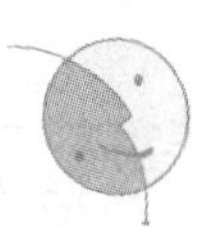

(Hartlaine) 得到一个有趣的发现：它的光神经细胞是交叉连接的。当一个细胞被刺激时，另一个不作反应。这样视网膜就得到一幅清晰的强反差图像。这个发现导致人们创造出具有极度对比图像的电视系统，这对于从其他星球向地球传送图片非常重要。

进一步的研究表明，动物的眼睛可以捕捉到人类看不见的紫外线和红外线。除此之外，美国科学家沃特曼（Waterman）发现蜥蜴的眼睛还能感知偏振光，这让它在没有太阳或星光时也能认路。研究还在继续，也可能有朝一日，会以蜥蜴的眼睛为原型开发出其他复杂的电子设备。

通常，古代动物在大脑和神经系统的发育上，不如现代的动物。而在其他方面，它们相当完美，可以作为技术原型。此外在很多情况下，灭绝的动物在所有方面都胜过它们的后代。它们灭绝并不是因为其“结构”比其他动物差，而是因为气候和地形的改变。还有些动物是被人类消灭的。

有必要说明一下“完美”和“不完美”的概念是有条件的。从自然角度看不完美的东西，从技术角度看往往是完美的。蜥蜴翼龙的翅膀和鸟的翅膀相比是不完美的，因为只要皮膜有轻微的损伤就会妨碍它们的飞行。

但是现代技术对材料有不同的分类。在使用这些材料时，不复制鸟的翅膀更为明智，因为其详细结构迄今仍不为人所知。相反，复制已经灭绝的 ramphorenx[①]，或者具有古老血统但至今尚存的蜻蜓等完美“飞行者”的平滑翅膀更有意义。

人们已经深入研究了很多灭绝的动物。例如，几乎每一个自然历史博物馆都有恐龙的牙齿。发明家要解决与材料处理（碾磨、切割等）相关的问题，可以从几千万年前的自然“专利”中找到很多有趣的想法。

作者证书第 189353 号 掘土机的铲斗的不同之处在于，半圆形切齿的中间部分靠得很近，其中心的一对切齿突前，这就改善了铲斗切入土壤的过程。

这里不难看到熟悉的概念：主刃，与古老的“自然专利”相结合的产物，一对牙齿长得突前（比如，门牙、犬牙和獠牙）。

---

① 中文译者注，这是一种已经灭绝的动物，无中文译名。

※

古仿生学方法并不妨碍我们以现代动物作为原型，在这里我们只是建议选择最古老的原型。

只有当古代动物偶然被当做原型时，古仿生学才产生实质性的成果。一个实例就是仿制水母低音的设备。水母是一种古代动物，生活在加勒比海。

轮船设计师在仿鲸鱼时基本上是成功的，这归功于不经意的古仿生学应用：在鲸鱼出现很久以前，鱼龙就有同样的身体形状。还有，大家认为视网膜素（一种只能“注意”到移动物体的设备）是对青蛙眼睛的模仿，但事实上，这项发明的古生物原型是暴龙雷克斯（Rex）。

古代动物用简单方法解决复杂问题的例子还有一个：蜻蜓的反翼适应。这些适应性非常简单，前翼的尖部由壳质材料（羽翼气门）加厚以抑制有害的翅膀振动。工程师们自己也得出同样的构思：只要在翅膀与蜻蜓羽翼气门对应的位置上连接一个铅块，就足以防止鼓翼的损坏。

有趣的是，最早的和最快的蜻蜓模型却没有羽翼气门。如果我们要选择最完美的原型，那么就没有人注意到“羽翼气门的专利”，因为只有脉翅目昆虫和蜻蜓这些“过时的模型”才有羽翼气门。

一般而言，当我们研究生物原型在进化中的历史位置时发现，一种自然专利经常被另一种所代替。

古代浮游水虫具有像水滴一样流线型的身体，但它们的后代却放弃了这个工艺精良的传统身体形状，现代水虫的身体前窄后宽，也许这是一种非常有效的身体形状。

实验表明，去掉水虫身体上较宽后部的两个很小的突出物，运动阻力增加了122%。这是个矛盾：“机身”的横截面积减少，阻力却增加了！

当需要解决的发明问题与我们很少研究的现象有关时，采用古仿生学方法在一定条件下特别有用。这里，自然原型就是主要的参考来源。水力结构中抗气穴保护层的发明历史，就证明了这一点。

我们对混凝土堤坝的气穴分解现象还不够了解。发明家们提供了不计其数的保护方法，要么太昂贵，要么不可靠。沙契偌夫（V. I. Sacharov）发现了一个解决这个问题的成功方法。下面是一篇文章中对这项发明的描述：

一次，在黑海海边，沙契偌夫注意到，被海草和青苔覆盖

> 的大小石头几乎不会因海浪冲击而损坏，而旁边光秃秃的石头上却布满了沟纹和小洞：是柔软的青苔让石头免于损坏。从这里到一个想法的技术实现只有一步之遥，而这已经在大自然中实现了。[1]

沙契偌夫在第279443号作者证书里，精确地再现了这一古老的自然专利：

> （例如水力结构中的混凝土或者钢筋混凝土）防气穴的表面覆盖层，包括一个弹性悬臂、纤维或者平板制成的保护层。这样就产生了一层不动的水，可以阻止气穴旋涡和水力结构直接接触。

从大自然的提示到想法的技术实现，只有一步之遥。既然如此，为什么这一步迈得这么晚呢？难道真的需要和大自然的解决方案直接接触才能"看"得清楚吗？在上面这个专利中，由于混凝土是人造的石头，因此如果要找到正确的答案，只需要问这样一个问题就够了："大自然中的石头是如何受到保护，不被气穴效应损坏的？"覆盖青苔的古老石头"活到"同样古老的年龄，正是因为青苔保护了它们。人们即使远离黑海，也可以得到这个结论。

ARIZ-71的操作阶段建议发明家不仅要找到一个古老的原型，还应确定自然设计的进化路径。人们必须确定大自然是"怎样"以及"为什么"要持续改变这样或那样的原型。古生物学家庞诺马仁柯（A. G. Ponomarenko）在写给我的一封信中，给出了这种分析的一个有趣的例子（见图32a）。

庞诺马仁柯写到：

> 为了创造昆虫的翅鞘（翅膀护套），大自然面临的问题是，发展一个轻便、稳定和贴合的覆盖层。这个发展过程有以下几个阶段：
>
> a. 一块薄板，由纵向放置的不规则细管加固；
>
> b. 细管沿着翅鞘方向扩展；
>
> c. 管子数量减少，转变为刚性的肋；
>
> d. 肋的上端变宽；
>
> e. 肋的上部分连成一个整体，形成一种具有垂直排孔的

---

① 苏联期刊《知识与力量》，1971年第2号刊，第7页。

栅格结构，这样的结构轻巧而且相当结实。

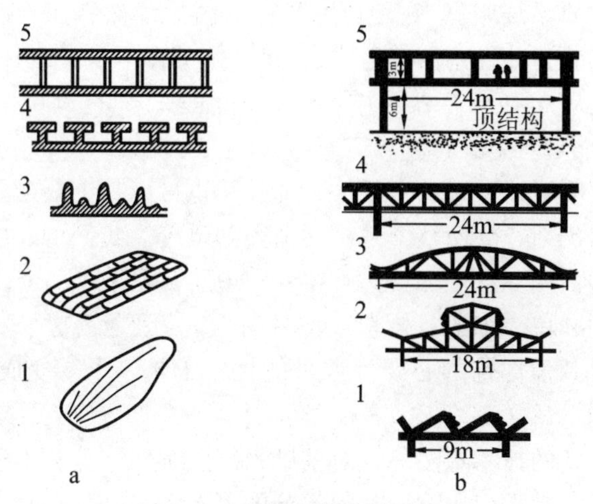

图 32　自然界和技术的进化

a. 翅鞘是如何进化的；b. 重叠建筑是如何进化的

图 32b 展示的是地板栅格的发展过程。不难看到这两种结构（自然的和工程的）在发展过程中有很多共同之处。这不是巧合——它们的目标一样，即重量轻、结实，因此解决方案也类似。

在 ARIZ-71 里，对仿生学方法的作用定位是相当谨慎的。但仿生学发展迅速，出版物的数量持续上升，更多的自然专利逐渐解密，大自然在解决发明性问题时采用的普遍原理，也逐渐得到公认。

在不久的将来，创新算法的这一部分可能会得到显著的改进和发展。然后，这个算法会因为非常有效的矛盾矩阵表而更加丰富，这个矩阵表将展示按照和自然专利一致的方向，来消除这样或那样的矛盾。

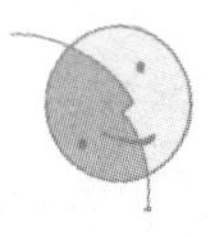

第七节　打破旧结构

发明本身并不是目的，需要用它来解决实际问题。一般来说，如果两个发明采用不同的技术但能取得同样的效果，那么会优先选择改善现有系统的发明——因为它基于成熟的技术，容易实施，并且能产生显著积极的经济效益。

那么，如何向全新和独创的系统转变呢？

有时，开发这些系统要基于新的科学发现。不过，更多的系统是从

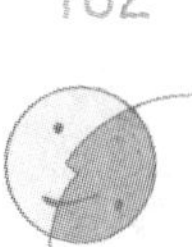

旧的发现中涌现出来的——正如蝴蝶从蛹中蜕变而来一样。

我们把原系统叫做 A_1，它由各种不同的部件组成（例如，汽车由引擎、传输装置、控制器等组成）。每一个部件本身又由其子部件组成，例如传输装置包括离合器、排档、驱动轴等。而这其中的每一个子部件，依次也会包括几个组件。

一个发明可以针对单个元件、部件，也可以是更复杂的结构。对系统进行局部创新，会使整个系统逐渐得到改善。我们可以用符号表达成这样的序列：A_1，A_2，A_3，…，A_n。最后，发明 A_{n+1} 出现了（跟前面一样，序列和单个细节、模块或部件对应）。但是，这个发明产生了彻底改变所有其他部件的必要性或可能性。于是，A_{n+1} 变成了 B_1，开始一个新序列：B_1，B_2，B_3，…，B_n。

通常，新的技术想法只针对基础系统的某一部分。不过，系统中这部分的改变，常常引出改变其他部分的可能性（并且有时会产生这样的必要性）——它们是与新改变部分协同工作的任何物体。此外，有时可能出现要改变最初物体的应用。一个链式反应发生了：最初的部分改变，引起一系列更多的改变。结果，原本很弱的想法变得强大起来。

发明家在发现了解决问题的技术构思之后，就开始其创造性工作的综合阶段。许多情况下，构思在刚出现时并不完整——模型 A_4 转变到模型 A_5。不过，转变到 A_5 就有可能迈出明显的一步或更多步：改变一个部件（例如，让它更轻或者更紧凑），或者把它放在不同的位置。如果在 A_4 到 A_5 的转变上花更多的时间，就能买来更容易地从 A_5 到 A_6 或 A_7 转变的“权力”。有些情况下，也可以直接从 A_5 跳到 B_1。

不幸的是，新发现的想法常常不能尽其所能。发明家只做从 A_n 转变到 A_{n+1} 这一步，然后就停下了。期间，系统 A_{n+1} 的新模型由于充分的改变而成熟起来，虫蛹可能会变成蝴蝶，但是因为发明家的思维惯性，它还是虫蛹。图 33a 显示了 1920 年开发的最早的轻便摩托车。不难看出，它就像是在传统的童车上增加了一个马达。即使这么简单的轻便摩托车，也不是一蹴而就的。我们用符号表示一系列的模型：A_1，A_2，A_3，…，A_n，把引擎安装到童车上之后，模型 A_n 变成了 A_{n+1}。但是，童车还是那个童车，没有变成轻便摩托车：除了发动机外，其他部件（和整个摩托车）没有任何改变。

当然，有马达的童车比传统的童车要好一些。不过在所有可能改进的方面，这个想法只实现了很少一部分。比如，我们注意到座位很高，最初这个位置是由起引擎作用的人的工作姿势决定的。这可以描述为模

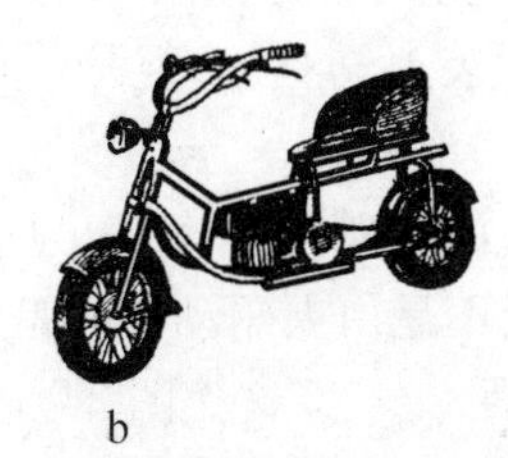

a b c

图 33 摩托车的演变过程

a. 1920 年的模型；b. 中间模型；c. 现代滑行车

型 A_n 转变到 A_{n+1}：引擎安装到了童车上。为什么还需要一个这么高的座位呢？这是因为司机不需要站着，他可以坐着。降低座位就能降低车子的重心，让车子更稳定，也更容易控制。而且，这也有可能使用更大功率的引擎，因为腿往前伸，座位下面的空间就腾出来了。如果用挡风玻璃去保护一个站着的人，既困难又麻烦；但是对于一个坐着的司机来说，挡风玻璃就是一个可用的部件，同时还能极大地减少空气阻力。

这样，更换系统中一个部件（例如引擎）的发明，导致其他部件的一系列改变——结果，发明就像涟漪一样传递到整个系统。其实不是“导致”，更精确地说是“可能导致”这样的改变。因为在现实中，不同的童车命运截然不同。

对部件的发明（就像引擎的替换）往往很长时间只停留在部件上，即由 A_n 转变到 A_{n+1}，然后就结束了。在后来的轻便摩托车模型中，座位逐渐降低，引擎逐渐移到了座位下面的空间，就像“专门”为它准备的一样。一个过渡状态的轻便摩托车如图 33b 所示，引擎从前轮“走出来”，但是还没到达后轮；司机几乎是坐在引擎上的，而座位下面还空着。

几乎在三十年里，轻便摩托车都不是流行的交通工具。事实上，既然都要坐在引擎上，我们已经有了摩托车，为什么还要轻便摩托车呢？当引擎结束了它的旅程，安装到轻便摩托车的座位下面时，这个机器呈现出现代版的样子如图 33c 所示，而且具备摩托车所没有的好质量。有可能完全盖上引擎，为司机的腿留出非常舒适的空间；还可以用罩子把整个腿部空间罩起来，使摩托车更稳定，也更舒适，人们甚至可以穿着白衣服骑它。现在轻便摩托车开始成功地与摩托车展开竞争，尤其是在城市里。

轻便摩托车的故事并不是个例。多数情况下，发明家在解决问题和

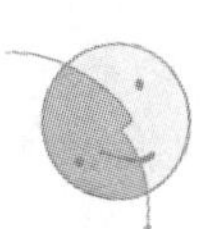

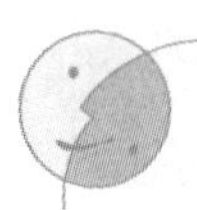

做出部分改变之后，拒绝做其他改变，不管这些改变看起来多么明显而且符合逻辑。我们知道，最初汽车是由普通的马车改造而成的：马被“卸下了马具”，发动机则“装上马具”。但是，在一些汽车的前端设计中，还装饰有马头的像。

最早的摩托车是由传统的脚踏两轮车（早期的自行车）发展而来。唯一的区别是，它的脚踏板不是由人驱动，而是由引擎驱动。

图 34　穿着古代设计样式的当代新想法

图 34 显示了我们最新的发明之一——热熔缝接塑料膜的机器。

这个超现代的先进想法采用高频电流来焊接塑料部件，然而它还是摆脱不了过时的设计。过去，我们要把塑料部件缝在一起，可以采用普通的缝纫机。但是现在，机器的主要工作元件从根本上改变了——不用针和线而是用轮子，通过它来传导高频电流。如果我们用符号来表示的话，这里讨论的不是从 A_n 到 A_{n+1} 的转变，而是从级别 A 到级别 B 甚至级别 C 的跳跃。不过从整个系统来看，这还不是一个跳跃，就跟其他的情况一样，发明的只不过是一台“马头汽车”。

缝纫机的最初设计是让人起引擎的作用，人用右手旋转缝纫机的轴，用左手往针的方向送布。这样的设计，适合用脚驱动的缝纫机。但是在图 34 所示的机器中，是用高频电流进行缝合。在这种情况下，为什么人必须还坐在那里，好像还在充当引擎一样呢？

把所有的电气控制系统藏到机器下面，整个系统就变得更紧凑，而且有可能用一个机架来盖住它。坐在左边可以更舒适，这样也最接近机器的工作部件，这儿正是往焊接机里送塑料板的人要坐的地方。

※

综合阶段是独特的。与其他阶段相比，一般来说，它不是必要的，因为解决发明性问题的新技术构思都出现在综合阶段之前。一旦有了新构思，就可以开始它的设计实施。多数情况下，也的确是这么做的。结果，发明依旧停留在部件层面，尽管它可以导致一系列其他的发明。

例如，有人建议把两艘驳船靠在一起。但是在两艘船的船头有很宽的缺口，这会妨碍船的运动。很自然地，下一步要做的就是用一个附加装置填补这个缺口，以便新船成为流线型（如图 35 所示）。但是这个综合阶段的想法直到最近才完成（第 288575 号作者证书）。

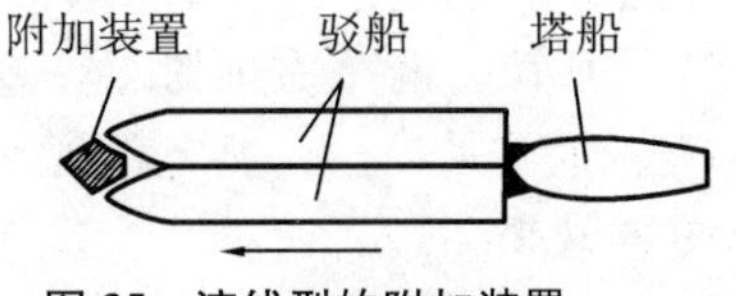

图 35　流线型的附加装置

如果综合阶段的步骤很简单，而且彼此无关，就会使产品的设计更加个性化，重要的是不要忘记这些步骤。假设新的技术构思把机器从阶段 A_3 转换到 A_4，那么在综合阶段，几乎每个发明家都能把它从 A_4 转换到 A_5。但是如果想实现进一步的改进，就取决于发明家的知识了，既包括理论知识，也包括实践经验。

※

发明家解决问题的过程，可以设置成两个不同的任务。如果最初的状态是 A_n，任务可以设置成：从 A_n 转变到 A_{n+1}，或者更进一步发展为 A_{n+2}。也可以设置成另一个不同的任务：跳过 A_{n+1} 到 A_{n+m} 所有级别的步骤，立即转变到级别 B_1。

有时人们会问："哪一个更好，是改善现有机器（或方法），还是寻找一个全新的东西？"这就好像在问："哪一个更好——是从 5 m 处射击还是 500 km 处？"

这一切取决于具体条件——多数情况下，取决于要解决问题的发明家或组织设定的目标。如果问题需要尽快解决，那么改善最初的原型更好，这种情况下的最终理想解必须描述成"无论现在的系统怎么样，减少任何缺点"，或者，"无论现在的系统怎么样，添加一些改善"。用这种类型的问题陈述，问题可以解决得相当快（常常是在 3 级发明），而且实施发明可能也不会带来任何新问题。如果需要得到数量级上的新效果，放弃与问题条件紧密关联的最初原型会更有利。必须把理想的机器（方法）当做一个原型。这些情况下，常常把外部环境当做 IFR 中的一个物体："外部环境能自己完成这样或那样的动作。""外部环境"这个词能帮助我们摆脱旧的没有价值的原型，并理解新机器（或新方法）一定要做什么，以及如何实施它。

这样做，就可能达到 4 级或者 5 级的创新。不过这种情况下，实施发明需要的时间要长得多。设计必须从零开始，反复测试，同时还要战胜守旧者的疑虑，这些人习惯于改善原型。

所以，两个方向都对，这取决于具体环境。不过，把 A_n 转换成 B_1，而不是 A_{n+1}，换句话说，不再尝试在 A 的框架内发明，总会有很好的效果。

历史学家和专利代理人已经发现，当原型刚出现的时候，改变起来很容易并且很快：事实上，短期内会出现许多发明改进，出现了所谓的"专利顶峰"。基于这个事实，许多科学家试图预测技术系统的发展：专利和作者证书的数量曲线上升得越陡，技术系统越有远大的前途。不幸的是，当级别 A_1，A_2，…到达 B_1 的时候，"专利顶峰"也出现了。结果，发明家努力工作，专利数量快速增加，但是效果却微不足道。

今天，我们还能看到这种"专利顶峰"。例如在水泥行业，现代的水泥炉建造得像个巨大的旋转管道（长 250 m，直径 7 m）。原料沿着管道的轴缓慢移动，原料上面再输入热气流。即使不是专家，也能看到把热量从气体传送到原料有多困难，因为气体只和上层材料接触。想要提高炉子的生产率，就要改善热能的传递效率。很久以前，就有人建议沿着炉壁安装金属链，金属链有助于把热能从气体传递到原料。此后，创新停顿了几十年。当有人想进一步提高热传递效率时，他们就简单地增加链的数量。现代的炉子中，链的总重量高达 100 t 以上。这里，"专利顶峰"出现了，大量的发明都建议按照如下方式安装链：

> 链栅栏由连到主链的附加链组成，然后在它们之间自由悬挂链。（第 226453 号作者证书）。
>
> 链的两端连接到由链制成的柔性部件上。（第 260484 号作者证书）。
>
> 链的另一端直接连接到炉体上。（第 310095 号作者证书）。

链条叠着链条，正如蒸汽机发明之前，船用帆叠着帆来提高船速一样。

炉子里的链条越多，能用的气体的热量就越多；不过，链条越多，气流的阻力也越大。要使气流更加通畅，不应该有任何链条，而为了让更多的热从气体传递到原料，炉子的全部空间应该填满链条，这显然是个技术矛盾。因此，如果一系列的发明都不能克服矛盾，这意味着技术系统的可利用资源（链栅栏）已经耗尽。

对发明家，或一个创新团队来说，了解技术进化的逻辑极其重要。它对于预测新技术任务、选择能直接或者间接实现解决方案的路径、对问题进行适当的分析，并且成功地实施新发现的想法，都是必不可少的。

许多技术系统各不相同，但有个共同点：它们都是系统。用系统的方法，可以把技术对象看成满足进化法则的完整有机体。手电筒、引擎、内燃机车、化学工厂，所有这些都是技术系统的例子。从表面上看，它们彼此没有相同之处，实际上它们有共同点：都是系统。一个系统远胜过其组件的算术和，例如：一个水分子是一个系统，但不是两个氢原子和一个氧原子的算术和；一个人是一个系统，但不是骨架、肌肉、心脏等的简单求和。同样，任何机器是一个系统——一个完整的有机体，而不只是它的部件之和。

任何技术系统，无论是缝纫机、煤矿或铁路网络，都按照一定的顺序进化。技术系统进化的一般趋势，请参考附录B，这里我们来分析一下。

任何技术系统的历史都是从无到有。“无”就是最早的级别，这时还不能称为一个系统，只能说是部件的简单相加。发明家可以一点一点地改善其中一些部件，以获得新效果；也可以只把这些部件有机地组成一个系统，也能获得新效果。这里有一个典型的例子：储存饲料需要保持一定的温度，以便在冬季喂养家畜。饲料会产生大量的热，因此需要冷却饲料间，并保持通风。不同国家的发明家，为此努力了很多年，也出现了一些专利采用复杂而不可靠的系统来满足这些需求。在此期间，其他发明家创建了系统来隔离和加热母牛与猪的畜棚。最后，创建一个集成新系统的想法出现在第251801号作者证书里：

> 一个农场有一个饲养家畜的建筑和一个饲料间。这个系统的不同之处在于，将几个饲料间连成一排，合起来作为饲养家畜建筑物的墙。这个发明可以利用饲料产生的生物热，来改善家畜建筑物的微气候。

这个“饲料间/建筑”系统现在具有新的性质：即不需要冷却饲料，也不需要加热建筑物。

一个系统在发展之初看起来是自然而然的事情，但是，要看出未来的系统如何从其分离的部件进化而来，就没那么简单了。因为这需要一些特殊的技能，即从创新算法的角度来看问题的能力，我称之为创新算法思维。发明家沙拉波夫（M. Sharapov）描述了一个类似的案例，发表在1969年4月26日的《Magitigorsk Metal》报上。

> 一个工厂用排水系统去除灰尘和煤渣。在设计阶段，工程

师们假设管道会因为摩擦而磨损。于是为了增加管道的寿命，他们建议定期转动管道，并且运输的炉渣也要用特殊的压碎机事先压碎。而实际上，和工程师的假设正好相反，管道并没有磨损，而且在管道内壁形成了硬壳。另一个问题出现了：如何去掉管道内的这些硬壳？可以用锤子敲掉它，但这很困难。也可以用带着大炉渣的水冲刮掉硬壳，这样做并不耗力，但是它会中断生产过程。

沙拉波夫精通解决发明问题的方法，因此他处理这个问题的角度就与众不同。最终理想解很清楚：管道必须自己清理干净。还有一点很明显：如果去掉有害因素不成功的话，就"以毒攻毒"——换句话说，就是把一个有害因素与另一个有害因素相结合，来去掉这个有害因素。这里没有别的有害因素，因此，管道必须和其他东西连到一起，以创造一个"负负得正"的系统。最简单的方法就是去寻找一种没有覆盖硬壳，然而却被磨损的管道。磨损加上"长出硬壳"就能得到我们想要的自清理系统。很容易找到磨损的管道，这就是去除煤渣的排水管道。这些管道磨损得太严重，以至于人们差点要放弃排水系统，而改用卡车运走煤渣。

两个管道并排放着，一组专家全力以赴，为去除灰尘和炉渣的管道里长出硬壳而奋战，而另一组专家，为去除煤渣废品的管道磨损而绞尽脑汁，他们都只看到了自己的管道。

沙拉波夫在第 239752 号作者证书里提出，交替运送两种水的混合物。首先，带有灰尘和炉渣的水混合物，在管道壁上沉淀为硬壳，形成一层保护层。接着，这个保护层，而不是管道金属壁，被携带煤渣的酸性水混合物刮掉。然后，再换成炉渣的水混合物，又形成一层保护层。在现实中如果只运输一种材料，可以交替使用普通水和酸性水，也能依次沉积和消除保护层。现在这个发明已经在几个工厂里得到成功应用。

记住：**如果为改善一个对象而尝试的次数迅速增加，但是并没有取得应有的效果，而只是用一个矛盾代替了另一个矛盾，这就需要把这个物体与另一个物体相结合，形成一个新的技术系统**。

这种类型的转变，不可能立刻实现。通常，由于部件是分离的，将导致转变的中间状态不稳定。在附录 B 的表中，这些不稳定系统用圆括号表示，稳定的系统用方括号表示。

19 世纪发明的蒸汽引擎潜艇，是系统从 1 级发明转变到 2 级发明的典型例子。发明家很自然地使用了最先进的引擎，并且在当时蒸汽引擎也确实是最先进的。设计时部件的选择完全不是基于系统的效率，而是基于系统主要性能的完善。对于潜艇而言，主要性能是每次水下活动需要存储的能量。没有人能成功地在锅炉里储存大量蒸汽来提供大量能量，所以当时带有笨重电池的电动马达虽然不完美，但仍然是最好的选择。“潜艇＋蒸汽引擎”这个系统是不稳定的，“潜艇＋电池电动马达”是稳定的，但它的出现花了很长时间。

有时，系统中缺省的部件可以由人来代替。最早的自驱车由蒸汽引擎牵引，它们很沉、体积又大、功能非常有限，它的 2 级发明的稳定系统就是早期的脚踏两轮车，引擎的重量等于零。

技术发展的历史显示，在从 2 级发明转变到 3 级发明期间，出现了大量不稳定的系统：**滑稽的**蒸汽船，**会走的**机车，有翼动控制杆的**光学**电报。在用机器代替人类的尝试中（例如，转变到 3 级发明），即使到了现在，发明家们还是徘徊不前，机器只是在**复制**人的活动。这不是因为系统不能进化，而是发明家们的心理惯性在作祟。有时这些发明很优雅，但它们有一个共同的缺点，就是未来发展的潜力有限。如果这类系统碰巧是个原型，那么寻找新概念比改善原型更有意义。

现代技术最典型的代表，是 3 级和 4 级的发明。再细分的话，最典型的现代技术当数初期的 3 级发明，发展成熟的系统会变得专业化，再往后系统就将会过于专业化。专业化导致应用领域狭窄，这表明需要转变到更高级别的系统，即全面重构整个系统。

我们用玻璃行业的一个例子来证实上述结论。在生产玻璃板时，红热的玻璃块沿着辊轴传送带移动，按要求成型并且逐渐冷却下来。显然，玻璃的质量取决于辊轴之间的距离，如果距离太大，玻璃块会下陷并且变成波浪形。光滑的表面需要彼此放得更近的、直径更细的辊轴。不过，这样的传送带会更复杂，而且在操作中变数很多。这里，我们又一次遇到了一个明显的技术矛盾。很长时间里，发明家们并没有消除这个技术矛盾。如果玻璃不需要光洁的表面，发明家创造了更专业化的传送带来生产；如果玻璃需要光洁的表面，玻璃冷却后采用更专业化的抛光设备来生产。直到后来，一个真正革命性的解决方案出现了。

我们想象一下减少辊轴的直径——1 cm、1 mm、10 μm 等。如果传送带的辊轴直径是 10 μm，它会有多复杂？这里有一个心理障碍：10 μm已经难以想象，1 μm 或者 0.1 μm，那更是不可想象了。如果辊轴的直径更小会怎么样？就像一个分子，或者一个原子那么大？制造一个直径在微米量级的辊轴传送带，是不可能的。但是如果辊轴的直径只

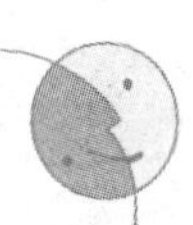

有原子那么大，一切都变得简单了，因为不需要制造原子。让玻璃在原子上滚动，就像在球上面滚动一样。不用传送带，用一盆融化的锡，玻璃块将在一个平整的原子层上移动。这样，既不需要传送带，也不需要调整和维修辊轴。液态金属不仅仅是理想的传送带，也容易控制。金属的表面（也就是玻璃的表面），能在电磁铁的作用下形成各种各样的形状。一个多好的发明！它立即导致了一个"专利顶峰"，之后围绕着玻璃生产，产生了成百上千的专利。

处于4级发明的技术系统进化迅速，直到它们第一次与外部环境发生冲突，进化的速度才慢下来。

从史前时代开始，技术的发展就是以自然资源为基础的。我们的星球有充足的水和空气，因此我们的技术也是"掺水的"和"掺空气的"。水和空气仍然是我们的主要技术资源。我们的星球有大量氧，因此我们的技术也是"氧化的"。氧化处理过去是、现在仍然是我们的能量基础。我们的星球有大量空间，因此技术系统过去用、现在还在用开放式系统。外部环境为我们的技术系统提供物质和能量，接着系统又把物质和能量的垃圾排放回到环境中，然后环境处理和清除这些垃圾。

大自然是宇宙清理机，它自动连接到任何一个新的技术系统，似乎具有巨大的、取之不尽的能量。当越来越多的技术系统达到4级发明的极限时，宇宙清理机也达到了它的系统极限，此时所有外部资源也已经耗尽。

技术和自然之间的冲突，触摸到了我们的技术文明最深层的原始基础。为了克服这个冲突，需要从"掺水的"和"掺空气的"技术转变为"无水的"和"无空气的"技术，从"氧化的"技术转变为"无氧化的"技术，从开放式技术系统转变为封闭式系统。这个转变自从人类进入外太空的那一刻起，就不可避免。虽然基于地球的技术能与自然和谐相处，但在宇宙条件下还需要技术系统能在太空中工作。**未来技术的基础将会是封闭系统**。这些系统的"封闭"，不能仅仅通过过滤现有的系统来达到，而要通过对那些系统的技术基础做出根本性的改变才能达到。

这就是发明问题未触及的层次。

这就是隐藏的问题，它们的解决方案需要伟大的发明。

第3章

Man and Algorithm

人和算法

砸碎思维的禁锢，
结果答案就会出现。

行之有效的方法，
只需摒弃脑中僵化的垃圾，
去除偏见导致的过度羁绊。

改变你的思维模式
与条件反射之间的关系，
然后
要探索的任何问题，
都能找到答案。

—— R.Johns

第一节　心理障碍

在一个创造性理论的研讨会上，我提出如下问题：

> 假设有300个电子，分成几组，必须从一个能量级跃迁到另外一个能量级。但是其中有两组之间已经发生了量子转换效应，因此电子不能放在这两组，实际的组数比原来计算的少，现在每组都多出来5个电子，那么总共有多少组电子？

这个复杂的问题至今还没有解决。研讨会的参加者都是高水平的工程师，他们都宣称不打算去思考这个问题。“这是量子力学的内容，而我们都来自机械工厂。既然别人解决不了这个问题，那么我们也不可能解决。”

接着，我给他们读了一个代数问题：

> 我们安排一些大巴把300个队员送到夏令营，但是有2辆大巴没有在规定的时间出现，因此，实际上每辆大巴比原来计划的多乘坐了5名队员。那么实际共去了多少辆大巴？

这个问题立即就解决了，发明性问题总是看起来很吓人。任何数学问题都有一个清晰的潜台词：“解决这个问题是可能的，类似的问题以前已经解决了不止一次。”如果一个数学问题是“不可战胜”的，那么每个人都会相信它真的是无法解决了。但在创造性问题中，潜台词完全不同：“人们试图解决这个问题，但没有成功。不过这并不是徒劳的，因为聪明人相信，在这个地方已经无可作为，那就换一个地方再试试。”

《发明家和创新者》杂志上发表了一篇关于装卸冷冻货物问题的文章。作者这样解释这个问题：

> 装卸冷冻的货物是一个永恒的问题，它已经让矿工、钢铁工人、铁路工人以及焦炭化学家们苦恼了很多年。有时，很多公司的生死就取决于这个过程。

后来，虽然不断有人提出各种建议，但这些建议并没有得到任何实际应用（“人们试图解决这个问题，但没有成功”）。文章结尾这样写道：

> 时光飞逝，人们发现了原子核的秘密，射电望远镜灵敏

的耳朵也可以听见遥远星系的低语。然而直到今天，人们还在用古老的方式装卸矿石，全世界还在用撬杆和大锤来砸碎它们。

从一开始，发明家就受到警告，他面对的是一个"永恒的问题"。问题尚未描述，任何具体的内容还没说，发明家已经受到各方面的威胁。不是每个人都能表现出征服一个"永恒问题"、一个无法战胜问题所需要的英雄气概的。即使到现在，"人们发现了原子核的秘密，射电望远镜灵敏的耳朵也可以听见遥远星系的低语"，人们还是很难有这样的勇气。

装卸冷冻货物确实是个"永恒"的问题。但是，"永恒"并不意味着困难。当然，人们偶尔也会遇到一些竭尽全力也无法解决的老问题，不过这种情况很罕见。

一个行业只会提出那些解决条件已经存在的问题。马克思写道："社会总是在具备解决问题能力的时候才会提出相应的问题，你仔细观察就会发现，经常是只有当解决问题的物质条件具备的时候，问题才会出现——或者，至少这些条件正在发展中。"[1]

如果一个问题长时间得不到解决，这意味着选错了探索方向。这种情况下，即使一个简单的问题也可能看起来是"永恒的"。例如，透镜望远镜就是这样。按照马克苏托夫的说法，这种望远镜本该在笛卡儿和牛顿时代就发明了，可是，它却直到"射电望远镜灵敏的耳朵也可以听见遥远星系的低语"的时候，才发明出来。

常常是，问题越是久远，解决也就越容易。实际上，当问题出现时，解决它的条件已经具备了。每次解决它的不成功的尝试，都减少了探索领域不确定性的程度。

时光荏苒，解决问题的困难程度越来越小，而解决问题的技术宝库在不断增加。这意味着双方的关系已经改变：问题本身变得越来越容易，解决它的手段越来越多，也越来越强大。行业中很少有问题是无法解决的，即使将来也是如此，人们不可能破坏自然规律：物质与能量守恒定律和辩证法。对于那些看似不符合自然规律的问题，不可能解决只是暂时的。

---

① 卡尔·马克思（K. Marx），《政治经济学批判》，Gospolitisdat 出版，1952年，第8页。

※

凡尔纳（Jules Verne）说："只要能想到，就有人能实现。"这是真的。在科学幻想的历史中，充满了把"不可能"转变为"可能"的生动例子。

我们可以从表6中看得很清楚。

表6　科幻小说中想法的命运

科幻小说作家	想法总数/个	已实现的或在不久的将来可以实现的		从总体概念上确认具有可实现性		发现有错误或者不可实现的	
		数量/个	百分比/（%）	数量/个	百分比/（%）	数量/个	百分比/（%）
凡尔纳	108	64	59	34	32	10	9
H. G. 威尔士（H. G. Wells）	86	57	66	20	23	9	11
亚历山大·比力阿耶夫（Alexander Beliaev）	50	21	42	26	52	3	6

科学幻想的百年历史已经证明：**大胆的想法比保守的想法更有可能实现！**

一个"不可能"实现的经典例子，就是凡尔纳用加农炮发射太空船的想法。然而，来自蒙特利尔大学的年轻科学家高维尔（Gerald Gowell）宣布，使用加农炮进行这种天文学探索是可能的。

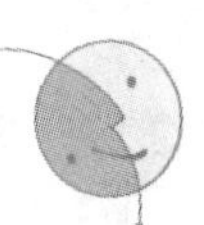

人们已经能够将几吨重的卫星发上轨道、空间行走、登陆月球，与这些空间技术的伟大成就相比，用凡尔纳的加农炮点火发射太空船，好像并不令人印象深刻。但是，因为需要为每个载人空间飞行器发射很多无人驾驶的太空舱，而采用凡尔纳的方法发射更简单也更有效，所以加农炮空间技术具有很好的前景。

有一篇文章宣布，美国和加拿大的专家启动了一个叫 Harp 的项目，旨在使用炮管直径为127 mm、178 mm和408 mm的加农炮对大气进行探测。

最终设计的加农炮重3 000 t，炮管长150 m、直径814 mm。根据他们的计算，这座加农炮可以将装有7.5 t重设备的集装箱，发射到几

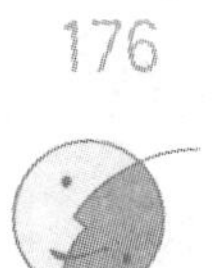

百千米的高度，或者将半吨重的卫星送到地球同步轨道。这样，发射一次卫星的成本，包括卫星本身的成本，只需50 000美元。

换句话说，如果不是凡尔纳的想法被认为是不可能的，可能早在20世纪20年代，人们已经把几百千克重的卫星送到地球同步轨道上了。

人们一定还记得，火箭宇宙飞船本可以早很多年就出现的。著名的苏联研究员尤里·瓦西列维基·康德提尤克（Yuri Vasilievich Kondratiuk），在1928年这样写是有根据的：

> 我在脑海中对最近几年的重大科技成果进行了回顾和总结，问道：为什么星际运输的问题至今仍未解决？我的结论是：因为缺乏胆识和开拓精神。①

缺乏胆识和开拓精神也推迟了量子发生器（激光）的出现。1898年，韦尔斯（Herbert George Wells）就提出了定向热射线的想法；21年后，阿尔伯特·爱因斯坦从理论上阐述了开发量子发生器的物理过程。按照唐（C. Town）的说法，激光器早在20世纪20年代末就该出现了。但直到1951年，苏联科学家法布瑞坎特（V. Fabricant）才申请了一项量子发生器的专利，竟然遭到拒绝，因为专利专家认为这项发明的想法不可行。后来，专家改变了主意，发明家才得到作者证书。

科幻作家比力阿耶夫有个水陆两栖人的想法，当时看似“不可能的”，现在几乎都实现了。不过，我们来看看人们对这个想法逐步改变的过程，这非常有趣。下面摘录的是同一个人在三个不同时间发表的文章，作者是一名工程师，有过几项发明。

> 1958：“……不是一个水陆两栖人，而是带着水下潜水和游泳装备的人，将征服未知的深海世界。”
>
> 1965：“水陆两栖人仍然是不存在的，也许永远就不可能出现……”
>
> 1967：“今天，人们试图不带任何潜水设备潜到深海，在水下像鲸鱼一样呼吸。也许有一天，在药物、化学和技术的帮助下，真正的Echtiander（亚历山大·贝利亚夫科幻故事中的水陆两栖人）将会出现。那些既可以在空气中呼吸、又可以在

---

① Kibalchik，Tciolkovski，Tcander，Kondratiuk，《著作精选》，M.，《科学》，1964年出版，第539页。

水中呼吸的人将征服海洋。”

不到10年的时间，他对这个“不可能”想法的评价完全改变了。现在人们对它的评价更接近事实。

没有解决不了的问题；但是，发明常常是从有人宣称“不可能”开始的。

促使人们宣称“不可能”的原因，和证明不可能的证据各不相同，有时就是出于简单的无知。20世纪20年代，全世界已经制造出了无数的火车机车，而颇有影响力的英国杂志《季度评论》还在信誓旦旦地断言：

> 许诺要制造一台速度可以达到邮政马车两倍的机车？没有什么比这更可笑和愚蠢的了。英国人也不大可能把自己的生命托付给这样的机器，心甘情愿在火箭里变成灰烬。

此后不久，史蒂芬森（Stephenson）的机车“火箭”就带着乘客，以40 km/h的速度奔驰着。

当发明家贝尔（Alexander Graham Bell）开始售卖他的电话机时，一家美国报纸要求警察阻止这个“江湖骗子骗取市民对他的信任”。这家报纸说：

> 人的声音可以通过普通的金属线，从一个地方传到另外一个地方，这种说法简直就是异想天开。

尽管如此，无知还不是人们说“不可能”背后的主要原因。更主要的原因是，说这话的人怎么也不会被怀疑为无知。发明家皮卡德（O. Picard）发明了同温层气球和深海潜水装置，他在论文集中写到：

> 今天对我们而言很基本的东西，之前却可能被当做乌托邦。我的想法当时还不存在，所以专家们认为它们是不可能的，这就是他们拒绝我的唯一理由。这样的理由我听到太多次了！

为什么那些知识渊博、思想开放的人们，也不相信不可能的想法会有新的发展呢？

几年前，一位汽车行业的顶尖专家记录了下面这个典型的例子：

> 假设我们要确定未来汽车车轮的直径。众所周知，在过去50年里，不同车轮的直径在逐年减小。但是这种减少越来越不显著，最终完全停止了。其中，有一小段时期车轮直径减小

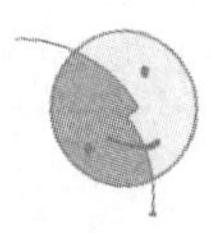

很快。如果研究仅限于这一小段，就可能得到一个强烈的印象：在未来 20 年内，车轮直径将降到零。[①]

让我们仔细研究一下这个思维过程。知道了汽车车轮的直径逐年减小这个事实，我们就有可能预测未来，并且自然而然地得出这样的逻辑推论：总有一天汽车会没有轮子。这里，出现下面两种"不可能"：首先，汽车怎么可能没有轮子？假如真是这样的话，这样的交通工具早就存在了，"不可能"到现在还没有出现；其次，实际车轮直径的减小，随着时间的流逝变得越来越不显著，这意味着直径变为零也是"不可能的"。

现在我们来整理一下这些结论。

现实中，没有轮子的汽车从来没有存在过。我们习惯了有轮子的汽车，因此很难想象一辆汽车悬在路面上方的空气中，没有"任何东西"支撑它。但想不到决不是断言"不可能"的根据，只是我们不知道如何实现它而已。不过，无论如何，去掉轮子很有吸引力。同时，由于轮子只起伺服作用，按照理想机器进化趋势，伺服作用最终要消失，因此轮子的直径必然不断减小，这个趋势不会按照我们的意愿而改变。但在实际中，轮子的直径减小到一个极限尺寸后，却不能再减小了。从车轮设计这个概念本身来看，汽车要有轮子，这与汽车车轮要消失的进化趋势出现了冲突。

在技术发展的历史中，有很多设计都是"不想"继续往前发展的，结果是与此相关的设计遭到拒绝，现状和想法刚好吻合。在本例中，汽车轮子和技术发展的趋势相矛盾，这意味着是时候考虑无轮汽车了。

这个结论完全得到了真实生活的支持。车轮直径，也许过去看起来"不可能"为零，现在确实实现了零尺寸：出现了在空气中悬浮着行进的新汽车（气垫船）。

在技术进化中有两个方向：**进化**（在同一个等级）和**革命**（即从一个等级转变到另外一个等级）。用图来表示的话，整个进化过程可以用一条有很多次拐弯的复杂的线来表示。一个狭窄领域的专家，只能清楚地看到一部分线的方向。他们考虑未来的时候，认为未来源于现在，或者说，在他们的头脑中，未来就是这些线的最后那一段的延伸。由于这些专家了解现有技术的局限性，因此他们把尚未解决的问题看成一堵墙，他们的思维延伸线就消失在这堵墙里。然而技术进化的辩证法就

① Y. Dolmatovski，《关于汽车的故事》，1968 年出版，第 214 页。

是，“没有解决的问题”可以用变通的方法解决——原则上就是采用新的技术手段。由于没有这些新的技术手段，因此一些专家认为，那些用行业内已知的任何方法都无法解决的问题，就确实无法解决了。

“不可能”的出现，就是因为人们不知道**它是怎么发生的**，因此，他们事先就说这**一般是做不到的**。但是，我们必须假定这是可以做到的——只是我们还不完全了解如何去做。

发明家必须把“不可能”这个词踩在脚下，并暂时忘却它。有时候只需这么做，就足以使我们自动找到一种新的技术思路。当然，通向解决方案的道路也许漫长而且困难重重，不过，千里之行始于足下。

※

理论上讲，只要不害怕“不可能”这个词，所有这些做起来都很简单。但在实践中，勇气是通过解决那些看似不可能解决的问题，不断积累起来的。

让我们回忆一下在铁环上绕线的问题。这个问题在苏联社会科学院数学研究所的研讨会上，已经得到解决。分析得出的结论是，这个问题包含“生产率与精度”的矛盾。绕线实际上是手工完成的，如果我们想提高绕线的速度，由于放线的位置可能不正确，将会牺牲绕线过程的质量或者精度。矛盾矩阵[①]中包含“生产率与制造精度”这对矛盾，其对应的是原理 18、原理 10、原理 32 和原理 1。按照问题的条件不允许切开铁环，就排除了原理 1（分离）。原理 10（预处理）也不行，因为不可能在制造铁环之前或过程中绕线。原理 13（反过来做）：不绕线而是拆线？这也不好。原理 31（运用磁铁和电磁铁）也不起作用。

于是，试图解决这个问题的学生和指导老师有一段对话：

学生：也许我描述的矛盾有误？

老师：好，那我们试一下用不同的方式来描述矛盾。

---

① 列夫·舒利亚克附注：翻译本书的这部分时，发现推荐的原理与书中矩阵给出的原理不一致，还有两个原理没有列出来——原理 13 和原理 31。我们就联系了阿奇舒勒，他说这是一个具有历史意义的例子，它是最早用 ARIZ-68 版本中的矩阵解决的第一个例子，后来发现 ARIZ-68 的矩阵可以而且必须进行适当的修改才行。用他的话说，“正如在凡尔纳《海底两万里》中的‘鹦鹉螺号’既是移动的又是静止的一样”。重要的是例子中体现的思维过程的逻辑。于是，我们完全按照第 1 版的情形翻译此部分内容。

学生：我们可以说："环的直径越小，生产率就越低。那么矛盾就是'长度与生产率'。矩阵建议的是原理 13 和原理 28。我们还可以试一下另一对矛盾：'长度与速度'——原理 13、原理 14 和原理 34。"

老师：结果怎么样？

学生：（没把握地）矩阵建议采用原理 13，就是"反过来做"，但这是不可能的。

老师：为什么？

学生：我们是要绕一根线，但在"反过来做"的情况下意味着拆线。拆线要求原来就已经绕好了线，而且还多绕了几圈。问题是，这些绕好的线又是从哪里来的呢？

老师：你必须思考如何得到多出来的那几圈线。

学生：如果不先绕线就不可能有。

老师：再多想想，也许这正是黎明前的黑暗。你需要一个绕着线的铁环，这怎么做到呢？

学生：如果不能绕线的话……我真不知道。

老师：想一下[①]，想象一个绕有很多圈线的环面。

学生：那很简单。

老师：这看起来像什么呢？

学生：绕着线的铁环，也可以说，有很多圈线的铁环。

老师：**多出来的绕线**是什么意思？想象一下它看起来是什么样子。

学生：**多出来的绕线**意味着有很多线圈。圈挨着圈，没有任何缝隙。也许像这样：整个环覆盖着一层薄金属，这就像有无穷多的线圈一样。

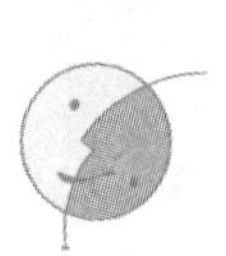

老师：看看，这很好。看起来不用绕线也可以造出无数的线圈，剩下要做的就是去掉多余的线圈了。

学生：螺旋线……

老师：（没有否定的意思）这可能吗？

学生：当然。除了机械的方法以外还有别的方法。我们去掉金属，在金属的每一层都制造很多"空"的绕线，这比绕金

① 在开始学习创新算法的时候，经常发现类似的情形。人们总是独自解决问题，但是要不断重复："请想一下，请不要半途而废。"

属线要容易多了。可以预先用一层感光薄膜覆盖住铁环，然后在环的上面和下面投射环的光学图像。

老师：这就是说，原理 10（“预处理”）也可以采用，原理 28 也一样（“用光学系统代替机械系统”）。

学生：有可能。不过，“反过来做”更适合一些，这就是个反过来做的典型示例。

当你开始解决一个问题时，如果第一步还没有完成，就设想所有的好事都会一起到来，认为你可以选择任何方向，那就大错特错了。这些方向有主流趋势和非主流趋势之分，即使在根据主流趋势可以立即消除产生问题的条件的情况下，惯性思维还是会强迫人们选择一个非主流（但是存在的）的趋势。

问题最初是用大家都知道的术语描述的。这些词汇不是中性的，它们保留了自己的内涵。只有为这些老的词汇或其组合赋予新的含义之后，真正的发明才会出现。

技术术语固有的惯性，首先可以用我们思维过程的惯性来解释。发明家“用词语思考”，即使发明家看不见这些词语，这些词语还是会把他推向某一个方向，这个方向常常属于以前已知的技术思路。其实这个术语本身就是为了这些技术思路而创造的。恩格斯说：“在科学中，每一个新观点都带来了技术术语的革命。”① 这不是偶然的。

我们来回想一下绕线的问题。从最开始，问题的描述强迫发明家选择一个具体的搜索方向。正如问题的条件所述，需要绕金属线。为什么要**绕线**？仅仅因为术语的倾向性：从根本上讲，所有已知的方法都精确地以绕线过程为基础，这个新问题是用旧词汇来表达的。实际上，绕线本身并不需要，想要的是个有螺旋线的环面。为什么我们以为只能通过绕线才能制成螺旋线的环面，引入绕线这个额外的要求，使问题变得复杂了呢？

当然，如果我们从一开始就问这个问题，我们可能会说：“绕线不是必须的，我们只需要一个有螺旋绕线的环面。但不幸的是，只有在解决问题之后才能看见术语倾向性的危险。刚开始每件事情看起来都很自然：绕线是必须的，除此之外还能怎么做？”

在一次研讨会上，要分析如何铺设输油管道穿越一个峡谷的问题。任务的条件说，不能采用柱子和悬浮支撑结构。通常在这种情况下，管

① 卡尔·马克思和 F. 恩格斯，《精选集》，第 23 卷，第 31 页。

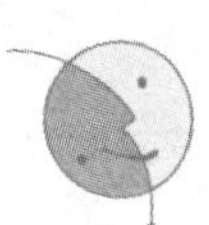

道会采用拱形结构向上弯曲，如果跨度很大的话就向下弯曲。但是问题的条件还说，管道跨越峡谷时不能弯曲。

解决方案平淡无奇："必须增加管道的横截面。"

又一次，同样的问题描述不同："输油管线必须在'没有任何东西支撑'和'不弯曲'的条件下安装。"因此只换了一个词：人们提到的不是"管道"而是"输油管线"。

下面一段是对现在解决方案的描述：

> 强度取决于输油管线横截面的面积和形状。不过，增加横截面的面积会导致重量增加，这在所描述的问题条件下是不允许的，所以我们考虑改变管线横截面的形状。考虑一下I形管，这样在单位长度消耗同样多金属的情况下，可以增加输油管线的输油量。但是，这种形状制造起来很困难。管线上的这部分I形管可以这样来实现：用两根管子（直径比主管道略小一些）并排放置，然后在垂直方向上把它们捆绑在一起。

这就是仅用一个通用术语代替技术词汇的结果！在第一种情况下，问题的描述中出现了"管子"这个词。虽然输油管道并不需要一定像根管子，但人们接受的思维工程训练很难使他们有"出轨"的想法，即使选择的方向希望渺茫。一旦"管子"从问题描述中消失，思维过程的惯性也立即消失了。这样，在发明家的视野里，现在很容易找到一种简单，而且在此情况下新颖的思路——**输油管线也许没有必要像一根管子**。

一个发明家要想通过简便的渠道来引导思路的话，就必须考虑术语的倾向性，必须对创新算法的所有阶段都进行控制，在整个过程中防止特殊术语"渗出"来。每一步的描述必须简单，而且不要用技术术语。

根据在研讨会上解决发明问题得到的经验，用通用词汇代替行业"黑话"，就能得到最好的结果。当新想法产生以后，才有可能（而且是必须的）从通用术语回到精确的行业术语。

※

很早以前人们就注意到，很多发明是用三个步骤完成的。首先，发明家高度紧张地寻找解决方案，但都不成功。然后，因为问题还没有解决，他不再考虑这个问题了。过了一段时间，就像一个延迟动作的机械装置突然爆发一样，"就像完全由它自己"，要找的答案自己出现了。赫

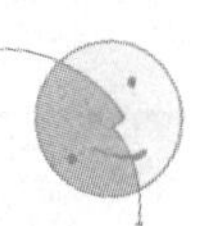

姆格尔茨（Helmgoltz）说道：

> 每次，我都用这种方式来思考问题：首先把问题的所有方面，以及任何一个方面和其他方面相互影响的情况都考虑一遍，牢牢地记在我的脑海里，以至于不需要任何笔记，随时都可以回忆起来。如果没有长期的准备工作，要达到这个状态是不可能的。然后，必须经过一个小时身体和精神的完全放松，当疲劳彻底消失时，好主意才会出现。正如高斯所讲，它们常常在早上醒来之后悄然而至。他就是在早上起床之前，建立了电磁感应定律。

我们还有一个典型的例子。著名的苏联细菌学家威诺格拉底斯基（S. N. Vinogradski），很长一段时间都在学习硫细菌生理，当时人们对它知之甚少。威诺格拉底斯基写道："我学会了如何用硫化氢来培养它们，观察它们多快就能充满硫颗粒，以及在没有硫化氢的条件下，需要多久硫颗粒就消失了。"但是，有很长时间没人能解释硫细菌的工作原理。"一点进展也没有。我感到很疲倦。作为放松活动，我在化学实验室里多花一些时间做分析。有一天，我走路回家吃晚饭，当走到一个河堤时，我想起硫化氢溶液还放在桌子上的玻璃杯里。杯中沉淀的硫上面雾气腾腾，接着由于硫细菌的氧化作用杯子变得干干净净。在那一刻，就像被这个微不足道的事实点醒了一样，突然，一个思路生动而鲜明地闪现在我的脑海中：我的细菌把硫烧成了硫酸。接着，它们全部的生理特性在我的大脑里一一展开。往后的每件事情进展都很顺利，几天之后工作就完成了。"

发明家进行创新的三个阶段，在这里揭示得非常清楚（搜索、等待、启示），这是从表面上能看见的创新性的唯一特征。因此，有意或无意地把这最终汇聚到一件事情的三阶段过程，作为对创造性所有解释的基本点绝不是偶然的。通常，有些人只突出最后那个阶段：**"突然一个想法出现了。"**与此相反，其他人只看见第一阶段："你必须搜索、尝试、测试……"最后，还有另外一种解释来强调第二阶段："你必须观察，留意周围环境，把问题一直记在心里，某些东西就会触发解决方案……"

现在，了解了思维过程的惯性之后，我们可以客观地检查创新过程的机理。

一个问题总是用具有惯性的术语描述，这些术语悄悄地把思维引向与新想法相反的方向。这就是为什么在创新过程的第一阶段（如果不是系统化地完成的话)，根本无法得到解决方案的原因。

我们把问题的条件描述如下：

$$A \leftrightarrows B \leftrightarrows C \leftrightarrows D$$

假设每个字母代表系统的一部分，它们之间的箭头形象地表示存在的交互作用。经过了第一阶段的创新过程之后，基本结构还没有被打破。只是稍微减弱或者放松了系统部件之间的交互作用。现在可以把条件表示如下：

$$A \leftrightarrow B \leftrightarrow C \leftrightarrow D$$

第二阶段开始了。在这个阶段，发明家几乎不再考虑原来的那个老问题。这里，惯性思维倒是起了积极的作用。各部分之间已经减弱的交互作用继续减弱，直到完全破裂：

$$A \quad B \quad C \quad D$$

现在发明家可以很容易地重新布置这些部分，改变它们之间的交互特性，等等。结果（并不难)，新构成的系统出现了：

$$C \leftrightarrows A \leftrightarrows D \leftrightarrows B$$

当一个发明家盲目工作时，需要用大量时间来打破各部分之间的习惯性“纽带”。创新算法则有意识地、系统地完成这个打破的过程。

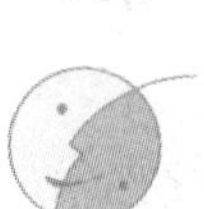

第二节　幻想的力量

幻想在任何创造性活动中，都扮演着重要的角色，这已经成为教科书中的格言，在科学技术中也一样。但这里有一个令人吃惊的悖论：人们虽然认识到幻想的重要性，但并没有系统地开发出一套幻想的方法。

迄今为止，在培育幻想能力方面，唯一普遍的并在实践中有效的方法，就是阅读科幻文学（SF）。在这里我们也可以清楚地看到阅读和幻想能力之间的相关性：科学家和工程师比其他读者更加受科幻文学的吸引。几年前，阿塞拜疆作家协会科技文学委员会组织了一次调研，结果表明：在所有的工程师和物理学家中，有20%喜欢科幻文学超过其他任何一种文学类型，其中近一半喜欢科幻文学的读者是医生——占9%。[①]

参加调研的工程师和物理学家中，有52%的人提到，他们认为科幻文学对于提出新的科技思路最有价值。确实如此，科幻文学能给予正处于冥思苦想中的工程师很多启示：可以根据作品的思路开发一个项目，或者从中找到一个可以直接转变成工程语言的成熟的解决方案。

最近，联邦德国的第1229969号专利描述如下：“一种开采天体上矿物资源的方法。这个发明的不同之处在于，选择一个小质量的小行星作为开采地点，这颗小行星的运行轨道正好可以很经济地把开采的矿物质送到地球。”熟悉科幻作品的人会立刻注意到，凡尔纳（“金星”）和比力阿耶夫（“KEZ星”）应该也是这个专利的共同发明者。

还有很多类似的例子可以证明这一点。例如，在小说《海底两万里》中，凡尔纳第一次提出并证实了可以把双层船作为潜艇使用的想法。双体船的专利是在30年以后，由法国工程师勒博（Leboeux）提出的。他在专利中对这个想法的描述，并不比凡尔纳的小说更详细。同样的命运也降临到这个小说中的另一个想法上：通过海洋表层水和深海水的温差来提供电能。当然，在凡尔纳之前，热电已为大家所知，但是他是第一个建议利用海洋温差来发电的人。后来，在采用这个原理进行发电的电站奠基仪式上，设计者坦言他的工作就源于儒勒·凡尔纳的小说。

还有一些广为人知的例子，可以说明科学幻想与技术的相互作用多么紧密。在施兀诺夫（M. Shiverov）的一部科幻小说中，描述了一台睡眠学习设备。应他的要求，工程师布朗（E. Brown）设计并制造了这台“睡眠电话”，将定时驱动的留声机和听音筒组合在一起，伊力沃特（R. Eliot）就用这台设备对处于睡眠中的学生进行教学。

在一个新的科技领域的早期开发阶段，科幻作家的想法经常得到直接应用。有段时期（尽管是一段很短的时间），科幻作品成为涌现新的

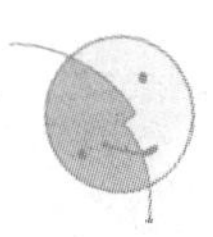

① 阿尔托夫，《幻想及其读者》，《社会学问题》2号刊，诺沃西比尔斯克，《科学》，1970年，第79页。

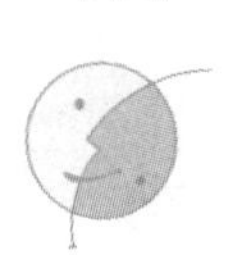

知识领域的主要源泉。按照帕瑞纳（V. V. Parina）和巴伊夫斯科哥(R. M. Baevskogo)的说法，类似的事情也发生在太空生物学中："我们的小说家们在小说中描述了许多'控制论的'思想，这些思想能够用于而且也一定会用于太空生物学。例如，控制合成代谢的问题非常重要，因为它不仅让星际飞行成为可能，甚至有可能在本世纪就实现在太阳系内部进行长时间的太空飞行。不幸的是，除了伊夫瑞莫夫（Ivan Yfremov）的小说《仙女座星云》外，其他科学作品中都没有对这个问题进行详细研究。"①

当然科学幻想里的想法并不一定都正确和成熟，从科学和技术的观点看，这些想法通常都是值得怀疑的。换句话说，它们完全是为了迎合读者而提出的，只具有象征意义。甚至小说中的想法经常还是完全错误的。不过除了这些，这些独树一帜和才华横溢的小说，还是吸引了研究人员的注意，并且促使他们做更深入的研究。有时候，这些研究中就会诞生重要的发现或者发明。

列宁奖获得者邓尼思尤克（Yri Denisiuk）曾经说："我决定为自己创造一个有趣的项目，挑战一个巨大的——几乎是不可能的——问题。我想起一个几乎已经遗忘的伊夫瑞莫夫的故事……"他说的是小说《过去的阴影》里的内容。在一个洞穴中，由于一种罕见的环境因素巧合，出现了成像效应：进入洞穴的狭窄入口就是镜头，入口对面的墙壁覆盖着树脂，变成了巨大的照相底片，记录了漫长历史时代的无数瞬间。

邓尼思尤克则从不同的角度看待这个问题：有没有可能不用镜头就能得到图像？这项研究导致发现了全息技术的应用。不过最初的触动还是来自于小说："我并不否认，正相反，我很高兴地向你保证，伊夫瑞莫夫非同一般地参与了我的工作。"

科幻作品帮助我们克服通向"疯狂"想法道路上的心理障碍，如果没有这些疯狂的想法科学就不能继续发展。科幻作品有一个奇妙的然而迄今还没有得到公认的功能，即成为科学家们职业培训中的一部分。

通常，幻想的影响就在于它对真正的"工作"思路起反作用。用科德沃夫（B. M. Kedrov）院士的创造性流程原理图（见图 36），就能理解这个反作用的本质。②

---

① 《苏联科学院新闻·生物学系列》，1963 年 1 号刊，第 13 页。

② 科德罗夫（B. M. Kedrov），《科学发现理论》，《科学创造性》系列，M. "Science"，1969 年，第 78-82 页。

在寻找问题的解决方案时，人的思路会遵循从很多个别的事实（E）得到的某个方向（α），这个方向揭示了这些事实共同具有的特殊性（O）。下一步，我们必须确定共性（B），或者说，是要形成法则、理论，等等。从（E）转变到（O）不应该有任何困难；但是进一步从（O）到（B）就存在心理障碍。这需要一个能让我们克服障碍的跳板（λ）。常常是偶然出现的某个联想，成为这个跳板，而这个联想就出现在思路线（α）和另一条思路线（β）相交的地方。

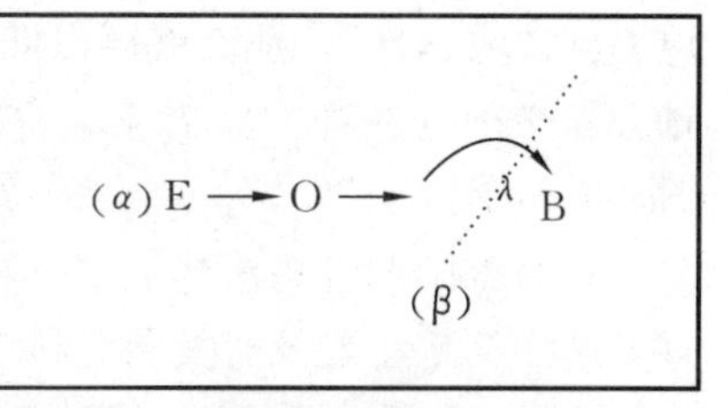

图 36　科德沃夫院士画的图

科幻作品作为β思路线，效果很好。

当问题7在一个研讨会上被提出来的时候，一位听众描述的最终理想解如下：

> “触合器自己用最小的摩擦力闭合接线端。”
>
> 我问：“为什么不用没有任何摩擦力，来代替‘最小的摩擦力?’”
>
> 他们回答：“问题陈述的条件说了触合器要碰到接线端。如果物理接触存在，摩擦力一定也存在。我们不能完全去掉摩擦力，我们为什么要描述一个不现实的最终理想解呢?”
>
> 我坚持道：“我们为什么不能想象一种接触，尽可能紧却没有任何摩擦力呢——就像常温超导并不一定在超流状态一样?”
>
> 其他的一些研讨会参加者开始反对：“这就好像要让接触器物质必须穿透接线端物质……这如何能想象得到?”

这里出现了强烈的心理障碍，而解决方案还悬而未决。

然后我讲了一个科幻小说《湄公河人》的故事，作者是沃伊斯康科哥（E. Voiskunckogo）和卢科迪安诺夫（I. Lukodianova）。小说里描述了一种设备，能够使任何生命或者物体具有渗透性。小说的主人公具有这种渗透能力，他一边沉思一边穿过街道，此时撞上一辆行驶的公交汽车。令周围人惊讶的是，这个人穿车而过，就好像什么也没有发生似的！

这时有人想起了其他幻想小说——另一个“能渗透的人”；又有人想起一部关于一个穿墙人的电影……只用了三分钟，每个人都能清楚地

想象到“渗透性”，那么就可以回到我们的问题上来了。“现在你能看到触合器必须（在理想状态下）穿过凸出来的接线端了吧。我们来画张图，按步骤 3-2。”

在为有问题的想法建立实际模型的实验领域，科幻作品也起作用。有些这样的想法能及时发展为科学假设（在谈起技术时，它们发展为改进、项目、发明，等等），换句话说，它们完全变换到了科学技术领域。科幻作品也经常从侧面影响创新过程，它可以慢慢地减少心理惯性，增加对新生事物的敏感性。在科德沃夫的图上，增加对新生事物的开放性，就会降低潜在心理障碍的程度，并培养出创造性跳跃思维的能力，或者说，不需要思路线β这种外部的直接影响也能克服心理障碍。

说科幻作品是科技中不可替代的创造性工具是不对的。不过，它无疑是最重要的工具之一。长期以来都是科幻作品出来很久了，人们才对作品中的想法进行记录并仔细分析。

1964 年，我开始创作《当代科幻思想登记表》。今天，几乎所有有趣的想法都记录在这个列表里，我把它们分为 12 个大类 75 个子类 406 组和 2360 个子组。对这个表的分析回答了下面这个问题：“什么时候幻想的想法会成功，什么时候不能成功?”更进一步说，产生幻想想法的一些模式变得越来越清晰了。①

※

阅读科幻作品无疑能帮助我们培育创造性想象力，不过，它不能代替系统性的培训。必须通过特殊的训练才能系统地培养想象力。

阿诺尔德（John Arnold），一位斯坦福大学的教授，在这方面做了一次尝试。阿诺尔德的方法是建议在一个假想的星球——Arktur Ⅵ的环境中解决发明问题。这个假想的星球与众不同，因为它有很多非同寻常的条件：它的表面温度比地球低 100℃，大气由甲烷组成，海洋是氨水形成的，重力比地球大十倍，而其智慧生命是鸟。如果考虑在 Arktur Ⅵ上使用汽车或者马匹，就需要克服很多心理惯性。通过系统性地解决问题，阿诺尔德教授的听众们逐渐获得了克服心理惯性的知识。

不幸的是，阿诺尔德的方法有很大的局限性。从本质上说，这只是

① G Altov《幻想-71》，载于《幻想之画》，M. Molodaia Guardia，1971 年。

一次变量排列组合的练习。

要有效地开发出幻想的能力，需要一整套特殊训练的方法，其中主要是如何幻想的方法。光说“扩展你对某种东西的想象力思维”还不够，必须解释能实现这个目标的方法。（在这里，**方法的作用**就像油画的**颜料**一样，我们不能说“颜料”干扰了幻想的自由。）全苏发明家和创新者中央委员会发明方法公共实验室的同事们，沿着这些方向展开了一些实验。他们开发了“开发创造性想象力”课程，并对课程进行了功能测试。学生们终于可以学习一种产生幻想想法的方法，以及一种克服心理惯性的方法，并且能够在特定的练习或解决问题的过程中应用它们。

在设计这个课程时，所有的练习首先请科幻小说家们进行测试。这样就建立了比较的标准，它们就是“幻想的尺度”。原则上，在培训之前幻想的能力都比较低。幻想的火花很难点燃，即使点燃了也很快就会熄灭。这不是偶然的。在人类进化的过程中，大脑已经调整到按照许多事情的习惯观念来行动。为了克服心理惯性，需要成百上千次地尝试改变思路——它已经被这些习惯观念禁锢了。

没有体操知识的人在第一次观看训练的时候，会很难理解场地上发生的事情：成年人聚在一起，没感觉到有任何目标，挥手、跳跃、不做任何事然后突然离开。对于外部观察者来说，幻想能力训练可能看起来和这个体操训练一样古怪。但是，这是很严肃和精深的工作。一堂课接着一堂课，学生们学习开发幻想的方法。刚开始，方法还很简单（**增加，减少，反过来做**，等等）；后来，越来越复杂（**通过时间来改变物体特征，改变物体和环境之间的交互作用**）；直到最后，当学生们学会了克服心理惯性进行思考的时候才结束。

在被问到考虑一种假想的植物时，人们一定会从改变一朵花或一棵树开始。换句话说，改变一个完整的器官。其实，也可以进入到微观级别改变植物的细胞，然后甚至在细胞级作更小的改变，来产生令人吃惊的植物，而这即使在超级幻想的作品里也没有出现过。还可以上升到宏观级，改变森林的特征，那么你又会得到非常有趣的发现。

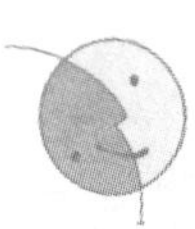

每一个物体（动物、植物、船只、车床等）都有明确的主要特征：化学成分、物理设计、微观结构（“细胞”）和宏观结构（“关联部件”）、能源支持、发展方向，等等。所有这些特征都可以改变，有几十种方法可以实现这样的改变。因此，开发幻想能力的课程，有一部分是学习如何创造和使用物体的特征表。在这张表中，一个轴表示物体改变的特

征，另一个轴用来表示改变它们的主要方法。

在很大程度上，可以通过这些组合的数量看到幻想有多么丰富，这也代表了特征表的主要作用。在这种类型的培训之前，大脑中存储的只有这些组合的一些孤立片断。只有科幻作家们通过他们的职业训练，才能把这些片断归纳成特征表。

学习幻想的技术，跟用心学习传统的方法不同。在这里，同样的练习可以采用不同的方式，这取决于每个人的个性。就像在音乐训练上，技术方法用来挖掘学习者的个人素质，只有出色的练习才能偶尔带来真正的审美满足，如同欣赏一段非常出色的演奏。

第三节　克服障碍

现在让我们回到练习中的问题，分析一下它们的解决方案。

问题9的解决方案

问题要求我们尽量增加池塘中的氧气，最终可能达到完全饱和的状态。因此，我们希望增加**物质的量**（氧气）。这对应矛盾矩阵的第26行的问题。

我们设想采用普通的方法让水中充满氧气：在池塘边安装一台大功率的压缩机，它的管子放在池塘的底部，充入大量空气或氧气。水中的氧气含量当然会增加，但是我们损失了设备的复杂性——参考矛盾矩阵的第36列。矛盾矩阵推荐的是原理3、原理13、原理27和原理10。如果使用化学物质，当然可以作为氧气的来源，但是会引起水污染。参考矛盾矩阵第31列——**由一个物体造成的有害因素**：原理3、原理35、原理40和原理39。

我们也可以用不同的方法解决这个问题。假设我们想减少**物质的损失**（第23行），那么我们会失去密度，即**物质的量**（第26列）：原理6、原理3、原理10和原理24。结论：采用常规的方法降低物质的损失（减缓注入压缩空气），我们会损失**产能**（第39列）：原理28、原理35、原理10和原理23。

通过以上分析，矛盾矩阵不断建议发明原理**局部质量**（原理3）和**预**

处理（原理 10）。我们从这里不难得出解决方案：可以事先取些水，并且创造一个适于溶解氧气的环境。这和作者证书第 168073 号不谋而合：

> 在压力下将氧气溶解于少量的水中，然后把这种含有饱和氧气的水从底部注入池塘。如果不加压力，氧气就没有足够的时间溶解于水，于是就溢出了，但现在氧气溶解的时间绰绰有余。

问题 10 的解决方案

要求增加机器加工的**速度**（矛盾矩阵第 9 行）；但是我们要付出提高温度（矛盾矩阵第 17 列）的代价。矛盾矩阵推荐的是原理 28、原理 30、原理 36 和原理 2。原理 36 和我们的情况直接相关：相变会吸收大量的热。在消耗热量的地方抛光轮会熔化或者汽化。

我们可以换一种方式来描述：必须减少“由物体造成的有害因素”。这可以通过降低“速度”或者“产能”来实现，相关的发明原理是原理 35、原理 28、原理 3 和原理 23，或者原理 22、原理 35、原理 18 和原理 39。原理 35 建议转换属性——改变系统的物理状态，能得出正确的解决方案。

作者证书第 192658 号：“用含有研磨颗粒的冰制成抛光轮。在抛光过程中，冰渐渐融化，同时吸收散发的热量。”

问题 11 的解决方案

步骤 2-3　给定的系统包括一个容器、悬挂架（线和轴）、重物、内部的腐蚀性介质。难点在于判断悬挂架断裂或者重物下落的时刻。

步骤 2-4

a. 容器、重物；

b. 悬挂架、腐蚀性介质。（悬挂架和腐蚀性介质由问题的条件给定，不能变。重物可以改变，只要保留悬挂架需要的负载即可；容器可以随意改变，只要保持密封。）

步骤 2-5　容器。（容器比重物容易改变，况且，容器是静止的。参考 ARIZ-71 的步骤 2-5a。）

步骤 3-1　一个壁上没有孔的容器，在悬挂架断裂或者重物下落时自己发出信息。

步骤 3-2　画出系统的草图。

步骤 3-3　容器的壁不能完成要求的动作。如果指明是容器壁的外表面，那么步骤 3-3 的答案可以归纳得更精确。

步骤 3-4　当悬挂架断裂或者重物下落时，容器壁（或其外表面）必须自己发生某种变化。

如下所示，我们可以更精确地回答步骤 3-4：

a. 容器一面的壁（底）必须是可移动的，向外发出重物移动的信息；

b. 容器一面的壁必须是静止的，以维持容器内部腐蚀性介质的压力；

c. 容器一面的壁必须同时既要运动又要静止。

步骤 3-5　为了使容器一面的壁既运动又静止，必须让它和其他的壁同时移动。这样相对于其他的容器壁而言它是不动的，而对于支撑物而言是移动的。

注意：我们看不见重物下落，因为容器壁不是透明的。这意味着壁不能阻止下落：重物落到容器底部后，让它和容器一起移动。

步骤 3-6　重物的下落（移动）一定会引起容器的倾倒（移动）。现在，悬挂架的重量被支撑物的反作用补偿了。这意味着重物的下落一定会打破容器的平衡。

步骤 3-7　下落的重物使重心偏移，打乱了容器的平衡，导致容器的移动。

步骤 3-8　我们就要得出和作者证书第 260249 号一致的设计了，如图 37 所示。容器内有个倾斜的表面，其上部悬挂着重物；而容器的底

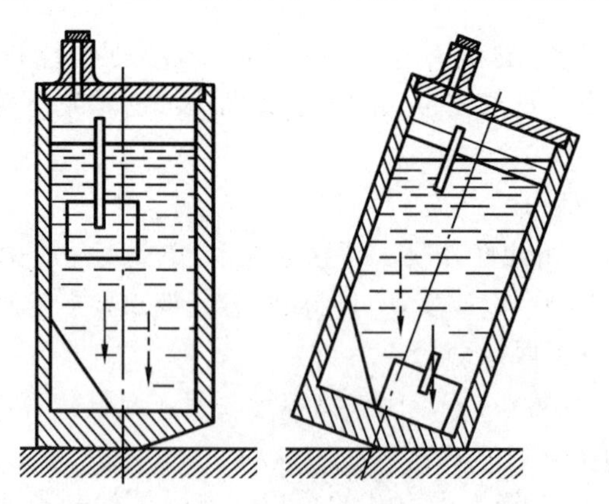

图 37　解决方案正确且与 IFR 一致：容器自己发出重物下落的信号

部是由两个平面构成的。当悬挂架断裂之后，重物落在斜面上，向容器壁移动，并改变容器的平衡。容器改变了原来的位置，容器的两根导线闭合接触，于是发出了信号。

步骤 4-1　这个解决方案与最终理想解不谋而合。容器自己发出重物落下的信号，同时设计也没有变得更复杂。不过，这个装置只有在移动的重物产生足够的倾斜运动时才会起作用。如果悬挂架的重量相对于容器而言太小，会怎么样？可以减少容器底部水平部分的尺寸：我们制作一个更接近不稳定平衡状态的容器。但是，这还不是最佳解决方案：只要有轻微的摇晃，容器就会倾斜。

步骤 4-2　我们需要一个小的重物连接在悬挂架上。悬挂架断裂之后，重物在和容器发生相互作用之前，其重量会增加。这里，对于同一个物体又出现了相互矛盾的要求。

当然，小的重物也可能触发大重物的滑动（如雪崩）——但这会使设计变得复杂。如果重物既轻（当和悬挂架作用时）又重（当和箱子作用时），那就更好。当重物和悬挂架连接在一起时，它的部分质量需要"消失"。为了做到这一点，重物必须放在一定角度的斜面上，这样才能只把需要的重量传递给悬挂架。当悬挂架断裂时，物体将沿着倾斜的内壁向下滑，用它全部的质量迫使容器倾斜。表面的倾斜程度是可以调整的。

步骤 4-3　我们达到了要求的效果——没有付出代价就扩大了这个装置的应用范围。装置保持了简单性，但是，它变得更通用。现在，它可以用来检测细的金属丝等。

步骤 4-4　这个方案可以认为是完成了，任务的要求都实现了。

问题 12 的解决方案

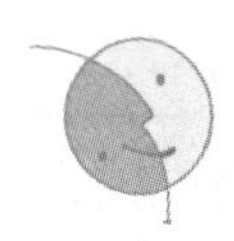

步骤 2-3　这是一个由管道、气流和西红柿组成的系统。在运输过程中，气流导致西红柿相互碰撞。

步骤 2-4

a. 管道、气流；

b. 西红柿。

步骤 2-5　管道（这是根据步骤 2-5a 选择的）。

步骤 3-1　在运输西红柿的过程中，管道自己会使快速移动的西红柿减速、使慢速移动的西红柿加速。

在我们的最终理想解中有两个活动：减速和加速——但最终理想解只能指向一个方向。不同的活动采用不同的方式完成，因此，我们必须把问题分成两部分，并且重新描述最终理想解。我们只保留一个活动："管道慢下来。"如果管道能加速，我们就不需要气流了——管道可以自己运输西红柿。按照问题的条件，我们必须保留空气系统来运输西红柿，因此不能接受变通的方法。

步骤 3-1　管道通过气流运输西红柿时，能自动使快速移动的西红柿慢下来。

步骤 3-2　画初始图和理想图

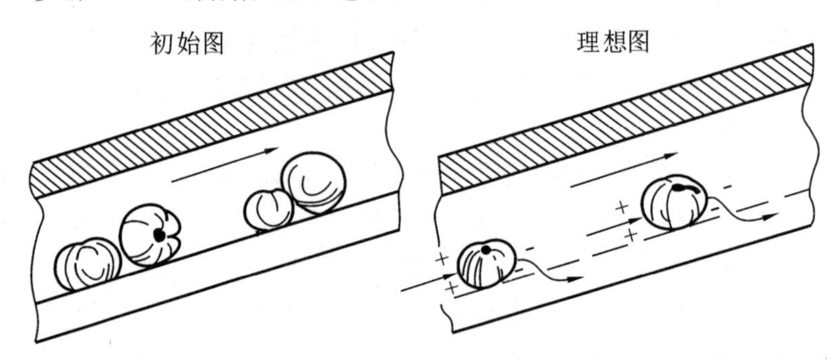

图 38　问题 12 的初始图和理想图

步骤 3-3　管道的底部不能使快速移动的西红柿减速。

步骤 3-4

a. 这要求过早到达管道某点的西红柿不要继续前移；

b. 管道底部的这一点并不是障碍，它会让西红柿通过；

c. 管道的同一部分，要同时既可以运输又不能运输。

步骤 3-5　管道中的障碍必须根据需要出现和消失。

步骤 3-6　西红柿在气流压力下移动。为了让西红柿在某个地方停下来，必须降低这个西红柿后面的气压，或者增加它前面的气压。管道的底部在需要的时间，必须出现一个孔，空气会进入这个孔。这样，管子的底部必须有一个孔，它能够周期性地打开和关闭。

步骤 3-7　打开和关闭孔太复杂了，孔必须一直开着。为了不让西红柿掉进孔里，孔必须很小。空气可以通过这些孔吹进来，或者吸出去。这比排除空气更可靠，可以让每一个西红柿按照需要停在某一个小孔处。

步骤 3-8　管道的底部有小孔（如图 39 所示）。空气通过这些孔被抽掉：开始是第一个孔，然后是第二个孔，以此类推。负压产生运动

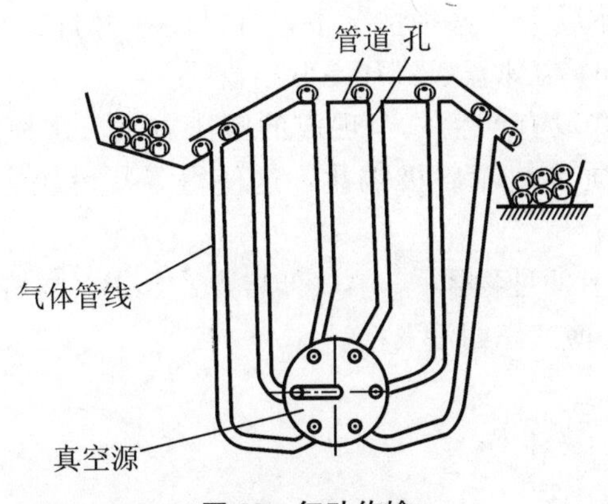

图 39　气动传输

波，西红柿的移动不会比这个波更快。

这与作者证书第 188364 号完全一致。

步骤 4-1　我们得到的，是通过调节波的运动来控制西红柿的移动。在这种情况下，我们的损失是让这个系统复杂化了。

步骤 4-2　如果不用对管道提供空气，我们就可以简化这个系统。我们用负压的运动波把西红柿从一个孔传送到另外一个孔。如果我们在第一个孔和第二个孔之间，切换吸气动作更快一些，那么从第二个孔吸走的空气就会推动西红柿向它移动。然后吸气被切换到第三个孔——西红柿又向它移动，等等。当一个西红柿移过三四个孔之后，这个周期又从第一个孔开始。管道底部可以做得宽一些，以便移动一排西红柿。

问题 13 的解决方案

步骤 2-2　每个盘片的厚度趋近于零。假设每个盘片的厚度等于一个原子的直径，这意味着盘片可以由分开的原子组装而成。

a. 如果每个盘片的厚度是 1 000 km，那么每个盘片也必须用分开的组件组装而成。

b. 组装盘片的时间趋近于零。这里，必须预先制造好部件，而且必须用些“魔力”来组装。

c. 如果组装盘片的时间是 100 年，这可以通过一个缓慢而自然的过程实现——就像溶液中微粒的沉淀一样。

d. 生产产品的成本等于零。这样，盘片必须自己出现并联结在一起——但是如何实现的呢？也许是通过某些有害的力量？这样我们不仅实现了零成本，不用再花任何代价又增加了额外的效果。

e. 假设成本巨大。这种情况下，有可能在材料属性不断改变的条件下工作。例如，在常温、高压下联结盘片。

STC 算子并没有产生一个现成的解决方案。这种情况经常发生。*STC* 算子的本质是使障碍极端化，这使得寻找解决方案的过程更加容易。

步骤 2-3　有两种物体——A（低熔点）和 B（高熔点）。很难用这些材料生产一个薄“三明治”。

步骤 2-4

a. 物体 A，物体 B；

b. 无。

步骤 2-5　物体 A（更容易熔化，这意味着容易改变）。

步骤 3-1　物体 A 自己产生和物体 B 结合的“三明治”。

步骤 3-2　如图 40 所示。现在很清楚，产生“三明治”的过程包括两个动作。物体 A 和物体 B 放在不同的地方，但必须产生一层共同的东西。然后，每种物体都要占据这个空间的一个具体位置。这意味着现在我们可以描述最终理想解了。

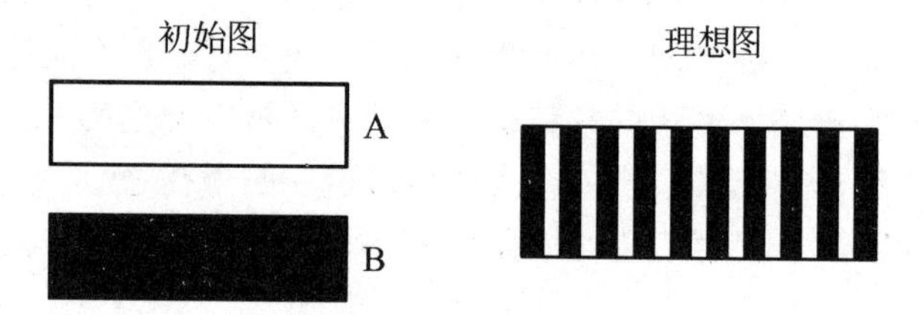

图 40　问题 13 的步骤 3-2

阿塞拜疆的创新发明研究所解决这个问题时，最终理想解是这样描述的（选择物体 B 为主动物体）。

学生：物体 B 自己进入物体 A，并且有序地排列在物体 A 里面。

老师：这里有两个动作：“进入”和“有序地排列”。就是说这里存在两个任务。

学生：第一个问题容易解决。为了让物体 B 进入物体 A，我们可以把物体 B 倒进熔化的物体 A 里面。

老师：因此我们可以重新描述最终理想解。

学生：物体 B 被打碎，它的颗粒自己形成平面形状。

老师：这里又有两个任务——“打碎”和“形成平面形

状”。

学生：“打碎”这个任务容易实现：倒进去的物体B是粉末状的。最后的IFR描述为：物体B的粉末自动有序地放置在熔化的物体A里面（如图41所示）……但是，如果物体B是磁性物质，就可以用磁力，让物体B的颗粒按照某种顺序放置。然后可以使之硬化，问题就解决了。

初始图　　　　理想图

图41　问题13步骤3-2的最终概念

老师：如果物体B是非磁性材料，那么怎么办？

其他学生：用光的力——或者声力、电力……

学生：还有以下一些作用力：电、磁、光、机械、声波、核……

其他学生：声波！在容器中产生驻波。物体B的颗粒可以按照波峰在平面上堆积起来，而物体A只出现在波谷的地方。

这与作者证书第108894号一致：“一种对各层精确定位来生产叠片材料的方法。这种方法的不同之处在于，它把高熔点的颗粒悬浮在低熔点的物质里面。悬浮是通过特定频率的超声驻波场的作用实现的，当合金冷却后去掉这个场。这样可以产生薄的、周期性的三维结构。”

解决这个问题的过程非常有趣，因为它清楚地展示了分析的机理。采用这种方法，对于搜索范围很大的任务，不确定的程度逐渐降低，搜索区域也越来越小。最后，只剩下一个问题：用什么力可以控制放到液体介质里的非磁性粉末？复杂的发明问题变成一个简单问题，只需要几种排列组合就可以解决。

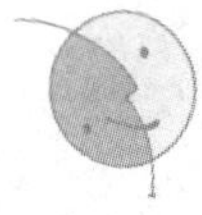

在专利方案中，事先知道的原理（分割和动态化原理）与应用驻波的物理效应结合使用。这是一种典型的情形，分析得出简化的问题，应用某种物理效应就可以解决。

※

有些发明问题仅仅采用物理效应就能解决。例如联邦德国的第

51194 号专利，给液态金属加电磁场，影响其表面张力，从而改变金属小球的直径。改变电磁场的强度，表面张力也相应改变，因此也改变了形成小球的液滴的尺寸。

有时候发明直接来源于发现。很多这种类型的发明都是基于液电效应。

有时候发明会应用来自古代的发现。例如：

> **作者证书第 306036 号** 一种画笔由一个柄和两个小盘组成，有个螺钉可以调节两个盘子之间的微小间隙。这项发明的不同之处在于，它具有一个双杠杆组成的调节装置，其一侧和螺钉连接，另一侧和笔的小盘连接。这就提高了调节小盘的精确度。

我们可以明白地看到，作者运用了杠杆这个几千年前的发现，虽然是古代的发现，它却是一项非常基础的发现。

有时候，对于一个基础发现，我们既不知道其日期，也不知道发明者的名字——甚至连清晰的描述也没有。例如：

> **作者证书第 184219 号** 一种通过爆破不断炸碎山石的方法。这项发明的不同之处在于采用了表层的微爆炸，这样我们可以得到小块的岩石。

这里，无名氏在某个时间完成了一个基础发现：小锤产生小碎片；大锤——大碎片……

有时候人们倾向于认为所有的发明，或者至少那些重要的发明都源于发现。如果按照《苏联专利手册》的定义来解释“发现”这个词，我们会立即看到大量发明都不属于发现，虽然这些发明很重要，而且是独创的。以美国专利第 3440990 号为例：分体船是由可互换使用的块拼成的，当装卸“货物”块的时候，“船头”块就不会无事可做，它可以拖其他的“货物”块。或者第 305974 号作者证书：制造多层螺旋管机器的产能受限于焊接过程。这个专利建议我们在几个地方对接缝进行预焊，把管子从机器上移开，在机器外面完成焊接，这样就不会耽误下一根管子的生产。这里既没有应用物理效应也没有应用物理现象，但发明中描述的解决方法清晰明快。

还有一种相反的趋势——基于物理效应把发明按组细分，直到只与最近的发现，或者虽是以前的但是独特并鲜为人知的发现直接相关联。

两种倾向都是错误的。“物理发明”代表重要的发明组，但不是唯

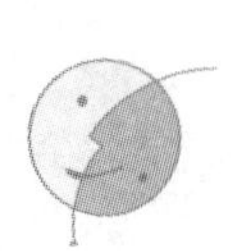

一的发明组。今天，已经没有机会精确地定义“物理发明”，更精确地说，直接采用物理效应和现象的发明，但是也没有理由不研究这一类发明。

物理效应和现象是物理学的基础，当代的发明家们已经在学校学习了多年。不幸的是，却没有在学校里学到如何应用物理学的发明。因此，物理现象和效应虽然存在于工程师们的记忆中，却没有与发明问题的信息关联起来。发明家手中握着一串钥匙，但还是不能打开精巧而神秘的发明之锁，因为没有人教他如何使用这串钥匙。有时候，他只好随机地挑选那些钥匙；有时候选对了钥匙，却用错误的方式插了进去，付出的代价就是浪费时间。

发明家不得不寻找熟悉的效应和现象，理所当然地把工作中使用的仪器当做解决发明问题的创造性方法，因为他对这些仪器的效应和现象最熟悉。由于发现的效应和现象增长很快，所以对这些领域的知识必须不断地进行补充。除此之外，大家也越来越经常地应用那些古老而鲜为人知的效应。

如果有张表，列出在给定条件下与具体问题相关的效应和现象，那就好了。全苏发明家和创新者联合会中央委员会的发明方法实验室正在开展这项工作。

问题14的解决方案

步骤2-3　系统包括管道、泵，以及在管道里移动的液体A和B，在A和B之间有隔板。隔板不能穿过泵，而且经常卡在管道里面。

步骤2-4

a. 隔板；

b. 管道、泵、液体A和B（管道和泵站已经建好，因此很难改变它们）。

步骤2-5　隔板。

步骤3-1　隔板自己很容易通过泵。众所周知，能轻易通过泵的隔板是液体隔板。但是它也有自己的缺点：在管道的末端很难将隔板与液体A及B分开。我们以固体隔板为原型来缩小这个任务的范围。如果我们把液体隔板作为原型，就会得出错误的结论：必须采用固体隔板。在步骤2-3中，必须描述两种隔板。

步骤2-3　系统由管道、泵、液体A和B组成，两种液体在管道内流动，用（液体或者固体的）隔板把它们分开。固体隔板不能通过泵，而液体隔板在管道末端难以分离。

现在，我们有了任务的精确描述。再进一步分析，在问题的条件中清晰地描述了一个矛盾：在整个管道里面使用液体隔板比较容易，在管道末端宜采用固体隔板。因此，物体在整个工作期间必须发生改变。这就是我们熟悉的发明原理 15：动态性。就让隔板在管道内部是液体——到管道末端变成固体或者气体。气体更合适：当液体到达存储池时（池内的压力比管道里面小），隔板全部自己消失了，隔板和液体的混合物也不再危险。我们现在可以让隔板与液体混合，就像不同等级的石油一样，甚至可以用更多的隔板物质，因为隔板在管道末端会变成气体，很容易收集起来。

我们找到了解决方案的概念。现在我们要对隔板物质的要求进行描述，这种物质必须：

a. 可溶于石油；

b. 相对碳氢化合物，其化学特性稳定；

c. 在液态时，密度和被泵的液体大致相同；

d. 在－50℃不会凝固；

e. 安全而便宜。

查找各种手册，不难找到最符合这些要求的物质就是氨气。它不溶于石油也不跟石油起反应。它具有要求的密度，容易压缩成液态，即使在－77℃也不会凝固。液态氨相对而言也不贵，在农业中被当做化肥使用。

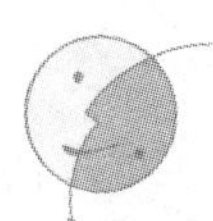

第四节　创造性工作的科学结构

在分析解决发明问题的过程时，我们忽略了发明家以前所接受的创造性培训。其实，解决问题的过程在很大程度上依赖于这种培训。分析发明家的调查问卷，我们发现，发明家经验越丰富，[①] 在解决发明问题之前，他预先对答案的准备就越充分。例如，发明家埃赫莫维奇

① 当然，发明家的经验并不取决于他的年龄和工作时间，而是在一定程度上与他直接从事创造性工作的时间成比例。

（V. Iahimovich）拥有23份作者证书，他在调查记录中写道：

> 有必要收集各种各样有趣的设计、方法、设备等，并保存起来，没有特定的目的，仅是收集事实和经验而已。你要研究那些与你的专业不直接相关的信息。除了电子电气技术之外，机器设计者还必须了解很多一般信息（高分子行业、食品行业、制鞋行业等）。

要研究创造性过程，我们首先要研究与之相关的一个“领先”的主题（行业、技术等），这个主题就是一个标准的解决问题的理性系统。在检查完这个领域的“创造性技术”，并从专业技术上发现一些新想法之后，我们再回过头来按照完整的创造性过程，从最初的创造性准备工作开始，研究如何解决问题。

1. 研究“领先”行业

“领先”这个词只是个引用语，因为从发明家的角度看它的意义是相对的。每个行业总会在某些技术领域处于相对领先的地位，同时在其他领域是相对的“跟随者”。有时候行业之间的关系更加复杂：同一个行业在某些领域是领先者，而在其他领域是跟随者。例如，从制造、技术和生产率角度看，机器制造业领先于建筑业，是个领先的行业。但在利用预应力构件方面，建筑行业却拥有机器制造业还没有的经验。

发明家需要从发明的角度研究领先行业——它们的主要成果、趋势和新方法。换句话说，发明家必须一直跟踪领先行业中今天解决的问题，因为类似的问题明天就会出现在发明家自己的行业中。

2. 研究“跟随者”行业的技术领域

关于“跟随者”的技术领域知识，主要用于创造性过程的综合阶段，而发明家对此的关注还不够。

在“跟随者”领域，发明家最感兴趣的是滞后领域。发明家对滞后领域理解得越好，他就能把新技术思路应用得越广泛，而这些思路正是从领先的问题解决方案中得到的。

另外，研究“跟随者”的技术领域，也让确定技术进展的共同趋势变得容易。领先领域和跟随领域就像两个点，两点成一线，这条线就建立了技术进化的方向。

3. 收集关于物理效应、新材料、解决技术问题的方法等信息

我们已经学习了解决技术矛盾的40个基本原理。不难注意到它们是成对出现的：**正**原理和**反**原理。例如：分割原理的反面，是合并原理；有效行动的连续性原理的反面，是周期性行动原理。那么立即就会

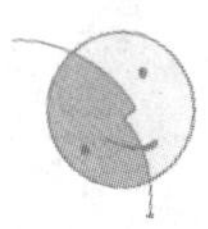

出现这样的念头："是不是有可能通过找到原理对中缺失的另一半，来完善原理列表呢?"假设"快速通过"原理必须有个相匹配的反原理，它一定叫做"踮着脚尖走"——这是一个有害的、危险的过程，你真要这么做可要小心，不要操之过急!

这里，必须再次强调我们用来表达通用（或者更精确地说，**平均的**）技术特征的列表。针对具体的行业领域的创新算法还不存在；因此，发明家可以根据其专业特点去掉或者添加一些原理，来修改这个原理列表。这是发明家在创造过程中进行预先准备的重要部分。为了根据自己的专业来修改那些原理，发明家必须仔细审视自己的创造性经验，并通过分析把这些经验组织起来。

对列表进行纠正是个更加复杂的过程。当你发现一个新原理的时候，不要因为你用起来可能很有效，就急于把它放到表格的第一位。这些原理最好附加到已有的原理后面。新原理只有在许多（至少十个）问题的解决方案中都充分展示它的威力后，才可以把它移到第一位。

也可以不用改变列表就增加原理，简单地逐条写下每一个强大的（例如，新的和成功的）原理。本书里有 150 多条原理。如果累积到 250～300 条原理，那么每四个问题中就有一个将"不战而降"，你会发现几乎现成的解决方案。当然，这样的原理必须是不同的、独创的，但最重要的，它们应该是广泛而通用的。拥有一个 500～600 条原理的卡片索引，就有可能向任何问题发起进攻，并且有信心很快找到正确答案。

不必无限地增加原理的数量。在收集 300～400 条原理之后，人们的主要关注点应该集中到提高它们的质量上，即用类似的、更精确的原理来替换不够精确的原理。

说明这些原理的例子都来源于专利、技术文献、科学杂志（包括专业的和流行的）、某人自己的专业经验，等等。

4. 研究专利信息

在发明家的预先准备中，研究专利信息极其重要。

有两种方法来研究专利信息。第一种方法建议在选定问题后研究专利信息，这就是许多有经验的发明家工作的方式。另一种方法建议系统地研究专利信息，而置发明家遇到的问题于不顾。换句话说，发明家在开始解决问题之前，一定要研究相关领域的专利信息。

第一种方法有重要而单纯的目的：避免在已经发明的问题上浪费时间和精力。

阅读专利信息能增加发明家的创造潜能。从本质上说，发明就是技术问题成功的或不成功的解决方案。

从这个观点看，在浩如烟海的专利作品中，最有趣的是每月发布三次的公告：**发现、发明、制造样品和商标**。每个主题都有成百上千的不同发明，其中至少有两三个可以添加到我们的案例收集库中。

经常浏览这个公告，发明家能对技术进化的趋势有所了解，也会对技术的不同分支熟悉起来——换句话说，能清楚地看到技术思路的前沿。

最后，专利文献是绝好的问题来源。它提供了珍贵的问题信息来吸引发明家的注意，同时也说明了这些问题是在哪个级别上解决的。

5. 跟踪发明创造理论的文献

发明没有很多特别的文献，然而有些书和文章会覆盖到创造性的不同方面。

发明创造是个复杂的过程，实践中，关于这个主题的陈述可能是深刻而有价值的，也可能是肤浅的，有时候甚至是不正确的。这一点并不奇怪。

例如，看看斯图登托娃（A. Studentsova）博士的文章《创造性技术》[①]。作者的观点很简单："如果没有天分，博学或者培训也没有用。例如，如果豪（Elias Howe）没有用新的双缝技术代替人人皆知的手工缝合技术，发明的缝纫机就不会是现在这个样子。"按照这个逻辑，如果豪没有出生，难道当代的缝纫机就不会存在？没有伽童伯格（Gutenberg）和菲多仕夫（Fedoseev），打印机就不会发明出来？世界上能够拥有曲柄轴这项技术那真是个奇迹，因为它的发明家差点在童年就夭折了。

我丝毫不怀疑将来还会有类似的说法。虽然这些说法不会那么绝对，但它们依然突出同样陈旧的想法：创造过程是不能学到的。不过你还是要读一读这样的文章：它们可能包括一些有趣而且有用的例子。

一定要特别关注与创造性方法论相关的文献，不过这些文献应该经过批判性分析才有用。事实是，旧的想法常常会隐藏在新的术语中。美国物理学家约翰·皮尔斯（John Pierce）曾经痛苦地注意到："我尽我所能阅读了大量关于信息和心理学的理论，而且想记住它们。多数情况下，它们只是简单地尝试把新的术语与旧的、模糊的想法结合起来。这些作品的作者可能希望篡改一下新术语，就能像挥舞魔棒一样，把一切

① 《发明家与创新者》，1961年第12号刊，第4页。

模糊的、不清楚的东西清理干净。”不幸的是，这些话也完全适用于一些关于创造性方法论的书籍。古老的“试错法”经常披上当代的新外衣，再次出现。

本世纪初，法国数学家庞加莱（Jules Henry Poincare）写道：

> 我打个简单的比方。我们假想排列组合中的元素就是伊壁鸠鲁的原子结构中的钩子。然后，在头脑完全放松的情况下，这些原子是不动的……在看不见的状态下意识工作时，一些原子……开始移动……就像气态的分子……现在它们碰撞，产生了新的组合……虽然我们不能随意地选择原子，但是我们还是在有意地实现某种目标，从这些活动的元素里会涌现出的一些元素，能产生我们的解决方案（目标）。[①]

在上面这段话中，庞加莱没加任何修饰地描述了试错法的理论，甚至还有一些修正：庞加莱强调试错法中的试验不是随机的。当代的美国心理学家劳伦斯·福格尔（Lawrence Fogel）写道：“对人类而言，发明的过程是人类内在智慧的噪声，是与完全理性的推理探索相结合的结果，这种结合就是要让那些当前迫切需要解决的问题，能得到可以立即应用的解决方案。”[②]

这里，你可以看到“噪声”这个术语非常现代，它属于控制论的内容，但是想法却很陈旧。大脑产生了几个偶然的想法（噪声），有人从中选出可用的几个。

我希望读者能够意识到，某些理论虽然看起来很现代，但它的内容却是陈旧的。不要让自己被现代的术语所迷惑，我们要以可靠的经验为标准，去寻找隐藏在术语背后的真实想法。

只有那些对我们的工作有帮助，能整合我们的思路并产生实际效果的理论和方法，才是有效的。

6. 在解决练习问题中积累经验

在采用试错法时，发明家通过回顾类似的问题、参考专利信息、应用科技文学作品以及行业经验，得到启发。

根据问题级别，有三种可能性：

a. 对于 1 级和 2 级问题，以前的经验是**有帮助的**；

---

① 帕因凯尔（J. Poincare），《数学创造性》，Iuriev，1909 年，第 9 页。

② 福格尔（L. Fogel），《解决方案的智力级别》，选自《工程心理学》合集，M.，Progress，1964 年，第 138-139 页。

b. 对于3级问题，一般来说以前的经验是**中性的**，对于3级的较低子级别的问题，在一定程度上以前的经验是有帮助的，在更高子级别上，经验会使思维过程偏离最终解决方案；

c. 对于4级和5级问题，以前的经验会**干扰**发明家，引导发明家通过惯性向量来“尝试”，偏离了最终解决方案。

创新算法的本质是向发明家提供在更高级别上有用的经验。换句话说，创新算法一定要让思考的过程更富有技巧，一定要提供符合需要并能可靠地起作用的**可控**“直觉”。创新算法的所有部分都以此为目的，特别是创新算法的信息基础：原理和矩阵。如果某个发明家的经验总是导致较低级别的解决方案，那么集体的发明经验经过创新算法的修正和提炼，能促进在更高级别上找到解决方案。

不过，在研究创新算法的时候，一个发明家能通过解决发明的练习问题和其他创新算法应用实践来积累新的个人经验。创新算法经验及其浓缩的强大发明思路，能够帮助我们在最高级别上解决问题。

心理惯性使个人经验不利于在最高级别解决技术问题，现在用了创新算法，惯性就变成有用的东西了。这里惯性向量会把我们引向强大的解决方案。可以说，有限的个人经验只会使人想起几个一般的案例，而创新算法会向我们提供很多很好的案例，都是出乎意料的、远离行业领域的思路。

发明家一边学习，一边积累创新算法经验。刚开始这几乎还无法确定，但是在研究了30～40个练习问题，学习了40个发明原理和案例，并用有趣的发明解决方案充实了卡片索引之后，有些问题甚至可以不用创新算法就能解决，直接利用创新算法经验即可。

在研究了30～40个练习问题之后，ARIZ-71可以补充步骤2-0。

步骤2-0　与给定问题类似的练习问题，是怎么解决的？

a. 描述新问题的本质；

b. 描述这个问题中的技术矛盾；

c. 描述类似的问题；

d. 描述类似问题中的技术矛盾；

e. “b”和“d”中类似的情况是什么；

f. 描述类似问题的解决方案概念；

g. 如何改变这个概念来解决现在的新问题。

记住，在利用创新算法经验时，需要传递的是概念的**本质**，而不是一个具体的设计。

我们来看看下面这个例子：有一种在已经使用的建筑（例如铁路筑堤）下面开凿隧道的方法。这个方法建议把一个管道从地下挤压过去（可以用振动，也可以不用振动），然后把管道里面的土移走。

管道的壁厚取决于它的直径：直径越大，管壁越厚。不过，增加壁厚会增加管道穿透需要的力，这是不能接受的。

我们需要开发一种没有这种缺陷的方法。

我们用创新算法经验来解决这个问题。

步骤 2-0

a. 问题的本质：壁厚的管道在穿透地面时有困难。

b. 技术矛盾：如果要增加穿透速度，就需要大大增加机器的功率。

c. 类似问题：破冰船穿过冰的运动。

d. 类似问题的技术矛盾：增加穿过冰的速度需要大大增加引擎的功率。

e. “b”和“d”中类似的情况：两种情况下，增加穿过实心介质的运动速度需要增加功率，这不能接受。

f. 类似问题的解决方案概念：空心船，而不是实心船，一定要穿过冰移动。

g. 空心的壁，不是实心的壁，一定要穿透地面。

> **作者证书第 271555 号**　一种在已经投入使用的建筑（例如铁路筑堤）下面修建隧道的方法，使用具有穿透力的盾构件，然后移走里面的土。这个发明的不同之处在于，它使用了很多中空的盾构件，其总长度等于隧道的长度。这些构件沿着隧道的轴线推进，构件里面的土被移走，构件之间的缝用水泥填充。这种方法能减少构件穿过土层需要的力。

步骤 2-0 的意思如图 42 所示。直接完成 1 的转换，即从给定问题到它的解决方案，是很难的。下面这个思路比较好：2→3→4→5→6，即从给定问题到类似问题（2）；然后到区域“A”，即两个问题的交集（3）；再进一步，到类似问题的已知解决方案（4）；然后到交集域“B”，即两个解决方案的交集（5）；最后到给定问题的解决方案（6）。

选择类似问题越精确，区域 A 和 B 就越大，2→3→4→5→6 的转变就越容易。而随着“转变”的经验增加，区域 A 变得越来越小，发明家开始注意到两个问题之间更加不明显的相似点。有时，精细的相似点难以言传，只可意会，只能“感觉”到。对于外界观察者来说，这就好像灵感，或者直觉。

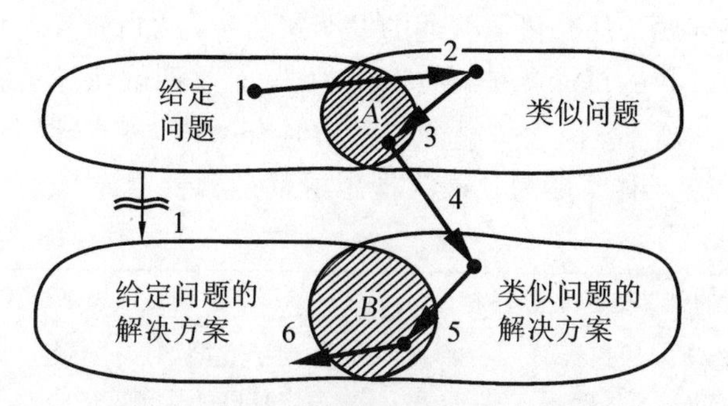

图 42　用类似问题帮助我们解决新问题

经常做练习，能够提高处理很小的区域 A 和 B 的能力，换句话说，能让思考的过程更加敏捷和富有技巧。

7. 学习创造性思维

关于解决技术问题的方法（即 TRIZ）的第一个研讨会，是 1959 年在（苏联）巴库举行的。现在，在（苏联）国内各地都在教授创造性方法。实践表明，学生们在几堂课之后就能使用创新算法的一部分：技术矛盾的概念、最终理想解和一些典型的发明原理。解决问题的过程仍然通过“试错法”来实施，但是这些尝试的方向越来越明确，效果也越来越好。

为了获得用创新算法解决发明问题的全部知识，需要参加 20～30 堂课。接下来还需要几个月的独立个人训练，包括分析练习问题、解决新问题和研究新的教学作品。

随着发明家聚焦问题能力的提高，他在解决问题时做详细记录的次数越来越少。在发明家的脑海里，一样可以自然流畅地完成复杂的创新算法思维过程，使用部分创新算法就可解决的问题不断增加。**许多东西甚至在这个过程开始之前就一目了然，**推理过程（包括分析步骤）反而出现在解决方案之后。创新算法的某些部分带有强烈的“个人特色”（无论是否自发地），即发明家的个人风格。他系统地收集了至今鲜为人知的问题的答案——把最强大的解决方案的发明原理和信息，收入到他自己的卡片索引中。

创新算法的思考过程——或者是**创新算法思想**——现在变成了科学研究的对象。我们在这里可以强调一下它的特征。

普通的创造性思考过程	创新算法思考过程
1. 倾向于使问题更容易和简单	1. 倾向于使问题更严重和复杂

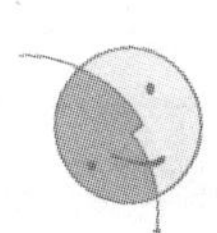

在解决问题7的时候，普通的发明家会想："当然了，不可能完全消除摩擦力。我的目标就是减少摩擦力。"而熟悉创新算法思考过程的发明家，想法就不一样："触合器移动时有摩擦力，摩擦力越少越好，这意味着不应该有摩擦力。最终理想解就是触合器没有摩擦地接触接线端。"

普通的创造性思考过程	创新算法思考过程
2. 倾向于避免"异想天开"（疯狂的、狂野的）的步骤	2. 倾向于遵循增加"异想天开"（疯狂的、狂野的）程度的步骤

人们常说发明家都是疯子，有一点是真的：好的发明家的思考路径，从非发明家的观点看确实是异常的。不幸的是，发明家的正常思维总是令人沮丧。创新算法教我们如何拥有一个"异常的"思考过程。

对问题5，普通的发明家能够想到"让冰融化，或者爆炸"，但是要让船游泳或者爆炸的念头，是不可能出现在他的脑海里的——或者，即使它确实出现了，也立刻会被抛弃。利用矩阵提示的发明原理35（属性转换，例如它的聚集状态）和做试验，即使那些对创新算法知之甚少的发明家，也能顺利地解决问题5。但这个原理经常是指冰，而不是船。所以，在这些案例中，当教师直接问："如果我们改变船的状态会怎么样?"常常会引起哄堂大笑。

普通的创造性思考过程	创新算法思考过程
3. 物体的示意图不清晰，而且只与物体的原型相关	3. 物体的示意图清晰，而且与物体的最终理想解相关

普通的发明家看到的是一艘快速碎冰的破冰船，它的形象是模糊的，只有大概的轮廓。创新算法给出的图像大不相同：某个东西装载着货物穿冰而过，就像冰不存在一样。

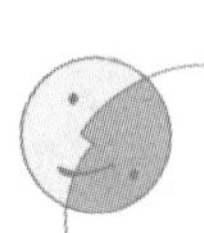

普通的创造性思考过程	创新算法思考过程
4. 物体的平面图	4. 物体的三维图：不仅仅是想象出来的物体本身，同时还有其子系统和超系统

具有创新算法思想的发明家，看到的不只是"通常的破冰船"，他同时看到的是三幅图：

a. 破冰船；

b. 它的部件（引擎部分太大和货仓部分太小；突然我有一个想法：理想的机器应该正相反，应该引擎小货舱大!）；

c. 整个船队，破冰船只是其中的一部分（突然我又有一个思路：即使我们把冰碎成粉末，它还会在船后面再次冻起来；一个问题带来另一个问题——这是个死胡同）。

普通的创造性思考过程	创新算法思考过程
5. 物体的图像是在一个静止的时间点抓取的	5. 按照物体的变化历程进行分析：昨天它是什么样，今天怎样，明天将会怎样（就像保留了它的进化路径一样）
6. 物体的图像是刚性的	6. 物体的图像是弹性的，可以按照时间和空间进行重大的改变

在问题 7 中，可以把触合器想象成具有某种坠落物体的形状，是“刚性的”（与问题 6 的答案一样）。不过也可以把它想象成一个重物，在下落过程的每十分之一秒内，都在发生显著改变。“显著改变”包括物质完全消失。

普通的创造性思考过程	创新算法思考过程
7. 让人想起一种熟悉的（联系很弱的）类似情况	7. 让人想起一种距离很远的（很强大的）类似情况。同时，记忆的信息库一直通过收集新方法、原理等而增长
8. 几年之后专业壁垒增加了	8. 专业壁垒瓦解了
9. 对于思考过程的控制程度并没有增加	9. 思考过程变得越来越可控：发明家就像是个局外人一样，能看到他自己的思考路径；他能轻易地控制思考的过程（例如，他可以轻易地从分析创新算法“建议的各种情况”转到进行想象试验，甚至一直进行下去。）

创新算法思想有一些突出的特征。当然，普通发明家也可能拥有其中一部分，不过掌握这些特征需要很长时间，而当他得到时可能已经错过了创造的最佳时机。重要的是，要更好地发挥这些特征的威力，应该将它们合在一起而不是分开。

8. 正确地选择任务

本书不只一次说到，发明技能的高低取决于识别技术进化趋势的能力。在选择与技术物体有关的任务时，我们需要首先确定这个物体的进化方向。

我们来看下面这个例子。单铲斗挖掘机（图 43a）出现于 1836 年，

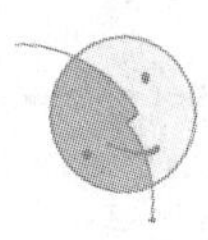

但这种挖掘机工作时会停顿很长时间，因为它要把铲斗的东西运过来、卸掉，然后再回到原来的地方。100 多年过去了，1949 年发明家葛迪克（T. G. Gedick）提出了一个新想法：拥有两个起重臂的挖掘机（图 43b）。不巧的是，这个有趣的想法来得太迟了，没有在实际中应用——或者更精确地说，没来得及应用，因为转子挖掘机很快就出现了（图 43c）。这样，进化线路就非常清楚：单铲斗、双铲斗、多铲斗（转子）。1958 年，突然有人明白了这个进化趋势，问道：四个铲斗怎么样？

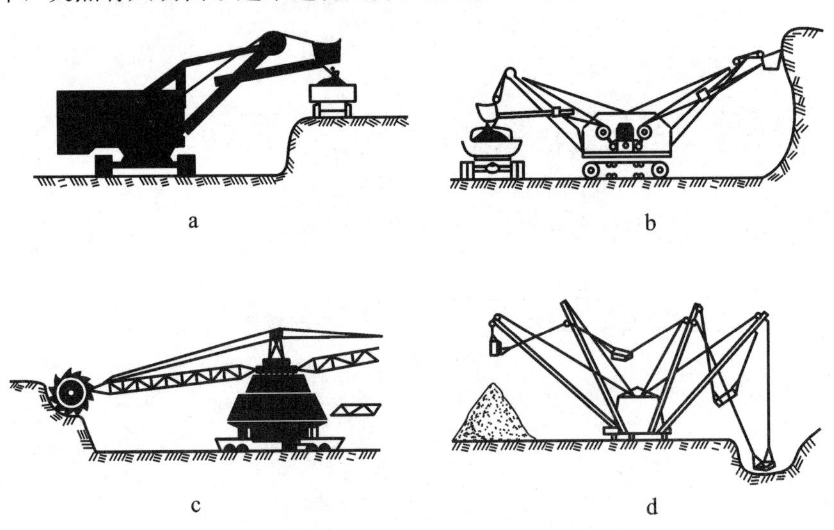

图 43　挖掘机的变化

四铲斗的挖掘机（图 43d）与转子挖掘机相比，是倒退了一步，尝试采用倒退的技术通常是没有希望的。这里有确凿的证据："有大量内容相似的申请引起了我们的注意。仅在苏联，从 1952 年到 1954 年期间，与四铲斗挖掘机相似的申请就高达几十件。其他发明家还在坚信单铲斗的挖掘机——特别是露天采矿的挖掘机——必须采用更多相似的工作件。"[①] 当然，这样的想法没有一个得到实施。

技术只会向前进，它的进化既不会倒退，也不会停滞不前。即使在有些情况下，进化的下一步看起来是不可能实现的，但实际上这一步还是一定会发生的。

技术系统进化的趋势不可阻挡。系统将冲破和绕过"不可能"的约束，最终达到它逻辑上的终点。这之后，它的进化好像停滞不前了，而

---

① 纳达利亚克（P. A. Nadaliak），《单铲斗挖掘机》，1960 年，第 55-56 页。

此时恰好是爆发大量生动有趣的发明的大好时机。

这个“革命前”状态的主要迹象，就是从某个时刻起，物体在技术上处于量变状态，如增加物体的尺寸和增加工作件的数量，但在整个变化过程中，物体的特征没有发生质变。

我们以涡轮钻机为例。经过不断的设计改进，钻机各部分的资源都使用到了极限。这样的涡轮钻机是完美的，想单独大幅度提高发动机的功率是不可能的。结果是出现了两部分组合而成的涡轮钻机：一台涡轮钻机架到另一台上面，从上往下连接在一起。今天我们所使用的是由五台钻机组合而成的涡轮钻机。

涡轮钻机的完美设计，不应使发明家不知所措或者感到害怕。要提高钻井的水平，需要采用概念完全不同的机器。

在完成新的发明任务的过程中，技术系统进化的一般趋势表（附录B）是个有用的工具。使用创新算法解决问题，我们可以对问题的最初描述进行修正。发明家可以从问题的错误描述开始，而准确运用这个算法会引导他得到正确的描述，即使有时需要用另一个问题来代替它，这个算法也照样有效。

9. 寻找解决方案的变通方法

解决发明问题的结构化方法，已经在前面的章节里详细介绍过了。这里我想强调一些新出现的方向，主要指变通方法。

我们来看一个清洁工厂窗户的问题。它是这样描述的：“世界级的技术大师在信心百倍地攀登控制论的高峰时，却在一个‘如此简单’的问题面前束手无策，即开发出清洁工厂里很高的窗户和玻璃夹具的机器。”[①] 我们想象一下，假如说世界级的技术大师没有“束手无策”，他们制造出了清洁机，然后又怎么样呢？我们将需要大量这样的机器。最有可能的是，它们用掉的能量会比节省的还多，因为在工厂的条件下，许多窗户几乎必须不停地清洁。

我们假设创造了一个几乎是不可思议的机器：它没有什么成本，不消耗能量就能工作，不需要维护。这样的机器是不是就足够好呢？不，如果太阳被云遮住，工厂里工作区域的照明强度明显改变了，那么已经适应于一种光照度的眼睛，必须立即开始适应新的照度。太阳光照亮了工厂的一个区域，就会在另一个区域造成阴影（有可能就是在最需要光

---

① 《知识与力量》，1962年，第2页。

线的地方)。工厂的照明情况将随着每年的季节、每天的时间和天气条件改变。

脏的窗户改变了透过它的光线强度，这在一定程度上起到正面的作用，这可能听起来很荒谬!

“世界级的技术大师”在这个问题上一开始就束手无策，这不是偶然的，因为**这个问题根本就无法解决**。必须采用其他方式才有可能节省能量、改善工厂条件(工作区域的照明)。

在开始解决问题时，需要搜索变通方向(ARIZ-71的步骤1-2和步骤1-3)。

发明家们避免“变通”方向的一个原因，是他们不愿意或者害怕离开他们熟悉的狭窄的专业领域。每个人都知道，新东西更常出现在不同学科的交汇点上——但是，发明家有些害怕这些交汇点。机械工程师害怕考虑“化学解决方案”，化学家同样害怕使用“与电有关的概念”。

更高级别的解决方案(4级和5级)，几乎总是要跨出个人的专业领域。

在开始解决问题时，发明家还不知道分析逻辑会走向哪个技术领域。因此，发明家必须快速地学习其专业以外的领域，而这个学习的范围再广泛也不过分。在闯入“外面的”技术领域时，发明家开始还是个**业余爱好者**。在寻找解决方案时，这样做并不危险，但是在开始工程实施时，就是另一回事了，那需要专家级的知识。发明家必须经常学习“新”的技术领域，除此之外，如果能将不同专业的知识结合起来使用就更好，更容易出成效。

10. 不要指望实施一帆风顺

在实施一项新技术过程中常常出现的问题是，人们发现自己处于创新工程师和传统工程师的冲突之中。有些情况下，传统的确看似是发明实施道路上的唯一障碍。不过多数情况下，实施背后另有原因。

苏联发明家们在车间里做好了充分准备，以克服创新道路上出现的任何困难。无论如何，发明家不能指望创新自己实现。

新想法的命运可能在解决问题的过程中就已经决定了。新的技术方案必须容易实现，甚至自己就能实现。**最重要的是，解决方案一定要尽量简单**。

有时，引入好概念的困难，就在于错误的、不理性的工程实施。

有个学科是关于如何设计和制造机器的，对于那些想拥有机器设计的技能和知识的发明家来说，这很好。不过，即使发明家不具备这些技能，也建议他们自己不要去制造机器。发明家们通常都能找到相应的帮助，来正确地完成其概念的工程设计。

发明理论绝非一个随机的发现，而是科学进化中的一个逻辑步骤。

1962年5月，在捷克斯洛伐克的多波尔奇安卡（Topolchianka），举行了第一次关于创造方法的国际讨论会。在它的议程里写着："我们认识到了一个被普遍接受的事实，当代科技革命中质和量的发展，要求科学家、工程师和发明家们不仅仅要掌握科学知识，也要掌握创造性工作的方法。"如何提高创造性思考过程的效率，逐渐成为现代科学最主要的课题之一。开发创新算法，只是攻克这个课题的一个领域。现在，我们正沿着这个方向上大步前进，取得了很大的进步。每年，这个算法都变得更有效率，也更可靠。我们也能很清楚地看到它进一步发展的方向，它的潜能远没有得到挖掘。

创新算法是唯一可能的发明算法吗?

我想不是的。我们不能排除还有其他算法诞生。

可以沿着两种预定的方向开发算法：把创新算法开发成一个程序，由**人**来解决问题；或者把创新算法转变成一种**机器**算法。

第一个方向会向专业化算法发展，最初是为解决化学和电子领域的问题。对于问题涉及的局部领域而言，这些具体的算法一定比普遍的创新算法更有效，尽管从表面看，它们有很多相似点。

第二个方向是抽出创新算法中的表格，把它转变成一个表格系统，采用矛盾矩阵方法来解决问题，这种方法最终需要使用计算机。在这里我们谈的不是简单地增加矛盾矩阵的行数和列数，而是说为了制造一台"发明机器"，我们需要改变一下这些矩阵的构成方式，以适合计算机操作。

使用计算机来解决发明问题，对创造性没有损害。

想象一下一个人用手挖地，这就是用试错法发明的模型。我们现在给他一个工具：铲子、锄头，或者一个气锤，这是用创新算法发明的模型。用计算机进行发明的模型，就是用铲土机代替这个人。所有这些情形中，**这个人都在工作**，给他配备的工具越好，进展越快：一种情况下，工具是他的手；另一种情况下，工具是他的大脑。

今天，多数发明家还在用试错法工作，就是把所有类型的"如果我们这样做会怎么样?"问题进行排列组合。地面变得越来越坚硬，这些

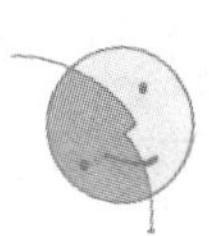

发明家还在用手刨地，而科学家们却在研究挖掘人的心理，希望发现所谓寻宝的秘密，这又使得这种情形雪上加霜。但是今天，我们已经能够为挖掘者提供创新算法这样更加高效的工具，而且明天，会让他具有控制挖掘机的能力。

发明理论才刚刚开始，这就好比 20 世纪初的航空业，当时飞行看起来像是个疯狂的梦。多数人宁愿在地上行走，因为这块地方古老而熟悉。然而无论如何，我们已经开始摸索一些新的想法，它将使我们飞到最高。

因此，我们还需要继续努力工作。

附录A

矛盾矩阵和40个发明原理

Contradiction Matrix with The 40 Principles

A1 矛盾矩阵的应用

列夫·舒利亚克：用一个例子来看如何循序渐进地应用矛盾矩阵。

图 A1-1 破冰船破冰运输货物

破冰船必须在冰厚 10 ft（1 ft=0.3048 m）的水道上运输货物（见图A1-1）。传统的方法是，前面破冰船在冰中开出一条通道，船队跟随其后。破冰船前进的速度只有2 km/h。我们必须提高速度，至少到 6 km/h，当然越快越好。其他的运输方式不能接受。我们的研究表明，在当时的工业水平下，破冰船的引擎是效率最高的。

解答[①]：主要的目标是把船速从 2 km/h 提高到 6 km/h（也就是提高船的生产率）。实现这个目标的一种常用方法是增加船的引擎功率，然而增加功率会使船的其他参数（传动系统的占用空间、船的总重量等）产生连锁反应，这是我们不想要的。因此，存在技术矛盾（TC，Technical Contradiction）。

TC1：速度和功率。

TC2：生产率和功率。

在矛盾矩阵中我们找到对应的行和列。第 9 行对应速度，第 39 行对应生产率，第 21 列对应功率。如表 A1-1 所示，列出了这两个矛盾。

表 A1-1 技术矛盾和对应的矩阵行列

技术矛盾	矩阵坐标	建议原理	原理名称
1. 速度/功率	第 9 行，第 21 列	19	周期性作用
		35	物理状态改变
		38	加速氧化
		2	抽取
2. 生产率/功率	第 39 行，第 21 列	**35**	物理状态改变
		20	有效作用的连续性
		10	预处理

① 以上是对破冰船问题的分析。不过我们并不想提供所述概念的工程实现，我们的目的是指出可能的工程设计方向。

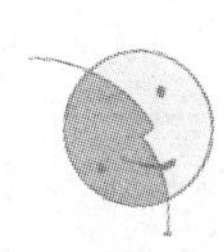

我们来分析一些建议的原理，所有加粗的原理序号表示最佳建议。

（1）原理19——周期性动作原理。说明：

a. 由周期性动作（脉动）代替连续性动作；

b. 如果动作已经是周期性的，则改变其频率；

c. 利用脉动之间的停顿来执行附加的动作。

运用该原理中的任一条，都可以产生一个破冰的动作。例如：不是连续地让船穿过冰层，而采用摇摆运动破冰之后前进。

（2）原理35——物理状态的改变原理。说明：

a. 改变系统的物理状态；

b. 改变浓度或者密度；

c. 改变柔韧程度；

d. 改变温度或者体积。

该原理建议，改变船和冰相互作用部分的物理状态或者密度。它在两个矛盾陈述中都提到了。如何改变船的密度和物理状态呢？我们稍后讨论这个问题。下面我们检查一下原理2。

（3）原理2——抽取原理。说明：

a. 将物体中“干扰”部分或者特性抽取出来；

b. 只抽取物体中必要的部分或者特性。

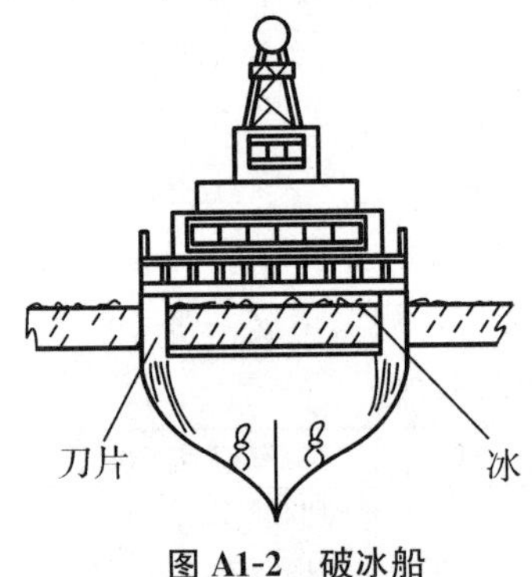

图 A1-2 破冰船

这条原理建议去掉船和冰相干扰的部分。

（4）原理10——预处理原理。说明：

a. 事先全部或者部分完成物体需要的改变；

b. 事先把物体放在最方便的位置，以便能立即投入使用。

原理10建议，在船和冰相互作用之前做点什么事情。

结论：大部分原理建议改变和冰相互作用的那一部分船体。完全去掉船的这一部分，那么船通过冰将没有问题了——如果不考虑船的底部将沉到海底的情况。为防止这种情况，可以将船的上部和下部用两个薄的刀片连接起来，而刀片切割冰层就容易多了。把船的横截面最小化，从而就可以减少切割冰层时所需要的力。船的底部留在冰层下面，同时还可以装载货物。现在这个破冰船也可以当做货船用（图 A1-2）。

A2 矛盾矩阵

改善的参数 \ 恶化的参数		1	2	3	4	5	6	7	8
		运动物体的重量	静止物体的重量	运动物体的长度	静止物体的长度	运动物体的面积	静止物体的面积	运动物体的体积	静止物体的体积
1	运动物体的重量		—	15,8,29,34	—	29,17,38,34	—	29,2,40,28	—
2	静止物体的重量	—		—	10,1,29,35	—	35,30,13,2	—	5,35,14,2
3	运动物体的长度	8,15,29,34	—		—	15,17,4	—	7,17,4,35	—
4	静止物体的长度		35,28,40,29	—		—	17,7,10,40	—	35,8,2,14
5	运动物体的面积	2,17,29,4	—	14,15,18,4	—		—	7,14,17,4	
6	静止物体的面积	—	30,2,14,18	—	26,7,9,39	—		—	
7	运动物体的体积	2,26,29,40	—	1,7,4,35	—	1,7,4,17	—		—
8	静止物体的体积	—	35,10,19,14	19,14	35,8,2,14	—		—	
9	速度	2,28,13,38	—	13,14,8	—	29,30,34	—	7,29,34	—
10	力	8,1,37,18	18,13,1,28	17,19,9,36	28,10	19,10,15	1,18,36,37	15,9,12,37	2,36,18,37
11	应力或压力	10,36,37,40	13,29,10,18	35,10,36	35,1,14,16	10,15,36,28	10,15,36,37	6,35,10	35,24
12	形状	8,10,29,40	13,29,10,18	29,34,5,4	13,14,10,7	5,34,4,10		14,4,15,22	7,2,35
13	结构的稳定性	21,35,2,39	13,29,10,18	13,15,1,28	37	2,11,13	39	28,10,19,39	34,28,35,40
14	强度	1,8,40,15	13,29,10,18	13,15,1,28	37	3,34,40,29	9,40,28	10,15,14,7	9,14,17,15
15	运动物体作用时间	19,5,34,31	13,29,10,18	2,19,9	—	3,17,19	—	10,2,19,30	—
16	静止物体作用时间	—	13,29,10,18	—	1,40,35	—		—	35,34,38
17	温度	36,22,6,38	22,35,32	15,19,9	15,19,9	3,35,39,18	35,38	34,39,40,18	35,6,4
18	光照度	19,1,32	22,35,32	19,32,16		19,32,26		2,13,10	
19	运动物体的能量	12,18,28,31	—	12,28	—	15,19,25	—	35,13,18	—
20	静止物体的能量	—	19,9,6,27	—		—		—	
21	功率	8,36,38,31	19,26,17,27	1,10,35,37		19,38	17,32,13,38	35,6,38	30,6,25
22	能量损失	15,6,19,28	19,6,18,9	7,2,6,13	6,38,7	15,26,17,30	17,7,30,18	7,18,23	7
23	物质损失	35,6,23,40	35,6,22,32	14,29,10,39	10,28,24	35,2,10,31	10,18,39,31	1,29,30,36	3,39,18,31
24	信息损失	10,24,35	10,35,5	1,26	26	30,26	30,16		2,22
25	时间损失	10,20,37,35	10,20,26,5	15,2,29	30,24,14,5	26,4,5,16	10,35,17,4	2,5,34,10	35,16,32,18
26	物质或事物的数量	35,6,18,31	27,26,18,35	29,14,35,18		15,14,29	2,18,40,4	15,20,29	
27	可靠性	3,8,10,40	3,10,8,28	15,9,14,4	15,29,28,11	17,10,14,16	32,35,40,4	3,10,14,24	2,35,24
28	测量精度	32,35,26,28	28,35,25,26	28,26,5,16	32,28,3,16	26,28,32,3	26,28,32,3	32,13,6	
29	制造精度	28,32,13,18	28,35,27,9	10,28,29,37	2,32,10	28,33,29,32	2,29,18,36	32,23,2	25,10,35
30	外部对物体产生的有害因素	22,21,27,39	2,22,13,24	17,1,39,4	1,18	22,1,33,28	27,2,39,35	22,23,37,35	34,39,19,27
31	物体产生的有害因素	19,22,15,39	35,22,1,39	17,15,16,22		17,2,18,39	22,1,40	17,2,40	30,18,35,4
32	可制造性	28,29,15,16	1,27,36,13	1,29,13,17	15,17,27	13,1,26,12	16,40	13,29,1,40	35
33	可操作性	25,2,13,15	6,13,1,25	1,17,13,12		1,17,13,16	18,16,15,39	1,16,35,15	4,18,39,31
34	可维修性	2,27,35,11	2,27,35,11	1,28,10,25	3,18,31	15,13,32	16,25	25,2,35,11	1
35	适应性及多用性	1,6,15,8	19,15,29,16	35,1,29,2	1,35,16	35,30,29,7	15,16	15,35,29	
36	装置的复杂性	26,30,34,36	2,26,35,39	1,19,26,24	26	14,1,13,16	6,36	34,26,6	1,16
37	监控的复杂性	27,26,28,13	6,13,28,1	16,17,26,24	26	2,13,18,17	2,39,30,16	29,1,4,16	2,18,26,31
38	自动化程度	28,26,18,35	28,26,35,10	14,13,17,28	23	17,14,13		35,13,16	
39	产能/生产率	35,26,24,37	28,27,15,3	18,4,28,38	30,7,14,26	10,26,34,31	10,35,17,7	2,6,34,10	35,37,10,2

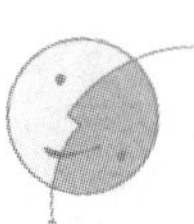

续表

恶化的参数 / 改善的参数		9	10	11	12	13	14	15	16
		速度	力	应力或压力	形状	结构的稳定性	强度	运动物体作用时间	静止物体作用时间
1	运动物体的重量	2,8,15,38	8,10,18,37	10,36,37,40	10,14,35,40	1,35,19,39	28,27,18,40	5,34,31,35	—
2	静止物体的重量	—	8,10,19,35	13,29,10,18	13,10,29,14	26,39,1,40	28,2,10,27	—	2,27,19,6
3	运动物体的长度	13,4,8	17,10,4	1,8,35	1,8,10,29	1,8,15,34	8,35,29,34	19	—
4	静止物体的长度	—	28,10	1,14,35	13,14,15,7	39,37,35	15,14,28,26	—	1,10,35
5	运动物体的面积	29,30,4,34	19,30,35,2	10,15,36,28	5,34,29,4	11,2,13,39	3,15,40,14	6,3	—
6	静止物体的面积	—	1,18,35,36	10,15,36,37		2,38	40	—	2,10,19,30
7	运动物体的体积	29,4,38,34	15,35,36,37	6,35,36,37	1,15,29,4	28,10,1,39	9,14,15,7	6,35,4	—
8	静止物体的体积	—	2,18,37	24,35	7,2,35	34,28,35,40	9,14,17,15	—	35,34,38
9	速度		13,28,15,19	6,18,38,40	35,15,18,34	28,33,1,18	8,3,26,14	3,19,35,5	—
10	力	13,28,15,12		18,21,11	10,35,40,34	35,10,21	35,10,14;27	19,2	
11	应力或压力	6,35,36	36,35,21		35,4,15,10	35,33,2,40	9,18,3,40	19,3,27	
12	形状	35,15,34,18	35,10,37,40	34,15,10,14		33,1,18,4	30,14,10,40	14,26,9,25	
13	结构的稳定性	33,15,28,18	10,35,21,16	2,35,40	22,1,18,4		17,9,15	13,27,10,35	39,3,35,23
14	强度	8,13,26,14	10,18,3,14	10,3,18,40	10,30,35,40	13,17,35		27,3,26	
15	运动物体作用时间	3,35,5	19,2,16	19,3,27	14,26,28,25	13,3,35	27,3,10		—
16	静止物体作用时间	—				39,3,35,23		—	
17	温度	2,28,36,30	35,10,3,21	35,39,19,2	14,22,19,32	1,35,32	10,30,22,40	19,13,39	19,18,36,40
18	光照度	10,13,19	26,19,6		32,30	32,3,27	35,19	2,19,6	
19	运动物体的能量	8,35,35	16,26,21,2	23,14,25	12,2,29	19,13,17,24	5,19,9,35	28,35,6,18	—
20	静止物体的能量	—	36,37			27,4,29,18	35		
21	功率	15,35,2	26,2,36,35	22,10,35	29,14,2,40	35,32,15,31	26,10,28	19,35,10,38	16
22	能量损失	16,35,38	36,38			14,2,39,6	26		
23	物质损失	10,13,28,38	14,15,18,40	3,36,37,10	29,35,3,5	2,14,30,40	35,28,31,40	28,27,3,18	27,16,18,38
24	信息损失	26,32						10	10
25	时间损失		10,37,36,5	37,36,4	4,10,34,17	35,3,22,5	29,3,28,18	20,10,28,18	28,20,10,16
26	物质或事物的数量	35,29,34,28	35,14,3	10,36,14,3	35,14	15,2,17,40	14,35,34,10	3,35,10,40	3,35,31
27	可靠性	21,35,11,28	8,28,10,3	10,24,35,19	35,1,16,11		11,28	2,35,3,25	34,27,6,40
28	测量精度	28,13,32,24	32,2	6,28,32	6,28,32	32,35,13	28,6,32	28,6,32	10,26,24
29	制造精度	10,28,32	28,19,34,36	3,35	32,30,40	30,18	3,27	3,27,40	
30	外部对物体产生的有害因素	21,22,35,28	13,35,39,18	22,2,37	22,1,3,35	35,24,30,18	18,35,37,1	22,15,33,28	17,1,40,33
31	物体产生的有害因素	35,28,3,23	35,28,1,40	2,33,27,18	35,1	35,40,27,39	15,35,22,2	15,22,33,31	21,39,16,22
32	可制造性	35,13,8,1	35,12	35,19,1,37	1,28,13,27	11,13,1	1,3,10,32	27,1,4	35,16
33	可操作性	18,13,34	28,13,35	2,32,12	15,34,29,28	32,35,30	32,40,3,28	29,3,8,25	1,16,25
34	可维修性	34,9	1,11,10	13	1,13,2,4	2,35	11,1,2,9	11,29,28,27	1
35	适应性及多用性	35,10,14	15,17,20	35,16	15,37,1,8	35,30,14	35,3,32,6	13,1,35	2,16
36	装置的复杂性	34,10,28	26,16	19,1,35	29,13,28,15	2,22,17,19	2,13,28	10,4,28,15	
37	监控的复杂性	3,4,16,35	30,28,40,19	35,36,37,32	27,13,1,39	11,22,39,30	27,3,15,28	19,29,39,25	25,34,6,35
38	自动化程度	28,10	2,35	13,35	15,32,1,13	18,1	25,13	6,9	
39	产能/生产率		28,15,10,36	10,37,14	14,10,34,40	35,3,22,39	29,28,10,18	35,10,2,18	20,10,16,38

续表

改善的参数 \ 恶化的参数		17	18	19	20	21	22	23	24
		温度	光照度	运动物体的能量	静止物体的能量	功率	能量损失	物质损失	信息损失
1	运动物体的重量	6,29,4,38	19,1,32	35,12,34,31	—	12,36,18,31	6,2,34,19	5,35,3,31	10,24,35
2	静止物体的重量	28,19,32,22	19,32,35	—	18,19,28,1	15,19,18,22	18,19,28,15	5,8,13,30	10,15,35
3	运动物体的长度	10,15,19	32	8,35,24	—	1,35	7,2,35,39	4,29,23,10	1,24
4	静止物体的长度	3,35,38,18	3,25	—		12,8	6,28	10,28,24,35	24,26
5	运动物体的面积	2,15,16	15,32,19,13	19,32	—	19,10,32,18	15,17,30,26	10,35,2,39	30,26
6	静止物体的面积	35,39,38		—		17,32	17,7,30	10,14,18,39	30,16
7	运动物体的体积	34,39,10,18	2,13,10	35	—	35,6,13,18	7,15,13,16	36,39,34,10	2,22
8	静止物体的体积	35,6,4		—		30,6		10,39,35,34	
9	速度	28,30,36,2	10,13,19	8,15,35,38	—	19,35,38,2	14,20,19,35	10,13,28,38	13,26
10	力	35,10,21	—	19,17,10	1,16,36,37	19,35,18,37	14,15	8,35,40,5	
11	应力或压力	35,39,19,2	—	14,24,10,37		10,35,14	2,36,25	10,36,3,37	
12	形状	22,14,19,32	13,15,32	2,6,34,14		4,6,2	14	35,29,3,5	
13	结构的稳定性	35,1,32	32,3,27,16	13,19	27,4,29,18	32,35,27,31	14,2,39,6	2,14,30,40	
14	强度	30,10,40	35,19	19,35,10	35	10,26,35,28	35	35,28,31,40	
15	运动物体作用时间	19,35,39	2,19,4,35	28,6,35,18		19,10,35,38		28,27,3,18	10
16	静止物体作用时间	19,18,36,40		—		16		27,16,18,38	10
17	温度		32,30,21,16	19,15,3,17		2,14,17,25	21,17,35,38	21,36,29,31	
18	光照度	32,35,19		32,1,19	32,35,1,15	32	13,16,1,6	13,1	1,6
19	运动物体的能量	19,24,3,14	2,15,19		—	6,19,37,18	12,22,15,24	35,24,18,5	
20	静止物体的能量		19,2,35,32	—				28,27,18,31	
21	功率	2,14,17,25	16,6,19	16,6,19,37			10,35,38	28,27,18,38	10,19
22	能量损失	19,38,7	1,13,32,15			3,38		35,27,2,37	19,10
23	物质损失	21,36,39,31	1,6,13	35,18,24,5	28,27,12,31	28,27,18,38	35,27,2,31		
24	信息损失		19			10,19	19,10		
25	时间损失	35,29,21,18	1,19,26,17	35,38,19,18	1	35,20,10,6	10,5,18,32	35,18,10,39	24,26,28,32
26	物质或事物的数量	3,17,39		34,29,16,18	3,35,31	35	7,18,25	6,3,10,24	24,28,35
27	可靠性	3,35,10	11,32,13	21,11,27,19	36,23	21,11,26,31	10,11,35	10,35,29,39	10,28
28	测量精度	6,19,28,24	6,1,32	3,6,32		3,6,32	26,32,27	10,16,31,28	
29	制造精度	19,26	3,32	32,2		32,2	13,32,2	35,31,10,24	
30	外部对物体产生的有害因素	22,33,35,2	1,19,32,13	1,24,6,27	10,2,22,37	19,22,31,2	21,22,35,2	33,22,19,40	22,10,2
31	物体产生的有害因素	22,35,2,24	19,24,39,32	2,35,6	19,22,18	2,35,18	21,35,2,22	10,1,34	10,21,29
32	可制造性	27,26,18	28,24,27,1	28,26,27,1	1,4	27,1,12,24	19,35	15,34,33	32,24,18,16
33	可操作性	26,27,13	13,17,1,24	1,13,24		35,34,2,10	2,19,13	28,32,2,24	4,10,27,22
34	可维修性	4,10	15,1,13	15,1,28,16		15,10,32,2	15,1,32,19	2,35,34,27	
35	适应性及多用性	27,2,3,35	6,22,26,1	19,35,29,13		19,1,29	18,15,1	15,10,2,13	
36	装置的复杂性	2,17,13	24,17,13	27,2,29,28		20,19,30,34	10,35,13,2	35,10,28,29	
37	监控的复杂性	3,27,35,16	2,24,26	35,38	19,35,16	18,1,16,10	35,3,15,19	1,18,10,24	35,33,27,22
38	自动化程度	26,2,19	8,32,19	2,32,13		28,2,27	23,28	35,10,18,5	35,33
39	产能/生产率	35,21,28,10	26,17,19,1	35,10,38,19	1	35,20,10	28,10,29,35	28,10,35,23	13,15,23

续表

改善的参数 \ 恶化的参数		25 时间损失	26 物质或事物的数量	27 可靠性	28 测量精度	29 制造精度	30 外部对物体产生的有害因素	31 物体产生的有害因素	32 可制造性
1	运动物体的重量	10,35,20,28	3,26,18,31	1,3,11,27	28,27,35,26	28,35,26,18	22,21,18,27	22,35,31,39	27,28,1,36
2	静止物体的重量	10,20,35,26	19,6,18,26	10,28,8,3	18,26,28	10,1,35,17	2,19,22,37	35,22,1,39	28,1,9
3	运动物体的长度	15,2,29	29,35	10,14,29,40	28,32,4	10,28,29,37	1,15,17,24	17,15	1,29,17
4	静止物体的长度	30,29,14		15,29,28	32,28,3	2,32,10	1,18		15,17,27
5	运动物体的面积	26,4	29,30,6,13	29,9	26,28,32,3	2,32	22,33,28,1	17,2,18,39	13,1,26,24
6	静止物体的面积	10,35,4,18	2,18,40,4	32,35,40,4	26,28,32,3	2,29,18,36	27,2,39,35	22,1,40	40,16
7	运动物体的体积	2,6,34,10	29,30,7	14,1,40,11	25,26,28	25,28,2,16	22,21,27,35	17,2,40,1	29,1,40
8	静止物体的体积	35,16,32,18	35,3	2,35,16		35,10,25	34,39,19,27	30,18,35,4	35
9	速度		10,19,29,38	11,35,27,28	28,32,1,24	10,28,32,25	1,28,35,23	2,24,35,21	35,13,8,1
10	力	10,37,36	14,29,18,36	3,35,13,21	35,10,23,24	28,29,37,36	1,35,40,18	13,3,36,24	15,37,18,1
11	应力或压力	37,36,4	10,14,36	10,13,19,35	6,28,25	3,35	22,2,37	2,33,27,18	1,35,16
12	形状	14,10,34,17	36,22	10,40,16	28,32,1	32,30,40	22,1,2,35	35,1	1,32,17,28
13	结构的稳定性	35,27	15,32,35		13	18	35,24,30,18	35,40,27,39	35,19
14	强度	29,3,28,10	29,10,27	11,3	3,27,16	3,27	18,35,37,1	15,35,22,2	11,3,10,32
15	运动物体作用时间	20,10,28,18	3,35,10,40	11,2,13	3	3,27,16,40	22,15,33,28	21,39,16,22	27,1,4
16	静止物体作用时间	28,20,10,16	3,35,31	34,27,6,40	10,26,24		17,1,40,33	22	35,10
17	温度	35,28,21,18	3,17,30,39	19,35,3,10	32,19,24	24	22,33,35,2	22,35,2,24	26,27
18	光照度	19,1,26,17	1,19		11,15,32	3,32	15,19	35,19,32,39	19,35,28,26
19	运动物体的能量	35,38,19,18	34,23,16,18	19,21,11,27	3,1,32		1,35,6,27	2,35,6	28,26,30
20	静止物体的能量		3,35,31	10,36,23			10,2,22,37	19,22,18	1,4
21	功率	35,20,10,6	4,34,19	19,24,26,31	32,15,2	32,2	19,22,31,2	2,35,18	26,10,34
22	能量损失	10,18,32,7	7,18,25	11,10,35	32		21,22,35,2	21,35,2,22	
23	物质损失	15,18,35,10	6,3,10,24	10,29,39,35	16,34,31,28	35,10,24,31	33,22,30,40	10,1,34,29	15,34,33
24	信息损失	24,26,28,32	24,28,35	10,28,23			22,10,1	10,21,22	32
25	时间损失		35,38,18,16	10,30,4	24,34,28,32	24,26,28,18	35,18,34	35,22,18,39	35,28,34,4
26	物质或事物的数量	35,38,18,16		18,3,28,40	13,2,28	33,30	35,33,29,31	3,35,40,39	29,1,35,27
27	可靠性	10,30,4	21,28,40,3		32,3,11,23	11,32,1	27,35,2,40	35,2,40,26	
28	测量精度	24,34,28,32	2,6,32	5,11,1,23			28,24,22,26	3,33,39,10	6,35,25,18
29	制造精度	32,26,28,18	32,30	11,32,1			26,28,10,36	4,17,34,26	
30	外部对物体产生的有害因素	35,18,34	35,33,29,31	27,24,2,40	28,33,23,26	26,28,10,18			24,35,2
31	物体产生的有害因素	1,22	3,24,39,1	24,2,40,39	3,33,26	4,17,34,26			
32	可制造性	35,28,34,4	35,23,1,24		1,35,12,18		24,2		
33	可操作性	4,28,10,34	12,35	17,27,8,40	25,13,2,34	1,32,35,23	2,25,28,39		2,5,12
34	可维修性	32,1,10,25	2,28,10,25	11,10,1,16	10,2,13	25,10	35,10,2,16		1,35,11,10
35	适应性及多用性	35,28	3,35,15	35,13,8,24	35,5,1,10		35,11,32,31		1,13,31
36	装置的复杂性	6,29	13,3,27,10	13,35,1	2,26,10,34	26,24,32	22,19,29,40	19,1	27,26,1,13
37	监控的复杂性	18,28,32,9	3,27,29,18	27,40,28,8	26,24,32,28		22,19,29,28	2,21	5,28,11,29
38	自动化程度	24,28,35,30	35,13	11,27,32	28,26,10,34	28,26,18,23	2,33	2	1,26,13
39	产能/生产率		35,38	1,35,10,38	1,10,34,28	18,10,32,1	22,35,13,24	35,22,18,39	35,28,2,24

续表

恶化的参数 / 改善的参数		33 可操作性	34 可维修性	35 适应性及多用性	36 装置的复杂性	37 监控的复杂性	38 自动化程度	39 产能/生产率
1	运动物体的重量	35,3,2,24	2,27,28,11	29,5,15,8	26,30,36,34	28,29,26,32	26,35,18,19	35,3,24,37
2	静止物体的重量	6,13,1,32	2,27,28,11	19,15,29	1,10,26,39	25,28,17,15	2,26,35	1,28,15,35
3	运动物体的长度	15,29,35,4	1,28,10	14,15,1,16	1,19,26,24	35,1,26,24	17,24,26,16	14,4,28,29
4	静止物体的长度	2,25	3	1,35	1,26	26		30,14,7,26
5	运动物体的面积	15,17,13,16	15,13,10,1	15,30	14,1,13	2,36,26,18	14,30,28,23	10,26,34,2
6	静止物体的面积	16,4	16	15,16	1,18,36	2,35,30,18	23	10,15,17,7
7	运动物体的体积	15,13,30,12	10	15,29	26,1	29,26,4	35,34,16,24	10,6,2,34
8	静止物体的体积		1		1,31	2,17,26		35,37,10,2
9	速度	32,28,13,12	34,2,28,27	15,10,26	10,28,4,34	3,34,27,16	10,18	
10	力	1,28,3,25	15,1,11	15,17,18,20	26,35,10,18	36,37,10,19	2,35	3,28,35,37
11	应力或压力	11	2	35	19,1,35	2,36,37	35,24	10,14,35,37
12	形状	32,15,26	2,13,1	1,15,29	16,29,1,28	15,13,39	15,1,32	17,26,34,10
13	结构的稳定性	32,35,30	2,35,10,16	35,30,34,2	2,35,22,26	35,22,39,23	1,8,35	23,35,40,3
14	强度	32,40,25,2	27,11,3	15,3,32	2,13,25,28	27,3,15,40	15	29,35,10,14
15	运动物体作用时间	12,27	29,10,27	1,35,13	10,4,29,15	19,29,39,35	6,10	35,17,14,19
16	静止物体作用时间	1	1	2		25,34,6,35	1	20,10,16,38
17	温度	26,27	4,10,16	2,18,27	2,17,16	3,27,35,31	26,2,19,16	15,28,35
18	光照度	28,26,19	15,17,13,16	15,1,19	6,32,13	32,15	2,26,10	2,25,16
19	运动物体的能量	19,35	1,15,17,28	15,17,13,16	2,29,27,28	35,38	32,2	12,28,35
20	静止物体的能量					19,35,16,25		1,6
21	功率	26,35,10	35,2,10,34	19,17,34	20,19,30,34	19,35,16	28,2,17	28,35,34
22	能量损失	35,32,1	2,19		7,23	35,3,15,23	2	28,10,29,35
23	物质损失	32,28,2,24	2,35,34,27	15,10,2	35,10,28,24	35,18,10,13	35,10,18	28,35,10,23
24	信息损失	27,22				35,33	35	13,23,15
25	时间损失	4,28,10,34	32,1,10	35,28	6,29	18,28,32,10	24,28,35,30	
26	物质或事物的数量	35,29,25,10	2,32,10,25	15,3,29	3,13,27,10	3,27,29,18	8,35	13,29,3,27
27	可靠性	27,17,40	1,11	13,35,8,24	13,35,1	27,40,28	11,13,27	1,35,29,38
28	测量精度	1,13,17,34	1,32,13,11	13,35,2	27,35,10,34	26,24,32,28	28,2,10,34	10,34,28,32
29	制造精度	1,32,35,23	25,10		26,2,18		26,28,18,23	10,18,32,39
30	外部对物体产生的有害因素	2,25,28,39	35,10,2	35,11,22,31	22,19,29,40	22,19,29,40	33,3,34	22,35,13,24
31	物体产生的有害因素				19,1,31	2,21,27,1	2	22,35,18,39
32	可制造性	2,5,13,16	35,1,11,9	2,13,15	27,26,1	6,28,11,1	8,28,1	35,1,10,28
33	可操作性		12,26,1,32	15,34,1,16	32,26,12,17		1,34,12,3	15,1,28
34	可维修性	1,12,26,15		7,1,4,16	35,1,13,11		34,35,7,13	1,32,10
35	适应性及多用性	15,34,1,16	1,16,7,4		15,29,37,28	1	27,34,35	35,28,6,37
36	装置的复杂性	27,9,26,24	1,13	29,15,28,37		15,10,37,28	15,1,24	12,17,28
37	监控的复杂性	2,5	12,26	1,15	15,10,37,28		34,21	35,18
38	自动化程度	1,12,34,3	1,35,13	27,4,1,35	15,24,10	34,27,25		5,12,35,26
39	产能/生产率	1,28,7,10	1,32,10,25	1,35,28,37	12,17,28,24	35,18,27,2	5,12,35,26	

A3　40个发明原理

表A3-1　40个发明原理表

发明原理	原理编号	发明原理	原理编号
分割	1	快速通过	21
抽取（提取，找回，移走）	2	变害为利	22
局部质量	3	反馈	23
非对称	4	中介物	24
合并	5	自服务	25
普遍性	6	复制	26
嵌套（俄罗斯套娃）	7	一次性用品	27
配重	8	替代机械系统	28
预先反作用	9	气动或液压结构	29
预处理	10	柔性膜或薄膜	30
预先应急措施	11	多孔材料	31
等势	12	改变颜色	32
反过来做	13	同质性	33
曲面化	14	抛弃和再生部件	34
动态化	15	改变特性	35
部分或超额行动	16	状态转变	36
转变到新维度	17	热膨胀	37
机械振动	18	加速氧化	38
周期性的行动	19	惰性环境	39
有效动作的连续性	20	复合材料	40

1. 分割原理

a. 将物体分割成独立的部分；

b. 使物体成为可组合的部件（易于拆卸和组装）；

c. 增加物体被分割的程度。

2. 抽取（提取，找回，移走）原理

a. 将物体中“干扰”的部分或特性抽取出来；

b. 只抽取物体中需要的部分或特性。

3. 局部质量原理

a. 将物体或外部环境（动作）的同类结构转变成异类结构；

b. 物体的不同部分实现不同的功能；

c. 物体的每个部分应放在最利于其运行的条件下。

4. 非对称原理

a. 用非对称的形式代替对称形式；

b. 如果物体已经是非对称的，那么增加其非对称的程度。

5. 合并原理

a. 合并空间上同类的物体，或预定要相邻操作的物体；

b. 合并时间上的同类或相邻的操作。

6. 普遍性原理

一个物体能实现多种功能，因此可以去掉其他部件。

7. 嵌套（俄罗斯套娃）原理

a. 将一个物体放到另一个物体中，这个物体再放到第三个物体中，以此类推；

b. 一个物体穿过另一个物体的空腔。

8. 配重原理

a. 通过与其他物体结合产生升力，来补偿物体的重量；

b. 由受外部环境影响的气动力，或者水动力来补偿物体的重量。

9. 预先反作用原理

预先给物体施加反作用，以补偿过量的或者不想要的压力。

10. 预处理原理

a. 事先对物体完全或部分实施必要的改变；

b. 事先把物体放在最方便的位置，以便能立即投入使用。

11. 预先应急措施原理

预先准备好相应的应急措施，以提高物体的可靠性。

12. 等势原理

改变工作条件，而不需要升降物体。

13. 反过来做原理

a. 不直接实施问题指出的动作，而是实施一个相反的动作（例如用冷却代替加热）；

b. 使物体或外部环境移动的部分静止，或者使静止的部分移动；

c. 把物体上下颠倒。

14. 曲面化原理

a. 用曲线部件代替直线部件，用球面代替平面，用球体代替立方体；

b. 采用滚筒、球体、螺旋体；

c. 利用离心力，用旋转运动代替直线运动。

15. 动态性原理

a. 改变物体或外部环境的特性，以便在操作的每个阶段，都能提供最佳性能；

b. 如果物体不能移动，让它移动，让物体各部分都可以相互移动；

c. 把物体分成几个部分，它们能够改变彼此的相对位置。

16. 部分或超额行动原理

如果得到规定效果的100%很难，那么就完成得多一些或少一些。

17. 转变到新维度原理

a. 把物体的动作、布局从一维变成二维，二维变成三维，以此类推；

b. 利用物体不同级别的组合；

c. 将物体倾斜或侧放；

d. 使用给定表面的“另一面”；

e. 把光线投射到邻近的区域，或者到物体的反面。

18. 机械振动原理

a. 使用振动；

b. 如果振动已经存在，那么增加其频率直至超音频；

c. 使用共振频率；

d. 使用压电振动代替机械振动；

e. 使用超声波振动和电磁场的结合。

19. 周期性动作原理

a. 用周期性的动作（脉动）代替连续的动作；

b. 如果动作已经是周期性的，则改变其频率；

c. 利用脉动之间的停顿来执行额外的动作。

20. 有效动作的连续性原理

a. 连续实施动作不要中断，物体的所有部分应该一直处于满负荷工作状态；

b. 去除所有空闲的、中间的动作；

c. 用循环的动作代替“来来回回”的动作。

21. 快速通过原理

非常快速地实施有害的或危险的操作。

22. 变害为利原理

a. 利用有害的因素（特别是环境中的）获得积极的效果；

b. 通过与另一个有害因素结合，来消除一个有害因素；

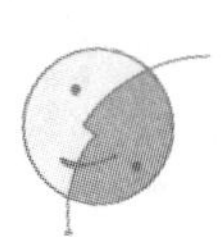

c. 增加有害因素到一定程度，使之不再有害。

23. 反馈原理

a. 引入反馈；

b. 如果已经有反馈，那么改变它。

24. 中介物原理

a. 使用中间物体来传递或者执行一个动作；

b. 临时把初始物体和另一个容易移走的物体结合。

25. 自服务原理

a. 物体在实施辅助和维修操作时，必须能自我服务；

b. 利用废弃的材料和能量。

26. 复制原理

a. 用简化的、便宜的复制品来替代易碎的或不方便操作的物体；

b. 如果已经使用了可见光的复制品，那么使用红外光或紫外光的复制品；

c. 用光学图像替代物体（或物体系统），然后缩小或放大它。

27. 一次性用品原理

用廉价物品替代昂贵物品，在某些属性上作出妥协（例如寿命）。

28. 替代机械系统原理

a. 用光、声、热、嗅觉系统替代机械系统；

b. 用电、磁或电磁场来与物体交互作用；

c. 用移动场替代静止场，用随时间而变化的场替代固定场，用结构化的场替代随机场；

d. 使用场，并结合铁磁性颗粒。

29. 气动或液压结构原理

用气态或液态部件来代替固体部件。可以用空气或水，也可以用气垫或水垫，使这些部件膨胀。

30. 柔性膜或薄膜原理

a. 用柔性膜或薄膜代替常用的结构；

b. 用柔性膜或薄膜将物体与它的外部环境分隔开。

31. 多孔材料原理

a. 让物体变成多孔的，或使用辅助的多孔部件（如插入、覆盖等）；

b. 如果一个物体已经是多孔的，那么事先往孔里填充某种物质。

32. 改变颜色原理

a. 改变物体或其环境的颜色；

b. 改变物体或其环境的透明度；

c. 对于难以看到的物体或过程，使用颜色添加剂来观测；

d. 如果已经使用了这样的添加剂，那么使用发光追踪或原子追踪。

33. 同质性原理

与主物体交互的物体，应该由主物体的同种材料（或具有相似属性的材料）制成。

34. 抛弃和再生部件原理

a. 物体的部件在完成其功能，或者变得没用之后，就被扔掉（丢弃、溶解、挥发等），或者在工作过程中已经改变；

b. 物体已经用掉的部件，应该在工作期间恢复。

35. 改变特性原理

a. 改变系统的物理状态；

b. 改变浓度或密度；

c. 改变柔韧程度；

d. 改变温度或体积。

36. 状态转变原理

利用状态转变时的现象（例如体积变化、热量的吸收或释放等）。

37. 热膨胀原理

a. 改变材料的温度，利用其膨胀或收缩效应；

b. 利用具有不同热膨胀系数的多种材料。

38. 加速氧化原理

从氧化的一个级别，转变到下一个更高的级别：

a. 从环境的空气到氧化的空气；

b. 从氧化的空气到纯氧；

c. 从纯氧到电离的氧气；

d. 从电离的氧气到臭氧化的氧气；

e. 从臭氧化的氧气到臭氧；

f. 从臭氧到单氧。

39. 惰性环境原理

a. 用惰性环境代替通常环境；

b. 往物体中增加中性物质或添加剂；

c. 在真空中实施过程。

40. 复合材料原理

用复合材料代替同性质的材料。

附录B

技术系统进化的一般趋势

General Tendencies of Technical System Evolution

表 B-1　技术系统进化的一般趋势表

级别	系统结构	问题、困难、冲突：问题的根源	解决问题时的典型错误	进化的基本方向
1	$A \mid B \mid C \mid \cdots$ 形成系统之前的水平，各为独立的物体	一些物体在它的应用过程中达到了一个停滞不前的平台	希望继续改进这些物体	把独立的物体整合为一个系统
从1级转换到2级	$A+B\cdots$ 初级的不稳定系统	缺少必要的系统部件；加入了错误的部件；部件之间配合不当	从 A_1，A_2，A_3，…系列中引进最发达的物体。但是，对一个已有的系统而言，这些物体不总是合适的	寻找一个“灰姑娘”物体。用人（H）来替换确实缺失的物体
2	$[A+H+B+H+C+\cdots]$ 稳定系统。物体成为系统的一部分，每个部分独立地工作。但是，只有当每一部分都工作时系统才生产出产品	系统发展的资源仅受限于系统中人这一部分的容量	保留人（H）这一部分，试图改进部件 A 和 B……	用设备（D）来替代人（H）
从2级转换到3级	$(A+D_h+B+D_h+\cdots)$ 不稳定系统。部件 D_h 复制人的动作	部件 D_h（复制人的动作）限制了整个系统发展的能力	单独改进每一部分，而不考虑它们现在已经构成了一个完整的系统	把部件的机械组合转变为元素之间有机交织的综合系统
3	$[E_1+E_2+E_3+E_4+\cdots]$ 稳定、持续发展的系统。有些部件成为系统的部件 E，而且一般只能一起工作	改进一个部件将导致其他部件（或者整个系统）的恶化，技术矛盾因此出现了	希望改进一个地方而不考虑其他地方的损失	发展专业化的系统

续表 B-1

级别	系统结构	问题、困难、冲突：问题的根源	解决问题时的典型错误	进化的基本方向
3′	$[E_1'+E_2'+E_3'+E_4'+\cdots E_1''+E_2''+E_3''+E_4''+\cdots]$ 专业化的、连续发展的、稳定的系统	随着专业化越来越深入，它应用的场合越来越狭窄，中断时间增加，效率降低	希望继续专业化，发展不同的专业化系统	重组整个系统：转换为其他物理或者化学原理的作用。例如，从机械场转换到电场
从3级到4级	$(E_1'E_1''+E_2'E_2''+E_3'E_3''+\cdots)$ 组合为一个不稳定系统	系统的复杂性显著增加，而发展能力降低	继续寻求元素（或子系统 SuS）之间的不同组合	转换为其他物理或者化学原理的作用
4	$[SuS_1+SuS_2+SuS_3+\cdots]$ 基于新原理的稳定、连续发展的系统。系统元素很快发展为子系统（SuS）	某些点上系统的发展和外部环境发生冲突，产生一些无法接受的变化	希望增加一个中介子系统来消除冲突	将一个开放的系统转化为独立于外界环境的封闭系统
从4级到5级	不稳定系统。在工作循环（或者循环的某个阶段）激活了一个闭环系统	设计复杂，作用时间有限	继续发展不同的子系统	重建整个系统：转换为基于新原理的作用。例如，从宏观过程转到微观过程，在分子、核子或基本粒子级别。从把物质作为工具转换为使用电磁场和其他场
5	稳定、连续发展的封闭系统	子系统的数量急剧增加	继续发展系统和它的子系统	转换到超系统：现有的系统成为另一个更高级别系统的一个元素
5′	$[S_1+S_2+S_3+S_4+\cdots]$ 自我发展的系统			

附录C

补充材料

Supplemental Material

C1 苏联的作者证书

图 C-1 是 1966 年 9 月 10 日苏联政府颁给列夫·舒利亚克和其他发明家的证书，他们创建了一个刚性流动物质的批量系统。

СОЮЗ СОВЕТСКИХ СОЦИАЛИСТИЧЕСКИХ РЕСПУБЛИК

КОМИТЕТ ПО ДЕЛАМ ИЗОБРЕТЕНИЙ И ОТКРЫТИЙ
при СОВЕТЕ МИНИСТРОВ СССР

АВТОРСКОЕ СВИДЕТЕЛЬСТВО

№ 211116

На основании полномочий, предоставленных Правительством СССР, Комитет по делам изобретений и открытий при Совете Министров СССР выдал настоящее свидетельство

Всесоюзному институту по проектированию организации энергетического строительства

на изобретение Весовой порционный дозатор для трудносыпучих материалов.

по заявке № 1102202 с приоритетом от 10 сентября 1966 г.

автор изобретения ШУЛЯК Лев Абрамович, Ицексон Б.И., Крохалев Н.А., Шапиро А.М. и Хиневич Ю.Ф.

Зарегистрировано в Государственном реестре изобретений Союза ССР

23 ноября 196 7г.

Действие авторского свидетельства распространяется на всю территорию Союза ССР

Заместитель Председателя Комитета

Начальник отдела

图 C-1 苏联作者证书图例

C2 阿奇舒勒的“TRIZ 大师”

就在根里奇·阿奇舒勒逝世之前，他列出了一个称为“TRIZ 大师”的名单。这个名单由阿奇舒勒的妻子朱拉弗里欧娃(V. Zuravliova) 提供给苏联《时事通讯》中的《TRIZ 运动新闻》，并于 1998 年 7 月到 9 月期间，由位于俄罗斯切利亚宾克 (Cheliabinck) 的 TRIZ 消息出版中心用公开的电子邮件发布。

出版商觉得让那些人得到应有的荣誉非常重要，所以把《时事通讯》中的这个名单收录进来。

※

“我证明，而且同意授予下列候选人 TRIZ 大师证书：

对表中有些候选人我将授予他们‘TRIZ 大师$^{+}$’证书。可是，我们只有一种证书。这份名单是一年半到两年前完成的，并作了少许修正。今天，这个表格应该扩大，但我还是认为，作为第一次尝试，它还是完整的。这份名单并不考虑候选人是否是国际 TRIZ 协会的成员。所有这些人在推动发展**发明问题解决理论**即 **TRIZ** 方面，都做得非常出色。”

Г.Альтшуллер

下面是获得“TRIZ 大师”证书的候选人名单。

Amnuel，Pesah—来自巴库（现在以色列）

Bdulenko，Margarita—来自克拉斯诺伏斯克

Beliltzev，Baleri—来自沃罗涅什

Bukhaman，Isak—来自里加（现在美国）

Vikentiev，Igor—来自 Sankt-Petersburg

Verkin，Igor—来自巴库（现在英国）

Gasanov，Alesandr—来自莫斯科

Gerasimov，Vladimir—来自 Sank-Petersburg（现在美国）
Gorin，Yri—来自 Penza
Gorchakov，Igor—来自 Ribinsk
Golovcheko，Georgi—来自叶卡特琳堡
Gubanov，Sergei—来自新西伯利亚
Gin，Anatoli—来自 Gomel
Gafitulin，Marat—来自 Zukovski
Zlotin，Boris—来自基什尼奥夫（美国）
Zusman，Alla—来自基什尼奥夫（美国）
Zlotin，Dira—来自 Sankt-Petersburg（现在以色列）
Zinovkina，Miloslava—来自莫斯科
Ivanov，Gennadi—来自 Angarsk
Ilovaiski，Igor—来自新西伯利亚
Kaloshin，Nikolai—来自莫斯科
Kriachko，Valentina—来自 Santk-Petersburg
Kaner，Vadim—来自 Sankt-Petersburg
Kislov，Aleksandr—来自 Sankt-Pertersburg
Kravtzov，Sergei—来自 Semipalatinsk
Kolchev，Nikolai—来自 Sosnovi Bor
Linkova，Nina—来自莫斯科
Litvin，Semeon—来自 Sankt-Pertersburg（现在美国）
Limarenko，Anatoli—来自 Vladvostok
Ladoshkin，Vctor—来自新西伯利亚
Liubomirski，Aleksandr—来自 Sankt-Pertersburg（现在美国）
Magidenko，Vladimir—来自 Komsomolsk na Amur
Meerovoch，Mark—来自敖德萨
Mikhailov，Valeri—来自 Cheboksari
Mitrofanov，Boluslav—来自 Sank-Petersburg
Murashkovski，Yli—来自
Nikashin，Alesandr—来自 Rostov na Donu
Harbut，Aleksei—来自 Saporozie
Narbut，Natalia—来自 Saporozie
Podkatilin，Alaksei—来自莫斯科
Pigorov，Georgi—来自第聂伯罗彼得罗夫斯克

Pevsner，Lev—来自叶卡特琳堡
Petrov，Vladimir—来自 Sank petersburg（现在以色列）
Rubin，Michail—来自彼得罗扎沃茨克
Royzen，Zinovy—来自基什尼奥夫（现在美国）
Salamatov，Yri—来自克拉斯诺伏斯克
Sibiriakov，Vissarion—来自新西伯利亚
Selioutski，Aleksandr—来自彼得罗扎沃茨克
Sichev，Valeri—来自 Rostov na Donu
Salnikov，Vadim—来自 Samara
Sklobovski，Kiril—来自 Obninsk（现在美国）
Stupniker，Yri—来自第聂伯罗彼得罗夫斯克（现在以色列）
Srigub，Aleksandr—来自彼得罗扎沃茨克
Simohov，Victor—来自 Gomel
Corgashev，Aleksandr—来自新西伯利亚
Fey，Victor—来自 Baku（现在美国）
Fedosov，Yri—来自 Sankt-Petersburg
Filkovski，Gennadi—来自巴库（现在美国）
Khomenko，Nikolai—来自明斯克（现在美国）
Kholkin，Igor—来自莫斯科
Tzourikov，Valeri—来自明斯克（现在美国）
Shusterman，Michail—来自诺里尔斯克
Shulyak，Lev—来自莫斯科（现在美国）
Sharapov，Mihail—来自马格尼托哥尔斯克
Shargina，Larisa—来自敖德萨

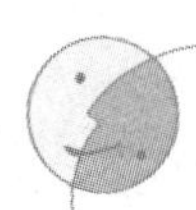

C3 TRIZ 咨询公司

The Altshuller Institute for TRIZ studies
100 Barber Avenue
Worcester，MA 01606
Tel. (508) 799-6601
www. aitriz. org

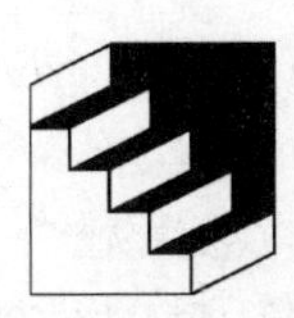

Techinial Innovation Center，Inc.
100 Barber Avenue
Worcester，MA 01606
Tel. (508) 799-6700
www. triz. org

American Supplier Institute
17333 Federal Drive，Suite 220
Allen Park，MI 48101
Tel. (313) 336-8877

Applied Innovation Alliance，LLC
Dana W. Clarke Sr.
4995 Arrowhead Road
West Bloomfield，MI 48323-2309
Tel：(248) 682-3368
www. aia-consulting. com

GEN3 Partners
Ten Post Office Square
9th Floor，South
Boston，MA 02109
Tel：(617) 728-7011
www. GEN3Partners. com

Goal/QPC
Bob King
2 Manor Pkwy
Salem，NH 03079
Tel：(603) 890-8800

Ideation International，Inc.
25505 West12 Mile Road Suite 5500
Southfield，MI 48034
Tel：(248) 353-1313

Invention Machine Corp.
133 Portland Street，
Boston，MA 021114
Tel. (617) 305-9255
www. invention-machine. com

The PQR Group
190 N. Mountain Road
Upland，CA 91786
Tel：(909) 949-0857

The TRIZ Group
5832 Naneva Court，
W. Bloomfield，MI 48322
Tel. (248) 538-0136

TRIZ Consulting，Inc.
12013C 12 Avenue Northwest
Seattle，WA 98177
Tel. (206) 364-3116

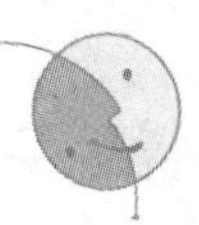

C4 关于作者：根里奇·斯拉维奇·阿奇舒勒[1]

列奥尼德·勒纳（Leonid Lerner）

我们要介绍的是一位独一无二的人。

他独一无二，不仅仅因为他发展了一门迷人的科学，也因为他从来不索取任何回报。

他从不说："给我。"

而是说："拿去。"

他的名字就是根里奇·阿奇舒勒。

给斯大林的信

1948年12月，作为一名里海海军上尉，根里奇·阿奇舒勒写了一封很危险的信，并且在信封上注明："斯大林同志亲启。"信的作者向国家领导人指出，苏联在发明创新的方法方面既混乱又无知。在信的末尾，他甚至提出了一个更加令人"无法容忍"的想法：有一种理论可以帮助任何一位工程师进行创新。该理论可以产生无价的成果，并将使技术世界产生革命性的变化。两年后阿奇舒勒才收到对这封信的粗暴答复。现在让我们介绍一下这位性急的年轻上尉。

根里奇·阿奇舒勒于1926年10月15日，出生于苏联的塔什干。他曾在阿塞拜疆的首府巴库生活多年，1990年之后定居在卡累利阿的彼得罗扎沃茨克。

当阿奇舒勒还是个九年级学生的时候，就获得了他的第一张作者证书（苏联内部专利），是

[1] 本文摘自列奥尼德·勒纳的一篇文章，全文于1991年发表在俄罗斯的杂志《Ogonek》上。它的英译版第一次发表，是作为《40个原理》书的一部分。阿奇舒勒先生逝世于1998年9月24日。

关于潜水设备的。十年级的时候他造了一条船，采用火箭发动机，以碳化物为燃料。1946 年他拥有了第一个成熟的发明，一种在没有潜水装置的情况下从固定不动的潜水艇逃生的方法。这项发明立即被限为军事机密，阿奇舒勒也因此成为里海海军专利部门的工作人员。

专利部门的领导是一位沉湎于幻想的人，他叫阿奇舒勒去解决这样一个问题：寻找一种军事牵制的方法，来帮助陷于敌后而且没有任何资源的士兵。为此，阿奇舒勒发明了一种新式武器——用普通药物制成的剧毒化学物质。这项发明很成功，发明者被带到莫斯科，去见克格勃的头子贝利亚先生。而四年以后，在贝利亚的一所监狱里，阿奇舒勒被指控企图在红场用这项发明来破坏一场检阅活动。

阿奇舒勒是一位成功的年轻发明家。是什么促使他给斯大林写了这封将毁掉他的事业和永远改变他的生活的信呢？

阿奇舒勒说："关键是，不仅仅是我必须发明创造，我还必须帮助那些同样希望发明创造的人。"

许多人来到他的办公室，说："这里有一个问题，我解决不了，我该怎么办？"为了回答这些问题，阿奇舒勒找遍了所有的科学图书馆，却连一本关于发明的最基本的教科书也找不到。科学家宣称发明是偶然事件、情绪或者"血型"的结果。阿奇舒勒不能接受这样的解释——如果现在没有发明方法论，就应该有人来开发。

阿奇舒勒把这个想法和他的老同学拉菲尔·夏皮罗（Rafael Shapiro）分享，后者是一位很想取得极大成功的发明家。到这时，阿奇舒勒已经意识到，发明不过就是在某些原则的帮助下消除技术矛盾。如果发明家掌握了这些原则知识，发明就是必然的。夏皮罗对这一发现激动不已，并建议立即给斯大林写信以争取他的支持。

阿奇舒勒和夏皮罗开始自己做准备。他们探索新方法，研究所有已有的专利，参加各种发明比赛。他们甚至因为发明了一种防火防热服而赢得全国竞赛奖。突然，他们被传唤到乔治亚共和国的小城第比利斯。一到那里，他们就被抓起来了，两天后他们开始接受审讯。他们被控从事"发明家"颠覆活动，被判以 25 年监禁，当时这是司空见惯的。

这一切发生在 1950 年。今天的读者会以为这是一个"思想殉道者"故事的开始。可是阿奇舒勒并不这么看。

"入狱之前，我还在为一些简单的疑虑而苦苦求索。如果我的思想如此重要，他们为什么认识不到呢？我所有的疑问都被莫斯科国家安全委员会克格勃解决了。"他被捕之后险象环生，为了生存下去，阿奇舒

勒唯一的防卫武器就是 TRIZ（发明问题解决理论）。

在莫斯科的一个监狱里，阿奇舒勒拒绝在一份认罪书上签字，于是招来了“车轮审讯”。整晚他都在被审讯，白天也不允许睡觉。阿奇舒勒明白，这样下去他将必死无疑。他陈述了这个问题：我如何在同一时间又睡觉又不睡觉？这个问题看似无法解决。他得到允许的最好休息就是坐着，但眼睛必须睁开。这意味着为了睡觉，在同一时间他的眼睛必须既睁着又闭着。这很简单，从烟盒上撕下两片纸，他用烧过的火柴棒，在每片纸上画一只眼球。阿奇舒勒的室友朝纸上吐上唾沫，然后把它贴到阿奇舒勒闭着的眼睛上。之后他坐在门上猫眼的对面，平静地睡着了。这样他可以一连睡好几天。他的审讯官很奇怪，为什么阿奇舒勒每天晚上看起来都很精神。

最后阿奇舒勒被判到西伯利亚的古拉格集中营，每天做 12 小时的苦力。他知道每天这么劳作他无法幸免于难，他问自己：“哪一种更好——继续劳动，还是拒绝劳动而被单独监禁？”他选择监禁，转到和一些罪犯关在一起。在这里生存问题就简单多了。他把犯人当朋友，给他们讲很多他自己想出来的幻想故事。

后来阿奇舒勒转到另一个集中营，在那里一些老知识分子，如科学家、律师和艺术家正慢慢地死去。为了让这些绝望的人们振奋起来，阿奇舒勒开始了他“只有一个学生的大学”。这些重新振作起来的教授们给他上课，他每天要参加 12 到 14 个小时。这就是阿奇舒勒接受的“大学教育”。

在另一个古拉格集中营的卡库塔（Karkuta）矿井，他每天花 8～10 小时的时间发展他的 TRIZ 理论，同时还不断地解决采矿中出现的紧急技术问题。没有人相信这位年轻发明家是第一次在矿上工作。大家都觉得他是在骗他们，总工程师也不想听到是 TRIZ 方法在帮他们解决问题。

一天晚上，阿奇舒勒听到斯大林已经去世。一年半后，阿奇舒勒被释放了。当他回到巴库的时候才知道，他的母亲以为再也没有希望见到儿子而自杀了。

1956 年，阿奇舒勒和夏皮罗在《心理学问题》杂志上，发表了第一篇文章《创造发明心理学》。这对于那些研究创造过程的科学家而言，犹如爆炸了一枚炸弹。在那之前，苏联和外国心理学家们一直相信，发明就是受偶然的启发产生的——灵光乍现。

阿奇舒勒在分析了全世界的大量专利之后，基于人类创造性活动的成果，提出了一种不同的方法。分析问题并揭示矛盾，发明自然就产生了。

通过研究20万份专利，阿奇舒勒总结出大约1500个技术矛盾，应用基本原理就可以相对容易地解决这些矛盾。

“你可以花100年来等待灵光乍现，或者在15分钟内用这些原理来解决问题”，他说。

如果阿奇舒勒的反对者们知道，那个荒唐的“阿尔托夫（H. Altov）”（阿奇舒勒的笔名），是通过用TRIZ概念写科幻小说来谋生的，他们将作何感想。阿尔托夫用他自己的发明思路写科幻小说。1961年，阿奇舒勒撰写了他的第一本书《怎样成为一个发明家》，在书中他嘲笑了当时很普遍的一种观点：发明家是天生的。他批评人们过去进行发明时采用的试错法。5万名读者，每人只花25戈比（25美分），就学习了TRIZ最初的20个发明方法。

1959年，为了让人们接受他的理论，阿奇舒勒给苏联最高的专利组织——全苏发明家协会写了一封信，要求给他一个机会来证明他的理论。9年以后，在写了几百封信以后，他终于得到了答复。他要求的创新方法研讨会，将于1968年12月之前在乔治亚共和国的迪辛塔瑞（Dsintary）举行。

这是TRIZ有史以来的第一个研讨会。也是在这里，他第一次遇到了那些后来自称为他的学生的人们。Petrosavodsk的亚历山大（Alexander Selioutski），列宁格勒的沃卢斯拉夫·米特罗发诺夫（Voluslav Mitrofanov），里加的伊萨克·巴其曼（Isaak Buchman），还有其他人。这些年轻的工程师们——以后还有很多别的人——将在各自的城市开办TRIZ学校。成百上千听过阿奇舒勒讲课的人，邀请他到苏联各地举办研讨会。

1969年阿奇舒勒出版了一本新书《创新算法》。他在这本书中向读者和学生提出了40个发明原理，和能解决复杂的发明问题的第一个算法。

列宁格勒技术创新大学的创始人米特罗发诺夫，讲述了一位来自列宁格勒的著名发明家罗伯特·安格林（Robert Anglin）的故事。安格林已经用试错法艰难地完成了40多个发明。有一次，他来参加TRIZ研讨班。在TRIZ培训课程中，他非常安静。当大家都离开之后，他还坐在桌边，用手抱着头。“浪费了多少时间啊！”他说，“多少时间啊……如果能早一点知道TRIZ的话！”

1989年成立了俄罗斯TRIZ协会，阿奇舒勒担任主席。

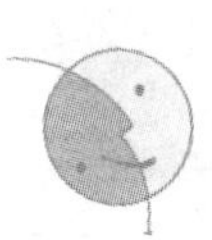

C5 关于英文译者

列夫·A. 舒利亚克，是一位从事发明创造近40年的发明家，出生于苏联的莫斯科。

1954年他取得莫斯科高速公路建筑学院的机械工程师学位。

他作为机械工程师参与建设了BRATSK——当时最大的水电站。在那里他参与设计、制造和实现了第一个生产湿水泥混合物的自动化系统。

1961年他购买了阿奇舒勒关于发明主题的第一本书：《怎样成为一个发明家》。这本书在他解决问题的过程中提供了极大的帮助，在一年之内，他就获得了第一个关于机电转换器的专利。

从1961年到1974年，他在自动化控制和机械设备方面总共获得15项专利。这些发明为几个水电站的建设节省了几百万卢布。

1973年，列夫获得了机械工程的硕士学位。第二年，他移居美国，居住在马塞诸塞州的伍斯特，从1976年到1983年在诺顿公司担任项目经理。他运用TRIZ知识重新设计了加工设备，为公司节省了几十万美元。

70年代中期，他成为在美国教授TRIZ的第一人。他的学生有发明家、工程师和儿童。

从诺顿公司退休以后，列夫开始全身心投入TRIZ。他运用TRIZ发明的消费类产品中，有四个获得了专利。其中一个产品——“无底座”的胶带分配器，被列夫在培训高中生和大学生时用做主要案例。他也开始自己翻译阿奇舒勒向青少年介绍TRIZ和发明的经典书籍《哇，发明家诞生了》，刚开始是自己掏钱以小册子形式印刷的。

1991年他创立了技术创新中心推广TRIZ。在那里，他和史蒂夫·罗德曼合作翻译了阿奇舒勒的几本书，包括《哇，发明家诞生了》(1995)、《40个发明原理：TRIZ技术创新的关键》(1998)以及《创新算法》(1999)。虽然列夫的 TRIZ 完全是自学的，他还是在 1998 年被阿奇舒勒认定为 TRIZ 大师。

正如阿奇舒勒是 TRIZ 之父一样，列夫·舒利亚克是致力于 TRIZ 研究的阿奇舒勒学院之父。这个学院成立于 1998 年 10 月，它实现了列夫长期以来的梦想：建立一个以 TRIZ、发明和创新为中心的学院。今天，这个学院在继续深化 TRIZ 研究的同时，正致力于 TRIZ 在全世界的推广应用。

在他生命的最后 10 年，他开始驾驶小型飞机和跳伞。1999 年 12 月，列夫·舒利亚克在一次飞机失事中丧生。我们将永远缅怀他的精神。

※

史蒂夫·罗德曼是一位作家、教育家、信息架构师和技术咨询师。他在 1993 年遇到列夫·舒利亚克之后不久，开始对 TRIZ 感兴趣。

他和列夫·舒利亚克以及理查德·郎之万一样，是技术创新中心有限公司的创立者，他还担任出版和技术副总裁。

罗德曼于 1949 年出生于加利福尼亚州，1971 年移居马塞诸塞州的伍斯特。他在那里的圣母学院（Assumption College）学习哲学、宗教和文学，并以优异的成绩毕业。

罗德曼在 Prime 计算机公司担任高级技术讲师，在爱尔兰、波多黎各和美国为其技术人员和工程师们开发 R&D 新技术的培训。他还担任《伍斯特杂志》、《伍斯特商业杂志》和《哈特福德商业杂志》的信息系统和技术总监。他是《伍斯特商业杂志》的高级专职作家，当时这本杂志被授予全国最佳商业出版物奖。他也为《伍斯特杂志》、Profile 和 Izobretenia 等其他出版物作出了贡献。

罗德曼从 1993 年开始学习 TRIZ，主要是由列夫·舒利亚克指导，同时也向其他几位俄罗斯 TRIZ 大师学习。他协助建立了致力于 TRIZ 研究的阿奇舒勒学院。

本书是他与列夫·舒利亚克合作的第三本 TRIZ 著作。目前他还继续为这最后的合作成果而工作。

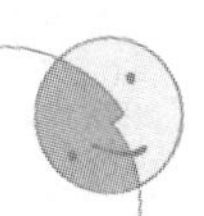